高职高专电子信息类“十三五”课改规划教材

微机外围设备的使用与维护

(第二版)

主编　王　伟

主审　程时兴

西安电子科技大学出版社

内 容 简 介

本书介绍了10种最常用的微机外围设备的工作原理、性能指标和选购原则，在同类设备中选择了一种有代表性的设备为例，用图文并茂的方式，介绍其使用和维护方法，使读者能举一反三，达到熟练使用的目的。本书的参考教学学时为60学时。

本书在编写安排上，从初学者的角度出发，力求通俗易懂，同时以实际操作、主要功能的使用和实用为主，充分体现实用性、技能型的特点。本书可作为高职高专计算机应用技术专业或相关专业学生的教材，也可作为微机外围设备使用者自学的参考书。

★本书配有电子教案，需要者可登录出版社网站，免费下载。

图书在版编目(CIP)数据

微机外围设备的使用与维护 / 王伟主编. —2版. —西安：西安电子科技大学出版社，2022.1 重印

(高职高专电子信息类专业“十三五”课改规划教材)

ISBN 978-7-5606-2450-1

Ⅰ. ① 微… Ⅱ. ① 王… Ⅲ. ① 微型计算机—外部设备—使用—高等学校：技术学校—教材 ② 微型计算机—外部设备—维修—高等学校：技术学校—教材 Ⅳ. ① TP364

中国版本图书馆 CIP 数据核字(2010)第 115658 号

策　　划　毛红兵　云立实

责任编辑　雷鸿俊　毛红兵　云立实

出版发行　西安电子科技大学出版社(西安市太白南路 2 号)

电　　话　(029)88242885　88201467　　　邮　　编　710071

网　　址　www.xduph.com　　　　　　　电子邮箱　xdupfxb001@163.com

经　　销　新华书店

印刷单位　广东虎彩云印刷有限公司

版　　次　2022年1月第5次印刷

开　　本　787毫米×1092毫米　1/16　印张 16.5

字　　数　389千字

定　　价　33.00元

ISBN 978-7-5606-2450-1/TP · 1222

XDUP 2742002-5

前　　言

随着计算机信息技术的飞速发展，微机外围设备不断涌现，形成了一个以电脑为核心的设备群，使得电脑的功能有了更进一步的扩展。在工矿企业、政府机关、公司乃至家庭，这些外围设备无处不在，并正在影响着我们的生活。

作为校园里的求学者，了解这些外围设备的工作原理，掌握正确的使用方法和与电脑的连接方式以及维护的技术，应该是学生们要努力达到的目标之一。

IT 技术的发展非常快，微机外围设备更新频繁。本书的内容在第一版的基础上，根据外围设备市场的情况作了较大的更新，尽可能紧跟 IT 技术发展的步伐。本次修订选用了较新的微机外围设备，删除了过时的内容，补充了较新的知识，以便引导读者在外围设备市场快速变化的情况下，了解并掌握外围设备的性能指标及使用、维护技巧。

本书从众多的微机外围设备中，挑选出 10 种最为常用的设备，分别介绍了其工作原理、性能指标、选购原则；在同类设备中选择了一种有代表性的设备，用图文并茂的方式，介绍其使用和维护方法，使读者能举一反三，达到熟练使用的目的。

本书的作者长期从事微机硬件、外围设备、多媒体和视频方面的教学，具有丰富的实践经验。本书在编写安排上，从初学者的角度出发，力求通俗易懂，以实际操作、主要功能的使用和实用为主，充分体现实用性、技能型的特点，可作为高职高专计算机应用技术专业或相关专业学生的教材。

本书共 11 章，首先对微机外围接口进行了概述，然后分别介绍了打印机、扫描仪、刻录机、数码播放器、移动存储设备、数码相机、数码摄像机、投影机、摄像头和手写板等设备的使用与维护。

武汉职业技术学院王伟副教授对本书第二版的全部章节进行修改、补充，并由武汉职业技术学院副院长程时兴副教授担任主审，在此表示感谢，同时也感谢西安电子科技大学出版社的通力合作。

本书力求写出经验和体会，但由于作者水平有限，疏漏之处在所难免，真诚希望读者批评指正。作者 E-mail: ww83303@sina.com。

编　者

目　录

第 1 章　微机外围接口概述

本章要点

- ☑ PS/2 接口
- ☑ 串口
- ☑ 并口
- ☑ USB 接口
- ☑ IEEE 1394 接口
- ☑ eSATA 接口

1.1　微机常用外围接口

为了方便地连接不同的外围设备，微机提供了一些常用的接口，图 1-1 所示为微机主板上的常用接口。

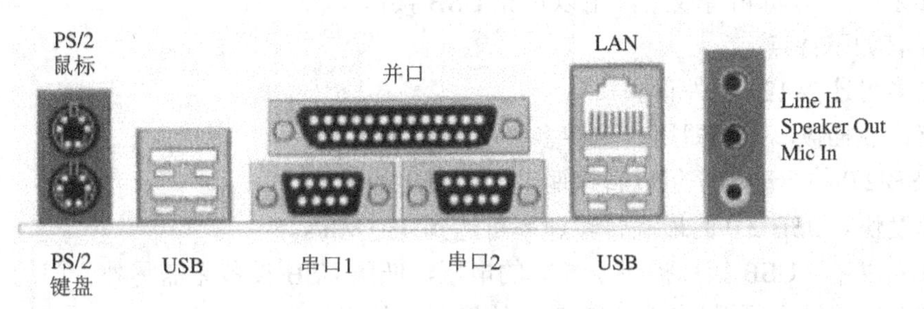

图 1-1　主板上的常用接口

1. PS/2 接口

PS/2 接口最早出现在 IBM 的 PS/2 计算机上，因此而得名。这是一种键盘和鼠标专用接口，该接口为 6 针的圆形接口，只使用其中的 4 针传输数据和供电，其余 2 个为空脚。PS/2 接口的传输速率比 COM 接口稍快一些，是 ATX 主板的标准接口，也是目前应用最为广泛的键盘、鼠标接口之一。

键盘和鼠标都可以使用 PS/2 接口，但是按照 PC99 颜色规范，鼠标通常用浅绿色接口，键盘用紫色接口。虽然从针脚定义来看二者的工作原理相同，但这两个接口是不能混插的，这是由它们在电脑内部不同的信号定义所决定的。

2. 串口

串口又称为RS-232接口、异步口或COM(通信)口。在早期的主板上一般提供两个串口(即COM1和COM2)，现在的主板一般只提供一个甚至不再提供。串口是9针双排式接口(原来的第10脚插针取消了)，它最早出现在1980年前后。串口的数据是逐位传输的，其数据传输速率是115～230 kb/s。串口一般用来连接串口鼠标和外置Modem(调制解调器)。

3. 并口

主板上一般只提供一个并口，标注为LPT，是25针双排式接口(原来的第26脚插针取消了)。并口的数据可以并行传输(以字节方式传输数据)，其数据传输速率是40 kb/s～1 Mb/s，比串口要快。并口一般用来连接同样采用并口的打印机和扫描仪等。

4. USB接口

USB是Universal Serial Bus的缩写，即通用串行总线。它是由Compaq、DEC、IBM、Intel、NEC、Microsoft和NT等7大公司共同推出的接口标准，是电脑连接外围设备的I/O接口标准。

USB有两个规范，即USB 1.1和USB 2.0。USB 2.0是目前较为普遍的USB规范。USB 1.1高速方式的传输速率为12 Mb/s，低速方式的传输速率为1.5 Mb/s。USB 2.0规范是由USB 1.1规范演变而来的，传输速率达到了480 Mb/s。

主板上一般都有4～8个USB接口。USB接口是4针单排接口，标注为USB，主要连接采用USB接口的打印机、扫描仪、电子磁盘、移动硬盘、光驱、数码相机、MP3播放器、手写板和摄像头等设备。

在主板上还有外接USB插座，一般有2～4组，即4～8个，可以接到机箱面板上，或通过USB挡板接到机箱背板上，用以扩充USB接口。

USB有如下特点：

- 最多可连接127台外设。
- 支持热插拔，即插即用，支持多种电子设备。
- USB 2.0的驱动程序可以直接驱动USB 1.1的设备。
- 速度快，USB 2.0的最高传输速率可达到480 Mb/s。
- 独立供电，USB接口提供了5 V的电压，低压USB设备无需另外专门的电源。

USB 1.1的设备可以插在USB 2.0的接口上使用，但只能按USB 1.1的速度传输；USB 2.0的设备也可以插在USB 1.1的接口上使用，但同样也只能按USB 1.1的速度传输。

由于现在的USB设备大多是USB 2.0的，故可以在原来只支持USB 1.1的主板上插入一块USB 2.0的PCI卡，使用该卡上的USB接口就可以提供USB 2.0的传输速度。

目前，新的USB 3.0规范已经提上了议事日程，从资料上看，USB 3.0采用8线，传输速率达到了4.8 Gb/s，是USB 2.0的10倍，并向下兼容USB 2.0。

5. IEEE 1394接口

IEEE 1394又称为FireWire(火线)或iLink，是一种高效的串行接口，目前已经成为数码影像设备的传输标准。它定义了数据的传输协议及连接系统，可以以较低的成本达到较高的性能，增强电脑与外设(如硬盘、打印机、扫描仪)的连接能力。IEEE 1394接口如图1-2所示。

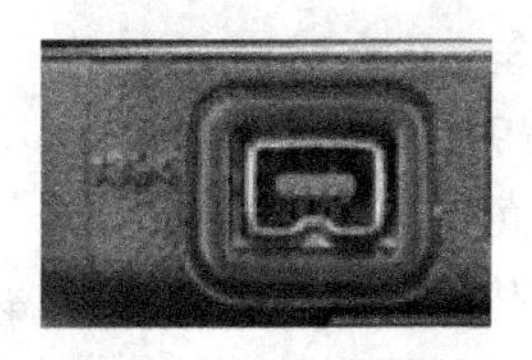

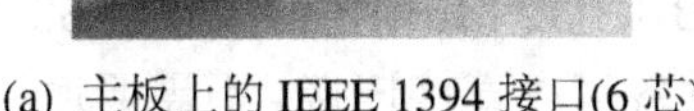

(a) 主板上的 IEEE 1394 接口(6 芯)　　(b) 笔记本电脑上的 IEEE 1394 接口(4 芯)

图 1-2　IEEE 1394 接口

IEEE 1394 目前有两个规范，即 IEEE 1394a 和 IEEE 1394b。IEEE 1394a 是标清数码影像设备的传输标准，IEEE 1394b 是高清数码影像设备的传输标准。

IEEE 1394a 标准定义了两种总线模式，即 Backplane 模式和 Cable 模式。其中，Backplane 模式支持 12.5 Mb/s、25 Mb/s、50 Mb/s 的传输速率；Cable 模式支持 100 Mb/s、200 Mb/s、400 Mb/s 的传输速率。

IEEE 1394a 可同时提供同步和异步数据传输方式。同步传输应用于实时性的任务，而异步传输则是将数据传送到特定的地址。由于 IEEE 1394a 的这种特点，使得传送实时数据的产品(如视听产品)与传送非实时数据的产品(如打印机等)就可以连在同一个总线上。

标准的 IEEE 1394a 接口采用 6 针设计，连接线中共有 6 条芯线。其中，两条芯线供应电源；其它 4 条芯线则包装成两对双绞线，用来传输信号，最后再把这两条电源线和两对双绞线包成一条 IEEE 1394a 线。

改良的 IEEE 1394a 接口采用 4 针设计，连接线中只有 4 条芯线(去掉了两条电源线)，其一是为了缩小接口的体积，其二是绝大多数的 IEEE 1394a 外接设备都采用 4 针设计并且要使用专门的外部电源独立供电。

台式机主板提供的一般都是 6 针的标准 IEEE 1394a 接口，笔记本电脑主板提供的一般都是 4 针的改良 IEEE 1394a 接口，用户可以根据接口的具体情况，使用 6 转 4 或 4 对 4 的 IEEE 1394a 连接线。

大多数主板一般都没有 IEEE 1394a 接口，只有少数主板具备，一般可采用加装一块 IEEE 1394a PCI 卡的方式与 IEEE 1394a 接口的外设相连。IEEE 1394a PCI 卡如图 1-3 所示。

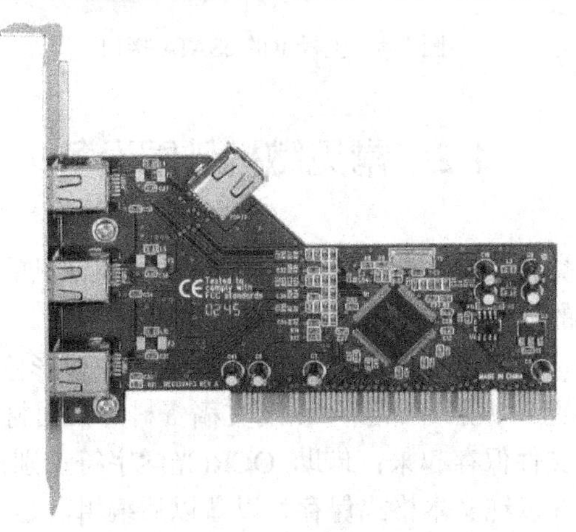

图 1-3　IEEE 1394a PCI 卡

IEEE 1394a 接口主要用于连接 IEEE 1394a 接口的数字视频设备(如数码摄像机、数码录像机等)、IEEE 1394a 接口的硬盘(如 Maxtor IEEE 1394a 硬盘)、IEEE 1394a 接口的扫描仪和打印机等设备。

IEEE 1394a 的特点如下：

- 最多可连接 63 台外设。
- 高速传输，传输速率高达 400 Mb/s，是 USB 1.1(12 Mb/s)传输模式的 30 多倍。
- 点对点结构，任何两个支持 IEEE 1394a 的设备可以直接连接，不需要通过电脑控制。
- 安装方便，容易使用，支持热插拔，可随时动态地配置外部设备，不需重新开机。
- 支持各种速度，可同时连接不同传输速度的外部设备。
- 使用电缆传输的安全距离为 15 m。

IEEE 1394b 是 IEEE 1394 标准的新版本，是为高清电视设备传输制定的标准，其规定的数据传输速率可达 800 Mb/s，使用电缆传输的安全距离可达 100 m。

6. eSATA 接口

eSATA(external Serial ATA，外部串行 ATA)接口是为了方便用户外接串口硬盘而设计的接口。现在，不少台式机和笔记本电脑的主板都设计了 eSATA 接口，使用户不用打开机箱就可以使用外置的串口硬盘。eSATA 接口的数据线采用 7 针，与主板的 SATA 接口相同。eSATA 接口采用 SATA II 规范，其传输速率达到了 2400 Mb/s，同时兼容 1200 Mb/s(SATA 规范的)设备。可以看出，eSATA 接口的传输速率远远高于 USB 2.0 和 IEEE 1394b，有取代 USB 2.0 和 IEEE 1394b 而成为标准外部接口的发展趋势。

注意：eSATA 接口没有设计电源线，外接串口硬盘时要独立供电(另外购买电源适配器)。主板上的 eSATA 接口如图 1-4 所示。

图 1-4　主板上的 eSATA 接口

1.2　常见微机外围设备

微机的外围设备种类繁多，本书列选了其中 10 种最为常见的外围设备作介绍，下面先简单介绍这些外围设备的功能，详细的介绍可以参看相应章节。

- 打印机：主要用于输出文稿、打印图表和图片(黑白或彩色)，是一种输出设备。
- 扫描仪：主要将图片、照片、胶片以及文稿资料等书面材料或实物的外观扫描后输入到电脑当中，并形成文件保存起来；借助 OCR(光学字符识别)软件，还可以对纸张上的印刷体文字进行识别，并以纯文本格式保存，以备以后编辑，是一种输入设备。
- 刻录机：主要用于将数据文件、图片文件、音乐文件、视频文件等刻录到光盘上进行保存，并制作 CD、VCD 甚至 DVD 光盘。

● MP3/MP4 播放器：MP3 主要用于播放 MP3/WMA 音乐、录音和收音等；MP4 主要用于播放网络流行的各种视频文件。

● 移动存储设备：使用 U 盘和移动硬盘等移动存储设备能方便用户对大容量数据的交流。

● 数码相机：主要用于拍摄数码照片(静态)，并将照片保存到计算机中或送到数码冲印店冲印出照片。

● 数码摄像机：主要用于拍摄数码影像(动态)，并将影像保存到计算机中；借助刻录机和相关软件，可以制作成 VCD 或 DVD。

● 投影机：主要用于将计算机显示器显示的内容、录像机和影碟机播放的内容投影到大屏幕上供更多的人观看，是多媒体 CAI 教学、产品展示等必备的输出设备。

● 摄像头：主要用于电子照相、视频聊天、短片拍摄等，是一种输入设备。

● 手写板：主要用于手写输入识别(中文和英文)，是一种手写输入法，对于不会键盘输入法的用户非常方便，现在又成为动漫行业中电脑绘图必备的设备，是一种输入设备。

思考与训练

1. 常用的微机外围设备有哪几种接口？
2. USB 接口有什么特点？
3. IEEE 1394 接口有什么特点？
4. eSATA 接口有什么特点？
5. 常用的微机外围设备有哪些？各有什么功能？

第2章　打　印　机

本章要点

☑ 针式打印机的分类、工作原理、性能指标、安装、使用和维护
☑ 喷墨打印机的分类、工作原理、性能指标、安装、使用和维护
☑ 激光打印机的分类、工作原理、性能指标、安装、使用和维护

打印机是计算机系统和现代办公自动化系统的主要输出设备，它可以将存储于计算机中的数据以字符或图形等多种形式在打印介质上显示出来，以满足人们生活、工作、学习、娱乐诸方面的要求。几十年来，随着打印技术的迅速发展，针式打印机、喷墨打印机和激光打印机这三种常用打印机的打印速度、打印质量及技术性能等都取得了长足进步。另外一些不常见的打印机，如热升华打印机、热敏打印机、喷蜡打印机和LED打印机等也随着科技发展而逐步完善其技术，发挥着各自独特的贡献。总之，各种打印机已成为不可或缺的计算机外设产品。

本章中，将会对针式打印机、喷墨打印机和激光打印机的分类、工作原理、性能指标及安装、使用方法进行介绍，并将讨论有关打印机的维护问题。

2.1　针式打印机

针式打印机(Dot-Matrix Printer)也称点阵打印机或撞击式打印机，是利用打印头中钢针击打色带和纸张从而打印出由点阵组成的字符或图形的打印机。

针式打印机是较早使用，也比较普遍的计算机输出设备之一。第一台针式打印机是Centronics 公司推出的，由于技术上的不完善，未能引起人们足够的注意。1968 年 9 月，日本精工株式会社(SEIKO)推出了第一台商用小型打印机产品 EP-101，这款世界上第一台商品化的打印机，由于在技术水平等诸多方面超过了 Centronics 的产品，而使世界开始认识并接受了打印机。同时，为纪念这一伟大创举，SEIKO 为新诞生的公司取名为 EPSON(Son of Electric Printer)，意在为社会培育出众多的 EP-101 的子孙。EPSON 因此日益壮大，并从此在打印机市场上叱咤风云，占据重要地位。

2.1.1　针式打印机的分类

因为针式打印机的工作原理基本相同，一般按打印头的钢针数目和用途来区分类型。

1．按打印头的针数分类

目前，针式打印机按其打印头的针数可分为9针针式打印机、24针针式打印机等。

20世纪70年代初期出现的针式打印机，其打印头只有7根打印针，采用5×7点阵。这种打印机的打印质量差，速度也较低。随后出现了9针打印机，打印速度达到了90字符/秒(打印速度的概念请参见2.1.3节)，其代表产品有EPSON公司的MP-80和LX-300。20世纪80年代，随着计算机技术的高速发展，针式打印机开始普遍采用以微处理器为核心的智能控制电路，在只读存储器(ROM)、可编程存储器(PROM)、可擦除存储器(EPROM)中固化可灵活更改的字库，将读写存储器(RAM)作为打印数据的缓存。这时的打印头钢针数也发展到24针，可以打印多种字符甚至图形，打印速度达到200～400字符/秒。

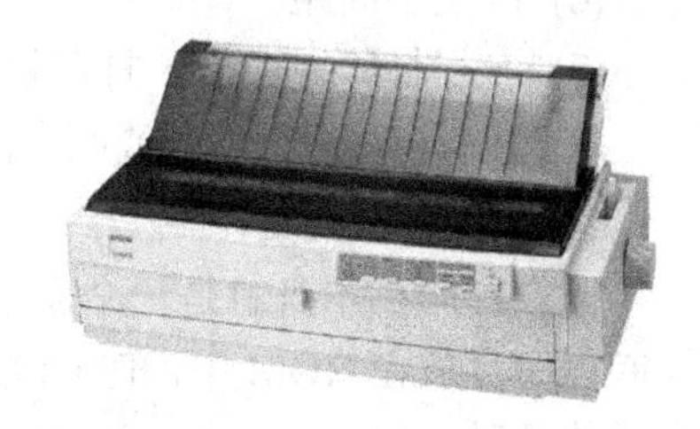
图2-1　EPSON LQ-1600K Ⅲ针式打印机

目前市场上主流针式打印机产品采用24针点阵模式，EPSON LQ-1600K Ⅲ针式打印机的外形如图2-1所示。

2．按用途分类

由于工作原理的特殊性，目前只有针式打印机才能够进行多层复写打印。商业企业、银行、邮局、医院等部门都需要进行多层票据打印，这使得他们必须购买针式打印机。针式打印机按其使用场合的不同，可分为通用型针式打印机和专用针式打印机。

图2-2　票据针式打印机

通用型针式打印机就是最常见的办公用针式打印机，这类打印机不便于进行票据打印(不过目前许多高端的通用型产品也同样具有平推进纸的功能)。专用针式打印机则是指有专门用途的平推式打印机，如存折打印机、税务票据打印机等。这种特殊场合使用的打印机也称为票据针式打印机，如图2-2所示。

3．按打印的宽度分类

按打印的宽度，针式打印机可以分为窄行针式打印机和宽行针式打印机。窄行的最大可以打印A4(210 mm×297 mm)幅面的纸，宽行的最大可以打印A2(420 mm×594 mm)幅面的纸。

一些产品除了对打印宽度的上限有规定之外，有的还对打印宽度的下限也有规定，如果需要打印的对象的宽度过小的话，同样也无法打印，如EPSON LQ-1600K系列打印机的打印宽度的下限是101 mm。

2.1.2　针式打印机的工作原理和组成

1．针式打印机的工作原理

针式打印机接受计算机传达的打印数据和打印命令，根据计算机的要求打印输出字符或图像，而且还能向计算机提供必要的反馈信息，以作为计算机发出进一步的打印数据和命令的依据。

一般字符或图形的打印过程为：

(1) 打印机启动字车。

(2) 检查打印头是否已进入打印区。

(3) 初始化。

(4) 按字符或图形的相应编码驱动打印头打印一列。

(5) 产生列间距。

(6) 产生字间距。

(7) 一行打印完成后，打印机启动走纸电机，驱动打印辊和打印纸走纸一行。

(8) 换行(双向打印时)或回车(单向打印时)，准备打印下一行。

1) 工作原理概述

针式打印机本身就是一个微型计算机系统，全部工作都由本身自带的CPU控制。它的控制程序存放在ROM中，使CPU开机就可以工作。打印机中的CPU可以接收来自打印机面板的各种控制指令，也可以接收来自与其相连计算机的指令，并对各种指令进行解释和执行。

针式打印机的控制器结构如图2-3所示。其核心采用8位或16位CPU，所有打印功能程序及内部监控程序均已固化在ROM之中，打印数据采用RAM缓冲的方法，3个并行接口分别用于接收计算机发来的信息和输出内部驱动信息。打印机控制器中的芯片和微处理器间采用系统总线连接。

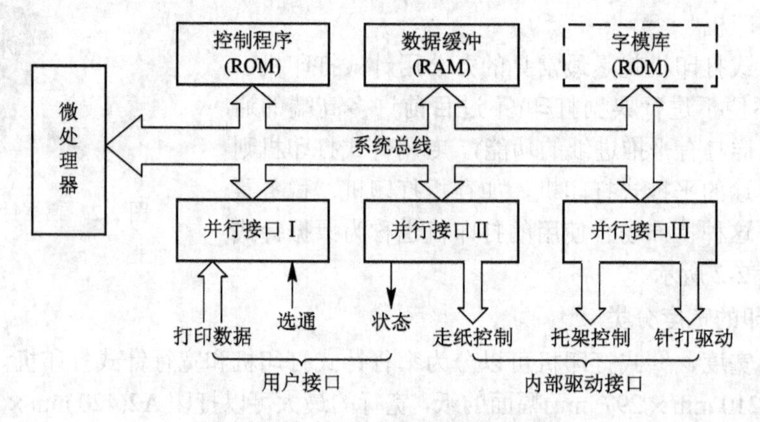

图2-3　针式打印机控制器结构图示

针式打印机的基本工作原理类似于我们用复写纸复写资料。针式打印机中的打印头由多支金属撞针组成，撞针排列成一直行，打印头在纸张和色带之上行走。当指定的撞针到达某个位置时，便会弹射出来，在色带上打击一下，让色素印在纸上形成一个色点，配合多个撞针的排列样式，若干色点便能在纸上形成文字或图形。如果是彩色针式打印机，色带还会分成四道色，打印头下带动色带的装置还会上下移动，将所需的颜色对正于打印头之下，撞针击打有色色带后，打印纸上会留下相应颜色的色点。

2) 工作方式

一般针式打印机有两种工作方式：文本方式(Text Mode)和位映像方式(Bit Image Print Mode)。

(1) 文本方式。针式打印机的打印数据是通过与计算机的接口从主机得到的。打印机得到的打印数据是所要打印字符的 ASCII 码，这些 ASCII 码存放在打印机内的打印缓冲区中。计算机每次传送的数据装满打印缓冲区后，打印机给计算机发送一个“BUSY”(忙)信号，计算机接收到该信号后，暂停发送数据，然后打印机开始打印。

打印工作开始后，打印机内的 CPU 从打印缓冲区中取出打印字符的 ASCII 码，经过计算得到该字符对应的字符点阵存储区的首地址，按地址逐个地取出每列的点阵码，驱动打印针撞击色带，在打印纸上形成打印字符。在打印机的字符发生器 ROM 中，通常存有 ASCII 码以及一些特殊字符的字型编码(有的打印机内也有汉字的点阵码，如 LQ-1600K)。当缓冲区内的数据打印完成后，又一次开放打印机，接收计算机送来的新打印数据，开始新的打印过程。

如果需要打印的是图形或汉字(对于没有汉字字库的打印机)，则由计算机送出图形的像素信号或汉字字型码即可。很明显，这种打印方式和显示器显示字符的方式是类似的。

(2) 位映像方式。此方式下，计算机送出的打印数据就是控制打印针的出针、收针动作的数据，所以程序设计人员可以通过直接编写程序来控制每根打印针，从而打印出图形、表格和汉字。

3) 打印头的工作原理

针式打印机的主要部件是打印头，通常所讲的 9 针、24 针打印机说的就是打印头上的打印针的数目。

打印头按击针方式可分为拍合式、储能式、螺管式和压电式等。下面以 24 针打印机 EPSON LQ-1600K 和 STAR AR3240 的打印头为例说明拍合式和储能式打印头的工作原理。

(1) 拍合式打印头的工作原理。LQ-1600K 打印头是拍合式打印头，其工作原理如图 2-4 所示。在每根打印针的前面(从打印针的后面向前看)有一个环形轭铁，环形轭铁的四周排列着 12 个线圈和 12 根打印针(EPSON LQ-1600K 打印头分为两层，每层 12 根打印针，上层 12 根为长针，下层 12 根为短针)，每层 12 根打印针在环形圆周上均匀排列，并沿导向板上的导向槽在打印头顶部穿出，形成两列平行排列的打印针，如图 2-5 所示。

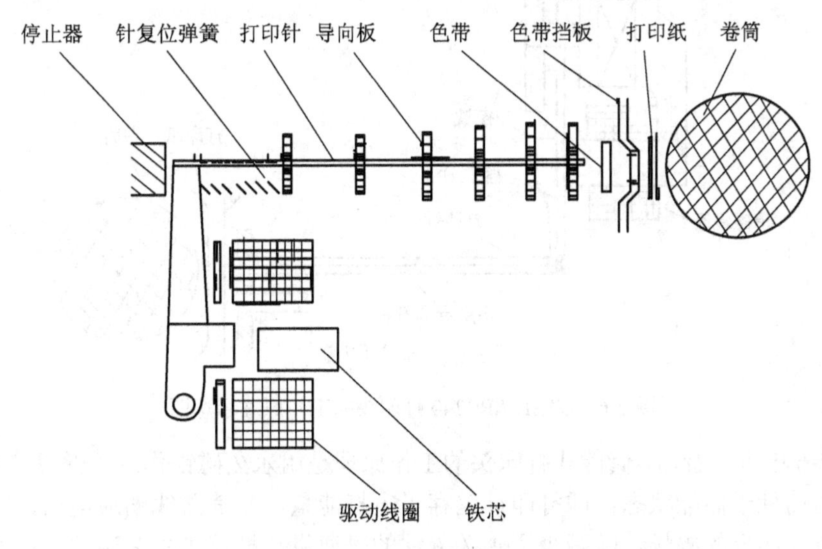

图 2-4　EPSON LQ-1600K 打印头的工作原理示意图

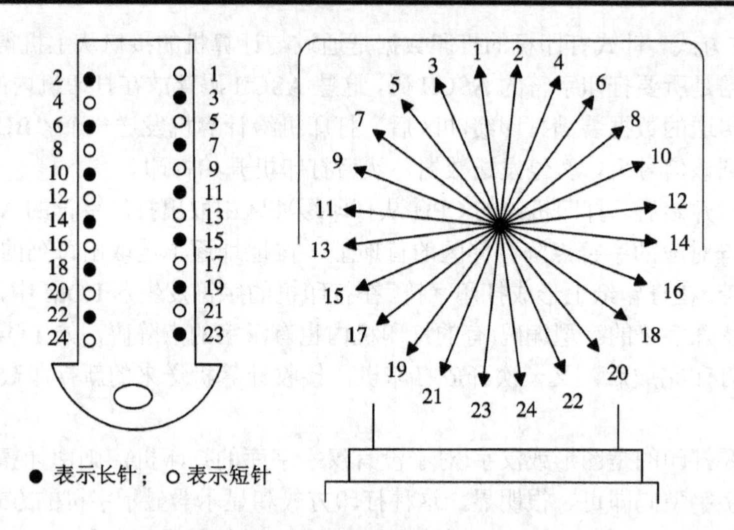

图 2-5　EPSON LQ-1600K 的打印针排列顺序

从图 2-4 中可以看出，平时打印针受复位弹簧的弹力作用而处于离开驱动线圈状态，当驱动线圈通过电流时，激励打印针尾部的衔铁向驱动线圈运动，同时带动打印针沿着多层导向板向色带撞击，使色带和打印纸压向卷筒。这时，色带上的油墨经打印针的撞击动作渗透到打印纸上，留下一个小圆点。当驱动线圈中的电流消失后，打印针被复位弹簧复位回到原始状态，从而完成一次打印动作。拍合式打印头的优点是工作时打印针加速快，出针频率高，且由于打印针分为两层，因此更有利于更换打印针。

(2) 储能式打印头的工作原理。STAR AR3240 打印头是储能式打印头，其工作原理如图 2-6 所示。在每根打印针的后面(从打印针的后面向前看)有一个环形轭铁，环形轭铁的四周排列着 24 个消磁线圈、24 个衔铁弹簧片和 24 根打印针。24 根打印针在环形圆周上均匀排列，并沿导向板上的导向槽在打印头顶部穿出。

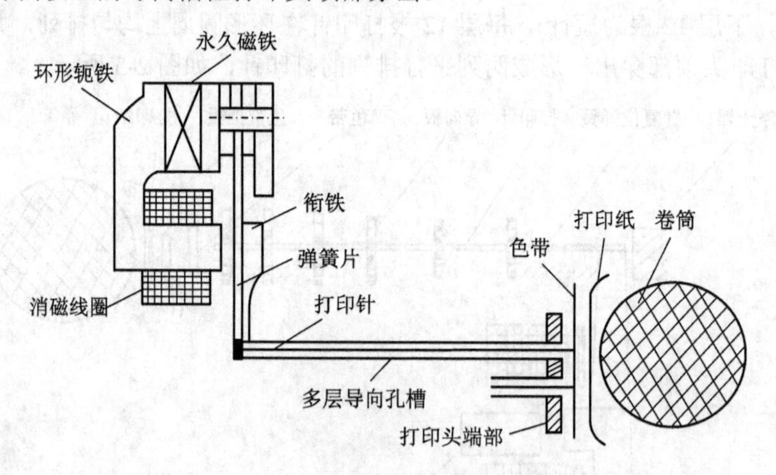

图 2-6　STAR AR3240 打印头的工作原理示意图

从图 2-6 中可以看出，储能式打印头的工作原理是用永久磁铁作用于弹簧，使打印针缩在打印头内而处于储能状态，即打印针储存了击打能量，当消磁线圈通电后，产生与永久磁铁磁场方向相反的磁场，即减少了永久磁铁的磁通量，抵消了永久磁铁对打印针后部衔铁和弹簧片的吸引，使弹簧片驱动打印针向前飞行，完成打印动作。此种打印头的优点是功耗低，打印速度快。

2．打式打印机的组成

针式打印机采用击打式打印方式。在实际工作中，打印头横向移动、打印纸纵向移动的同时，打印针向下击打，从而完成字符或图形的输出。这些动作都是由机械装置和诸如控制、驱动等一系列电路的相互协同而得以实现的。

1) 机械装置

打印机的机械装置主要包括字车与传动机构、打印针控制机构、色带驱动机构、走纸机构和打印机状态传感器，这些机构都为精密机械装置，以保证各种机构能正确实现各种运动功能。

(1) 字车与传动机构。字车是打印头的载体，打印头通过字车传动系统实现水平横向左、右移动，再由打印针撞击色带。字车的动力源一般都采用步进电动机，通过传动装置将步进电动机的转动变为字车的横向移动，一般用钢丝绳或同步齿形带进行传动。

(2) 打印针控制机构。打印针控制机构是正确打印的关键，它实现了打印针的出针和收针动作。通常利用电磁原理控制打印针的动作。

(3) 色带驱动机构。打印针撞击色带，色带上的印油就在打印纸上印出字符或图形。在打印过程中，打印头左、右移动时，色带驱动机构驱动色带的同时循环往复转动，不断改变色带被打印针撞击的部位，保证色带均匀磨损，从而既延长了色带的使用寿命，又保证了打印出的字符或图形颜色均匀。

色带驱动机构一般利用字车电动机带动同步齿形带(如 LQ-1600K 采用这种方式)或钢(尼龙)丝绳驱动色带铀转动，也可采用两个单独的电动机(如某些彩色打印机)分别带动色带正、反向走带。

(4) 走纸机构。走纸机构实现打印纸的纵向移动。当打印完一行后，完成走纸换行动作。走纸方式一般有摩擦走纸、齿轮馈送走纸和压纸滚筒馈送走纸等，其动力方式为通过牵引机构将步进电动机的转动转变为走纸移动。

(5) 打印机状态传感器。不同打印机的传感器的设置情况是不同的。通常有原始位置传感器(检测字车是否停在左边原始位置上)、纸尽传感器(检测所装的打印纸是否用完，用完则报警)、计时传感器(检测字车的瞬时位置)和机盖状态传感器(检测正在打印中的异常开打印机盖操作)等。

2) 相关电路

(1) 控制电路。当前主流的针式打印机产品的控制电路均已采用了微机结构，所以打印机也就是一个完整的微型机。从处理器类别来划分，有采用单片机扩展内存及接口电路构成的，也有采用 CPU(处理器)设计的。从组成结构上划分，有采用单一 CPU 结构的，也有采用主从 CPU 过程控制结构的。对打印机的各种控制是通过软件进行的。在 ROM 中存储点阵字库和控制程序，用户自定义的字符存储在行缓存 RAM 中。

控制电路的主要功能包括：建立打印机与计算机之间的通信；控制打印机机械部分的工作，如打印头的出针击打、字车移动、走纸动作及报警等；处理操作面板控制信号，如按键操作、指示灯状态等。

(2) 驱动电路。驱动电路在控制电路的控制下进行工作，能完成驱动走纸电动机、字车电动机和打印针出针等一系列动作。

(3) 其它电路。打印机中还包括一些其它电路，如接口电路、直流稳压电路等。其中，接口电路用于控制打印机与主机的连接，连接接口一般有并行接口、RS-232 串行接口及 USB 接口等；而直流稳压电路为打印机提供各种直流电源。

2.1.3 针式打印机的性能和技术指标

针式打印机的性能主要体现在分辨率、打印头钢针数、打印速度等方面。

1．分辨率

分辨率是衡量打印机打印精度的重要参数，单位是 dpi(dot per inch，每英寸打印点数)。该值越大表明打印机的打印精度越高。一般的针式打印机的分辨率为 180 dpi，好的产品可以达到 360 dpi 以上。

2．打印头钢针数

打印针是针式打印机最关键的部件，打印头中钢针数目越多，打印精度越大，打印速度也越快。

3．打印速度

打印速度指单位时间内所能打印的字符数，针式打印机通常以 CPS(Character Per Second，每秒打印字符数)为单位。例如 EPSON LQ-1600KⅢ 针式打印机打印汉字和英文时的最快打印速度分别为 184 CPS 和 413 CPS。

注意：当打印头过热时会降低打印速度。

4．工作噪声

噪音大是针式打印机的一个主要缺点，因为每次打印动作就是一次物理运动(机械运动)，所以针式打印机的工作声音要比其它种类的打印机大很多。针式打印机的工作噪声一般应低于 65 dB，好的打印机则能控制在 50 dB 以下。

注：dB(分贝)是音量的单位，分贝数越大代表所发出的声音越大。

5．拷贝层数

针式打印机最突出的优点就是具有多层拷贝功能。拷贝打印是指使用具有复写功能的压感打印纸张进行打印(打印时重叠在一起)，观察能够在第几层纸上出现打印的内容。由于不少商业部门的票据往往需要一式数份，因此针式打印机在打印中能够打印的纸的层数也就变得很重要，目前许多针式打印机的拷贝层数已达到了 6～8 层。

6．打印精度

针式打印机的打印精度可由成行度、成列度和走纸积累误差等三个方面进行衡量。

成行度指同一根针打印一行时偏离基准位置的最大距离；成列度指打印一列时偏离基准位置的最大距离；走纸积累误差指以固定行间距连续打印时，在规定的行数内，打印结果的任意点纵向偏离标准行位的最大距离。

7．使用寿命

针式打印机的使用寿命体现在打印头中钢针寿命和平均无故障时间两个方面。

针式打印机的打印动作主要靠打印针的伸缩击打来完成，因此打印针是针式打印机的主要易损零件之一，一般情况下每一根针应该可以执行 2 亿次的打印动作；平均无故障时间为打印机前后两次出现故障的时间间隔，一般应为 6000 小时以上。

8. 最大缓冲容量(缓存)

缓冲容量的大小表明了打印机在打印时，对计算机工作效率的影响。缓冲容量大，一次输入数据就多，打印机进行处理和打印所需的时间就长，因此与计算机通信的次数就可以减少，工作效率就可以提高。

9. 散热性能

由于打印头中钢针和打印介质频繁接触的缘故，针式打印机的最大问题就是热量的逐步累积。为了保护打印机，在以往的产品中往往设有自动保护功能，即当温度过高时，打印机便会自动降低打印速度，甚至完全停止工作。但长期出现高温现象，对于打印机的使用寿命仍会产生一定的影响。现在的高性能打印机则采用新的散热技术，例如有的产品采用了双针头的设计，可以使每个针头轮流工作，这样便不会让某个针头负担过重而产生高温；再如，有的产品则加入了散热风扇或在针头上加散热片，从而让产品的散热性能大大增强。

10. 纸宽和纸厚

纸宽是指针式打印机能够打印纸张的最大宽度。目前，市场上主要有两种宽度的针式打印机，即窄行和宽行，分别对应 A4 幅面和 A2 幅面。

按国际标准，打印纸和复印纸分为 A 制和 B 制，即 A 系列幅面和 B 系列幅面，幅面与尺寸的对应关系如表 2-1 所示。

表 2-1 幅面与尺寸的对应关系

A 系列	尺寸/mm	B 系列	尺寸/mm
A0	841×1189	B0	1030×1456
A1	594×841	B1	728×1030
A2	420×594	B2	515×728
A3	297×420	B3	364×515
A4	210×297	B4	257×364
A5	148×210	B5	182×257
A6	105×148	B6	128×182
A7	74×105	B7	91×128
A8	52×74	B8	64×91

每种幅面的纸都有多种重量的标识，如 A4 80 g/m^2，表示每平方米有 80 克重，用户常用的 A4 和 B5 的纸一般有 70 克和 80 克两种，重量越重的纸也就越厚。

纸厚包括两个方面：进纸厚度和打印厚度。进纸厚度是指纸能够被打印机承受的实际厚度，而打印厚度则是指打印机实际能够打印的纸张厚度。这两个技术指标也是在选购针式打印机时不可忽略的选项。例如，商业中的发票的纸质一般较薄，进纸厚度和打印厚度不必选得太大；而在金融部门中由于需要打印的存折和汇票的厚度较大，因此应该选择进

纸厚度和打印厚度较大的产品。

有的产品通常采用调整打印头与滚筒(即打印辊)间距来实现打印多种打印介质的功能。

11．其它性能

针式打印机还有许多特殊的功能，如自动测厚、自动位置调整、自带字库和支持条码打印等，这些功能可以根据实际情况进行选择。

2.1.4 针式打印机的安装

本节以 EPSON LQ-1600K Ⅲ为例，简单介绍如何在 Windows XP 中安装针式打印机。EPSON LQ-1600K Ⅲ的主要参数如表 2-2 所示。

表 2-2 EPSON LQ-1600K Ⅲ的主要参数

打印机类型	针式宽行打印机
打印针数	24
最高分辨率	360 dpi
打印速度	汉字：184 CPS；英文：413 CPS
打印宽度	单页纸：101～420 mm；连续纸：101～406 mm
纸张种类	单页纸，单页拷贝纸，连续纸(单页纸和多层纸)，信封，明信片，带标签的连续纸，卷纸等
复印能力	5 份(原件+4 份拷贝)
打印针寿命	2 亿次击打/每针
打印内存	64 KB
接口类型	IEEE 1284 双向并行接口
工作噪音	50 dB(A)(ISO 7779 模式)
电源电压	AC198～264 V
重量	13 kg

正确进行针式打印机的安装大致分为三个步骤：首先，由于 EPSON 的 LQ-1600K Ⅲ体积较大，所以在安装前要考虑如何放置这款针式打印机；然后进行打印机与计算机的硬件连接；最后加载相应驱动程序。

1．放置空间的选择

为了合理有效地使用打印机，首先要选择较为宽敞的工作空间，打印机的前后左右一定要留有散热空间；其次若使用打印机机架，那么机架倾斜度不要超过 15°且至少能承受 26 kg 的重量；另外还要考虑电源与打印机之间、打印机与计算机之间的距离是否超过电缆线的最大长度。

2．硬件连接

针式打印机与计算机的硬件连接的步骤如下：

(1) 连接并行电缆和电源。首先关闭计算机和打印机的电源。然后将并行电缆插头连接到打印机的并行接口连接器，将固定用的钢丝卡扣扣向内侧，以保证插头牢牢固定在连接器的两侧，再将电缆线的另一端连入计算机的并口。最后连接电源线，并插入电源插座中，如图 2-7 所示。

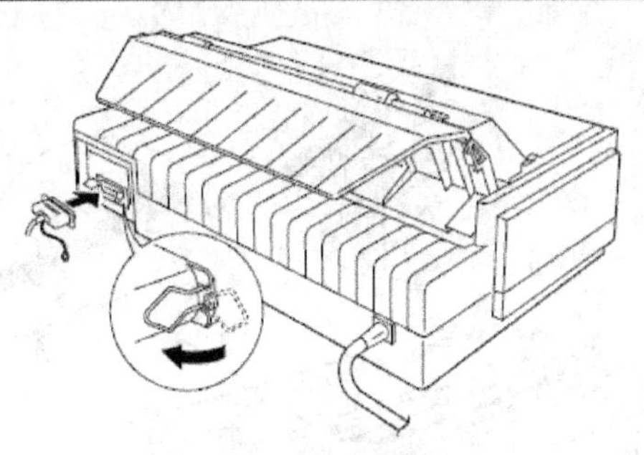

图 2-7 卡扣固定示意图

注意：现在有些厂商的部分针式打印机采用USB接口，对于这些针式打印机的硬件连接工作就非常简单，与计算机连接时无需关闭计算机电源，直接接入计算机的USB接口即可，但打印机的电源要关闭。

(2) 安装色带。新购置的打印机，要自行安装色带盒。向上拉开打印机机盖并将其取下，将打印头移到色带安装位置，即紧纸器凹处，如图2-8所示。

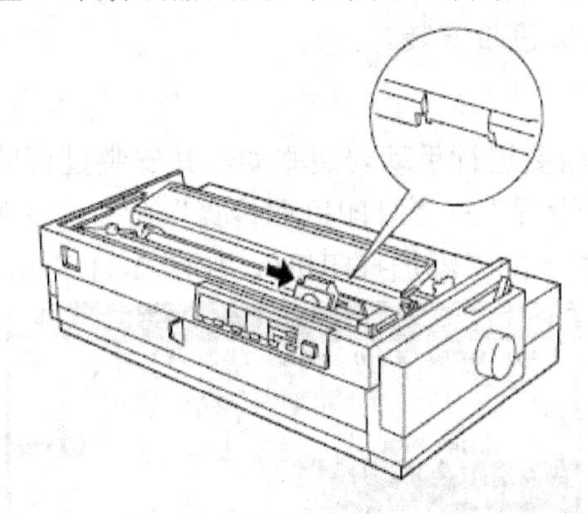

图 2-8 打印头的移动位置

(3) 取下色带盒中间的塑料分隔片后，使色带张紧旋钮向前并将盒底部向下放入打印机，注意将盒两侧的凹槽对准打印机两侧的螺丝钉，如图2-9所示。

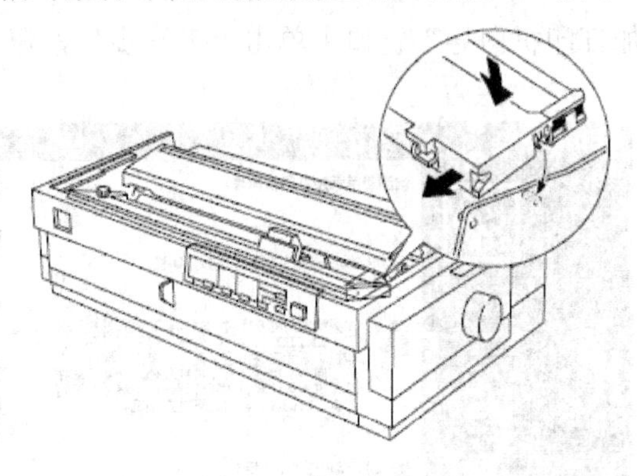

图 2-9 放入色带盒

(4) 向下压放色带盒直到听见“咔嗒”声。

(5) 将色带导片插入打印头后面的插孔，确认色带无褶皱、无卷曲并放在打印头的后面以后，旋转色带张紧旋钮使色带绷紧，如图2-10所示。

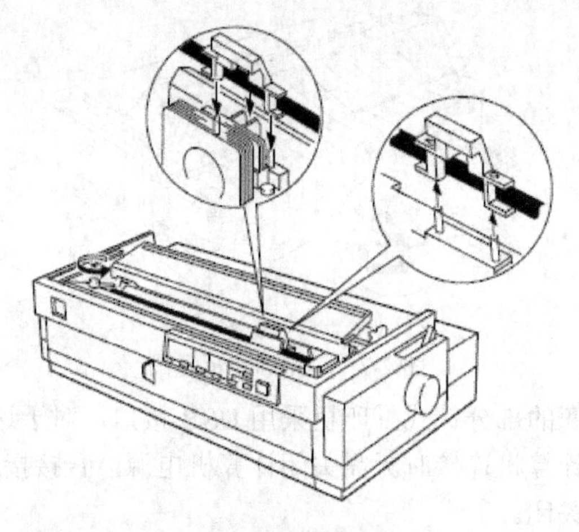

图 2-10　绷紧打印机色带

(6) 试试滑动打印头，打印头左右滑动应该轻松流畅。

(7) 合上打印机盖，完成色带安装。

3．加载驱动程序

EPSON LQ-1600K Ⅲ 需要进行手动安装驱动，其安装过程的图示讲解如下：

(1) 单击“开始”→“设置”→“打印机和传真”命令，在弹出的“打印机和传真”对话框中单击“打印机任务”下的“添加打印机”，如图 2-11 所示。

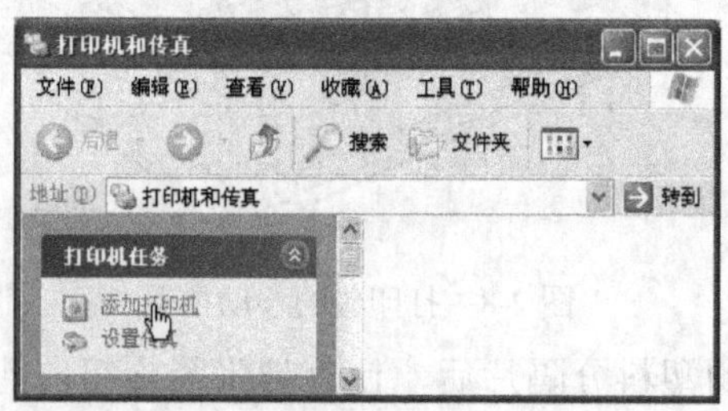

图 2-11　“打印机和传真”对话框

(2) 在弹出的“添加打印机向导”窗口中单击“下一步”按钮，继续安装，如图 2-12 所示。

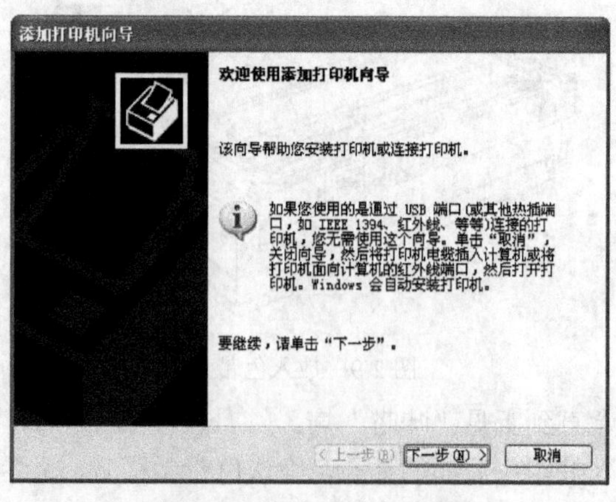

图 2-12　添加打印机向导

(3) 在弹出的“本地或网络打印机”窗口中选择“连接到此计算机的本地打印机”选项，并且根据实际情况应该除去已经选中的“自动检测并安装即插即用打印机”选项，单击“下一步”按钮，继续安装，如图2-13所示。

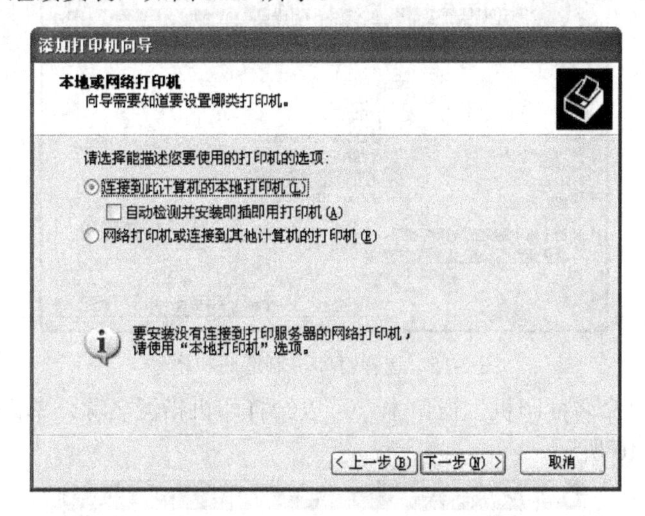

图2-13 设置本地或网络打印机

(4) 在弹出的“选择打印机端口”窗口中选择系统的默认值，单击“下一步”按钮，继续安装，如图2-14所示。

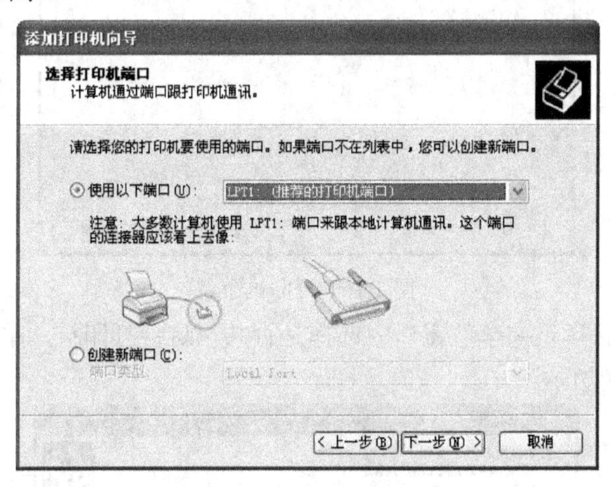

图2-14 选择打印机端口

注：若要改变端口设定，可以在“使用以下端口”下拉菜单中选择合适端口或选择“创建新端口”选项。

(5) 在弹出的“安装打印机软件”窗口中选择待安装的打印机生产厂商和型号，这里在“厂商”列表中选择“Epson”，并在“打印机”列表中选择“EPSON LQ-1600KIII”，单击“下一步”按钮，继续安装，如图2-15所示。

注：若列表中有待安装打印机的型号，表明操作系统集成了该打印机的驱动程序，选中后可以直接单击“下一步”按钮；若没有，则需要单击“从磁盘安装”按钮来指定打印机驱动程序的路径，才能使得安装继续正确进行。

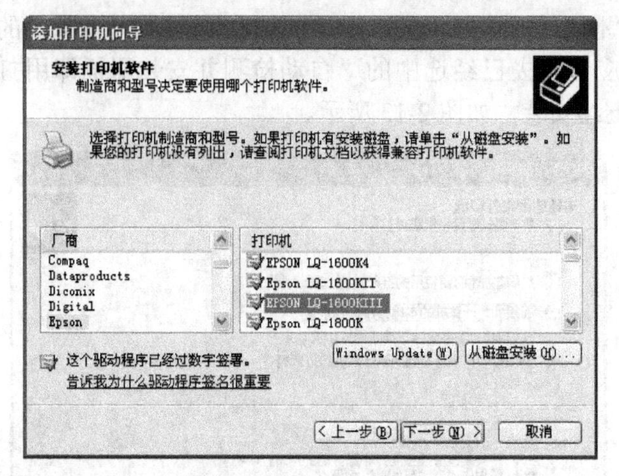

图 2-15　选择打印机制造商和型号

(6) 在弹出的“命名打印机”窗口中，可以给打印机指派名称，单击“下一步”按钮，继续安装，如图 2-16 所示。

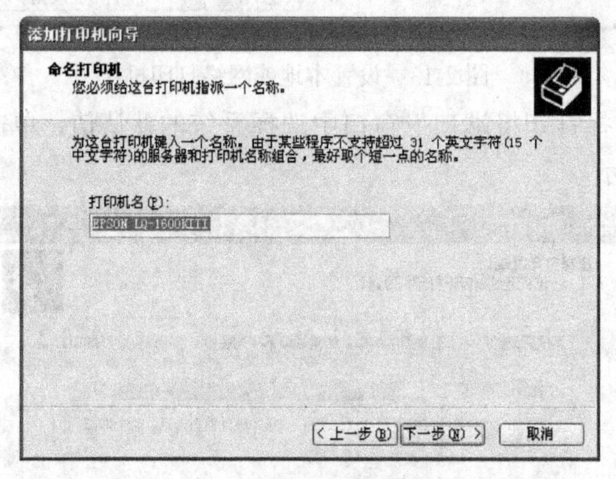

图 2-16　打印机命名

(7) 在弹出的“打印机共享”窗口中选择是否共享这台打印机，单击“下一步”按钮，继续安装，如图 2-17 所示。

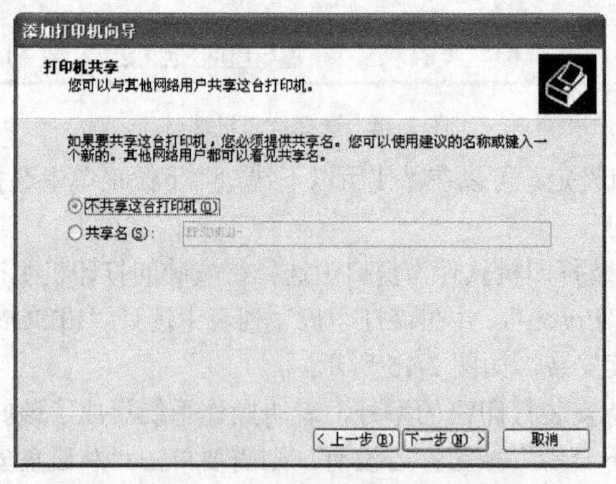

图 2-17　选择是否共享打印机

(8) 在弹出的“打印测试页”窗口中选择是否要打印测试页，为了确认打印机能正常工作，建议选择“是”，单击“下一步”按钮，继续安装，如图2-18所示。

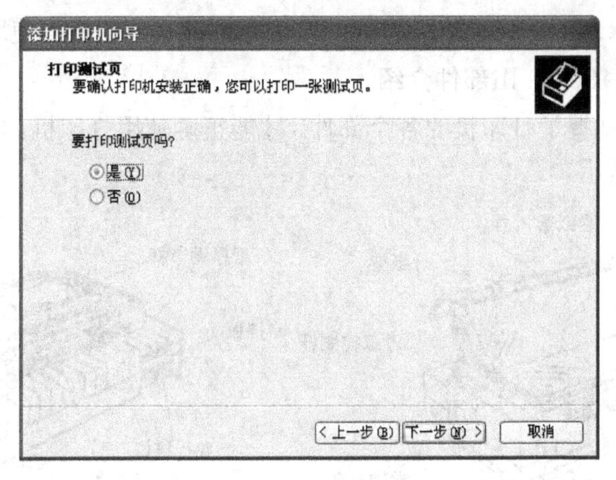

图2-18　打印测试页

(9) 在弹出的窗口中可以看到所做设置，确认无误后单击“完成”按钮，系统自动进行打印机驱动程序的安装，如图2-19所示。

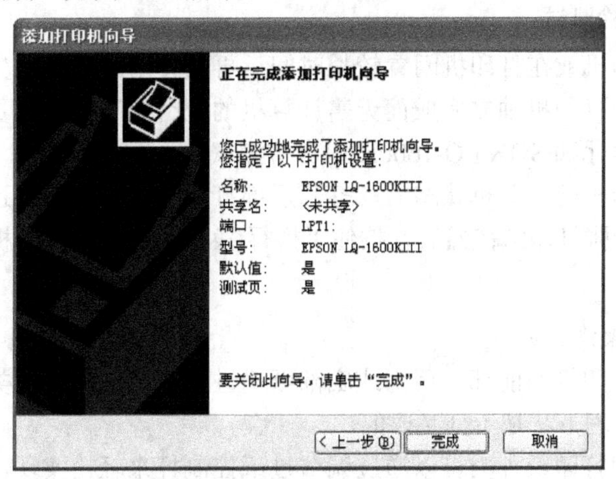

图2-19　确认打印机设置

注意：驱动程序安装完成后，打开打印机电源，装入一张A4的纸，开始打印测试页，当测试页输出后，判断打印机是否能正常打印。

(10) 系统完成驱动程序安装后，在“打印机和传真”窗口中会出现打印机图标，如图2-20所示。注：图标上的钩表示这台打印机为系统默认打印机。

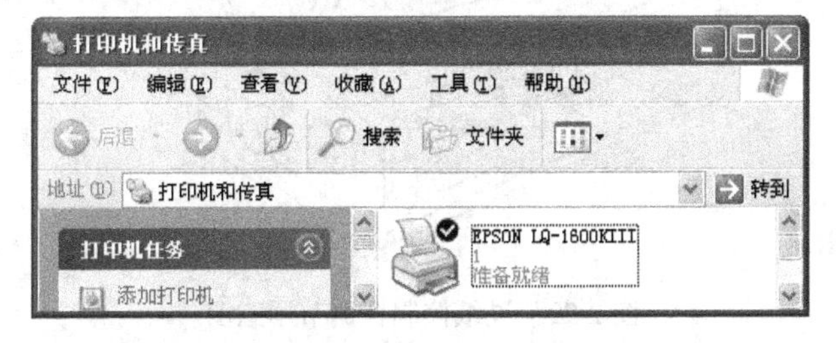

图2-20　“打印机和传真”窗口中的打印机图标

2.1.5 针式打印机的使用

在本节中以 EPSON LQ-1600K Ⅲ为例，简单介绍针式打印机的使用方法。

1. EPSON LQ-1600K Ⅲ部件介绍

只有首先了解、掌握了打印机的各个部件，才能正确使用打印机。EPSON LQ-1600K Ⅲ的各部件如图 2-21 所示。

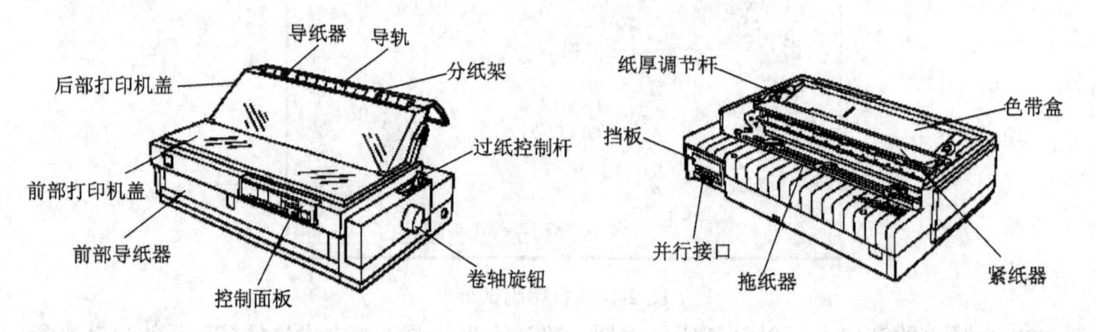

图 2-21　LQ-1600K Ⅲ部件示意图

2. 打印机的自检测试

第一次使用打印机或在打印机闲置较长时间后再次使用时，应该先运行打印机自检测试。自检测试可以由打印机独立完成而无需计算机的配合。下面以单页纸从打印机顶部进纸为例，介绍如何运行 EPSON LQ-1600K Ⅲ自检测试。

首先，确认打印机处于关机状态后，打开后部打印机盖；接着将过纸控制杆设置在单页纸位置处并放入一张打印纸；然后在按住“换行/换页”键的同时开机即可进行测试。

3. 进纸操作

1) 过纸控制杆操作说明

用户可以采用打印机的前部、后部或底部纸槽进纸方式打印各种类型的打印纸，因此了解各种打印纸的处理方法是十分必要的。

选择进纸方式和打印纸种类可以通过调节过纸控制杆来轻松实现。过纸控制杆有四个调节挡位，如图 2-22 所示，不同挡位所对应的进纸通道和打印纸类型如表 2-3 所示。

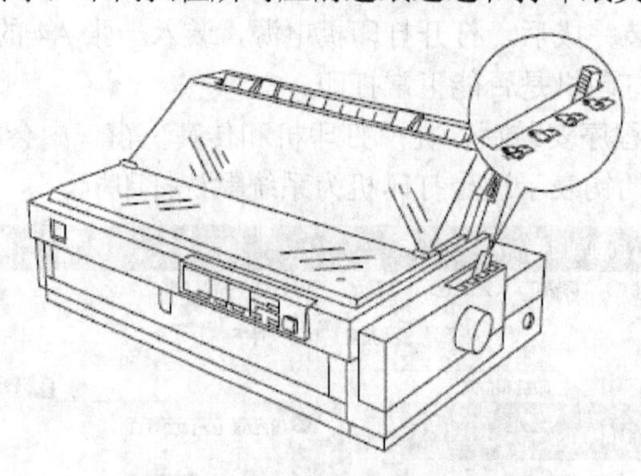

图 2-22　过纸控制杆调节示意图

表 2-3 进纸通道和打印纸类型

进纸通道	打 印 纸 类 型
	单页纸位置： 对所有的单页纸(包括信封与明信片)，可从前部、顶部、可选的单页纸送纸器或滚动式装纸器进纸
	后部拖动式和后部推动/牵引式拖纸器位置： 对于安装在后部的拖纸器所使用的连续纸
	前部推动式和前部推动/牵引式拖纸器位置： 对于安装在前部的拖纸器所使用的连续纸
PULL	牵引式拖纸器位置： 对于安装在顶部的拖纸器所使用的连续纸。在此情形下，可以从前部、后部或底部进纸

2) 纸厚调节杆操作说明

EPSON LQ-1600K III除了可以打印单页纸和连续纸以外，还可以打印信封、不干胶标签、明信片、卷纸和多层拷贝纸等。在使用这些特殊纸打印之前，需要调节纸厚调节杆来改变纸张厚度设置。纸厚调节杆可以调节到多种挡位，如图 2-23 所示，不同挡位所对应的不同打印纸张类型如表 2-4 所示。

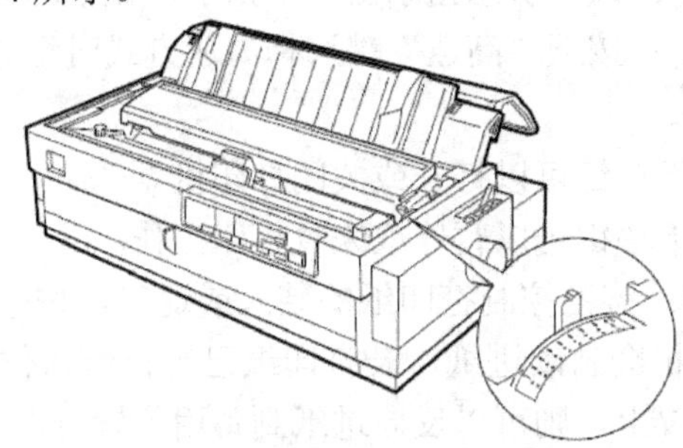

图 2-23 纸厚调节杆放大图

表 2-4 打印纸类型与调节杆位置对应表

打印纸类型	调节杆位置
薄纸	0 或 1
普通纸(单页纸或连续纸)	0
多层拷贝纸(无碳) 2 页(原件 + 1 页拷贝) 3 页(原件 + 2 页拷贝) 4 页(原件 + 3 页拷贝) 5 页(原件 + 4 页拷贝)	 1 2 3 5
不干胶标签、明信片	2
信封	1～6

注意：当环境温度过高(或过低)时，为了提高打印质量可以将调节杆相应调节高(或低)一挡位。

4．控制面板的操作

EPSON LQ-1600K Ⅲ控制面板上有五个指示灯和七个操作键，如图 2-24 所示，其中指示灯用于指示打印机的当前状态，操作键用于控制打印机的各种设定。

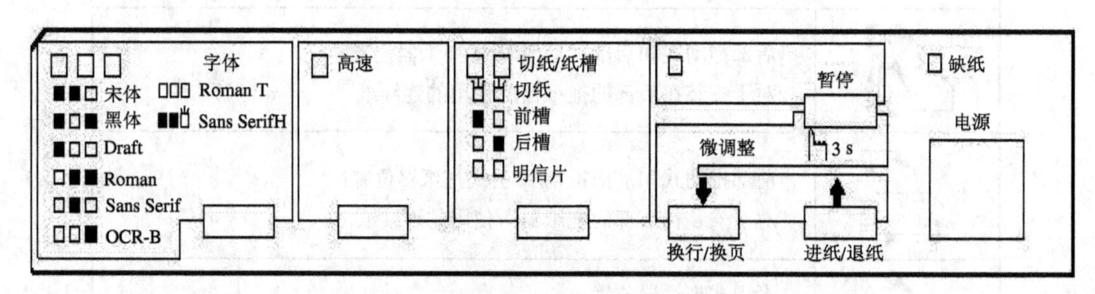

图 2-24　EPSON LQ-1600K Ⅲ控制面板

1) 指示灯的说明

“缺纸”指示灯(红色)：当打印机无纸或卡纸时灯亮。

“暂停”指示灯(橙色)：当打印机没有准备好收到打印数据、纸用尽、夹纸或按下此键来暂停打印时灯亮。另外，当打印头温度过高时，此灯会闪烁。

“切纸/纸槽”指示灯(绿色)：该项状态指示由两个指示灯显示，分别为切纸、前槽、后槽、明信片四种选择状态。

“字体”指示灯(绿色)：该项状态指示由三个指示灯显示选择的字体。

“高速”指示灯(绿色)：按下“高速”键选择高速方式时灯亮。

2) 操作键的说明

“电源”操作键：按下该键可以打开或关闭打印机。

“暂停”操作键：按下该键可以暂停或恢复打印工作。

“进纸/退纸”操作键：该键控制打印纸的装入或退出。按下该键可以将打印纸送入装入位置。一般情况下打印机会自动进纸，若打印纸已经在装入位置，则可以退出打印纸；若连续纸在装入或切纸位置上，则可以反向进纸到备用位置。

“换行/换页”操作键：短暂按下该键可以使打印纸走纸一行，按住该键可以退出打印纸或使连续纸走纸到下一页的顶部。

“切纸/纸槽”操作键：按下该键可以使打印纸走纸到切纸位置，再按下该键可以使下一页纸走纸到页顶处。若是使用单页纸，按下该键可以选择单页送纸槽。

“字体”操作键：按下该键可以选择各种字体。

“高速”操作键：按下该键可以进行高速打印，如实现 2 倍或更高的打印速度。但是这种方式的打印效果较差并且容易造成断针。

5．缺省设定值

缺省设定值可以控制打印机的许多基本功能。(当然，用户可以通过软件或打印机驱动程序来控制这些功能，但有时也需要用缺省设定值改变某一功能设置。)

在按下“高速”键的同时打开打印机，即可进入缺省设定模式，打印机会打印出一张指导单，可根据指导使用缺省设定模式来改变设定值。

6. 常规打印输出

打印机的常规打印输出，如输出文档或图形等时，需要各种应用程序的支持。现以常用的“Microsoft Word”软件为例，简单介绍如何进行打印输出。

在“Word”中完成编辑工作后，单击“文件”菜单中的“打印”选项，进入“打印”窗口，在这个窗口中可以进行诸如选择打印机、选择打印范围及份数等设置，如图 2-25 所示。

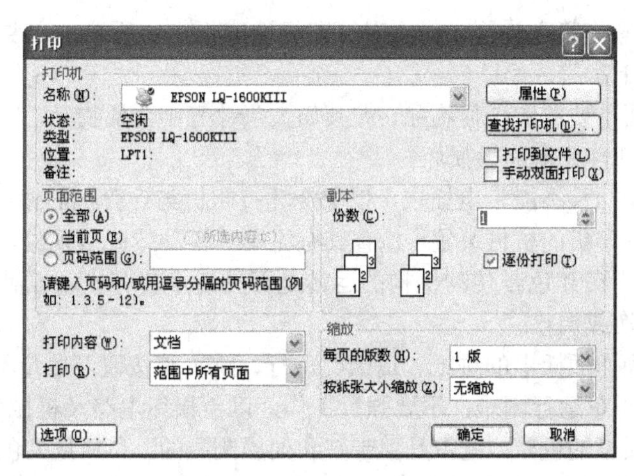

图 2-25　“打印”设置界面

完成设置后，单击“确定”按钮即可开始打印工作。若使用默认设置进行打印输出，只需单击工具栏中的打印图标就能开始打印工作。

2.1.6　针式打印机的维护

针式打印机的结构虽然复杂，但由于其技术成熟度非常高，可靠性还是比较高的。不过由于其市场拥有量较大、用户使用频率较高，所以对针式打印机的日常保养和常见故障维护工作的要求也比较高。

1. 针式打印机对工作环境的要求

除了工作空间外，还要注意针式打印机的工作环境温度应为 5～25℃、湿度应为 20%～80%。高温环境会引起电气参数的较大变动，从而影响打印机的正常工作；高湿环境则可能氧化腐蚀集成电路(IC)芯片。所以，放置打印机时应避免日光直接照射，并远离热源(如空调、暖气等)。

另外，打印机必须平稳放置，倾斜会在打印时产生震动，影响打印速度和打印质量。而且电源电压要稳定，否则应该配备稳压器。

2. 针式打印机的日常清洁

保证打印机良好的清洁度十分必要，可以定期用小刷子或吸尘器清扫机内的灰尘和纸屑，用在中性洗涤剂中浸泡过的软布拧干后再擦拭打印机。其次，在不使用时尽量罩上防尘罩，以防止灰尘甚至小的金属物掉进打印机内，损伤其电路或元器件。

日常清洁工作应注意：第一，清洁之前要关闭打印机，并断开与计算机的通信电缆。在打印机刚工作的情况下，一定要等待其部件冷却。第二，打印头是关键部件，可将其拆下用无水酒精进行清洗，对打印头的出针孔处要格外认真清洗，清洗后可滴数滴黏度较小的高级机油，使出针动作润滑流畅，减少阻力。第三，为了防止水滴进入打印机内部，进行清洁时，能拆下的部件尽量拆下清洗，待自然干燥后重新装入打印机，然后才能对打印机加电，以免造成电路短路。

3．针式打印机的正确使用

有时因为不当操作等人为因素，会对打印机造成损伤，所以一定要了解打印机的正确使用方法，具体如下：

(1) 打印机上面不要放置任何物品，尤其如大头针等小金属物品，以免异物掉入针式打印机内，造成机内部件或电路板损坏。

(2) 接口连接器插头不能带电插拔，以免烧坏打印机与计算机的接口元器件。

(3) 定期检查打印机的机械装置，检查其有无螺钉松动或脱落现象，字车导轨轴套是否磨损，输纸机构、字车和色带传动机构的运转是否灵活，若有松动、晃动或不灵活，则应分别予以紧固、更换或调整。

(4) 正确使用操作面板上的进纸、退纸、跳行、跳页等按钮，尽量不要用手旋转手柄。若发现走纸不畅或小车运行困难，不要强行工作，以免损坏电路及机械部分。

(5) 要选择高质量的色带。色带是由带基和油墨制成的，高质量的色带带基没有明显的接痕，其连接处是用超声波焊接工艺处理过的，油墨均匀，而低质量的色带带基则有明显的双层接头，油墨质量很差。低质量的色带对打印机损伤大且打印质量差。定期检查色带及色带盒，若发现色带盒太紧或色带表面起毛就应及时更换(注意色带的质量)，否则色带盒太紧会影响字车移动，色带破损则会挂断打印针。

(6) 为保证打印机及人身安全，电源线要有良好的接地装置，否则在机架和逻辑地上会有 100 多伏的交流电压。针式打印机的电源要用 AC220 V ± 10%、50 Hz 的双相三线制中性电，尤其要保证良好的接地，以防止静电积累和雷击烧坏打印通信口等。

(7) 要尽量避免打印蜡纸。因为蜡纸上的石蜡会与打印胶辊上的橡胶发生化学反应，使橡胶膨胀变形。另外，石蜡也会进入打印针导孔，易造成断针。在必须打印蜡纸时，将一层薄纸覆盖其上可减少对打印头的污染。若有长期打印蜡纸的情况，则清洗打印头的次数更要多一些。另外，在打印蜡纸时，打印头间隙要调整合适，因为间隙过小则会使打印强度过大，这样就会容易造成蜡纸破损，而且也有可能造成断针，而间隙过大则打印效果不好。

(8) 不要让打印机长时间地连续工作。

2.2　喷墨打印机

喷墨打印机(Ink-Jet Printer)是使用喷嘴将墨滴喷射到纸张上，从而形成字符或图形的打印机。早在 19 世纪 60 年代，英国物理学家 Lord Kelivin 使用墨水笔方式记录示波器的波形，这被公认为喷墨原理的雏形。喷墨打印机的早期技术中因存在喷嘴容易堵塞、墨滴扩散对纸张的浸润污染和喷墨量难以控制等问题，所以喷墨打印机难以推广，直到 20 世纪 70 年代初，才开始形成商品。1980 年 8 月，Canon(佳能)公司第一次将其气泡喷墨技术应用到其喷墨打印机 Y-80 中，从此开创了喷墨打印机的历史。

2.2.1　喷墨打印机的分类

喷墨打印机的分类标准多种多样，因为采用各不相同的喷墨技术，所以其分类是常见打印机中最为复杂的。

1．按使用的墨分类

喷墨打印机按使用的墨不同可以分为液态喷墨打印机和固态喷墨打印机两种。固态喷墨是美国泰克(Tektronix)公司的专利技术，它使用的相变墨在常温下为固态，打印时墨被加热液化后喷射到纸张上，并渗透其中，附着性相当好，色彩极为鲜艳。但这种喷墨打印机昂贵，市场上较少见，只适合于特殊专业用户，本章中的喷墨打印机是指液态喷墨打印机。

2．按喷墨技术分类

喷墨打印机按喷墨技术的不同可以分为两种：一种是连续式喷墨打印机，另一种是随机式喷墨打印机。目前市场产品多为随机式喷墨打印机。对于随机式喷墨技术可以进一步划分为气泡式和压电式，如图 2-26 所示。例如，HP 系列多属于气泡式，EPSON 系列多属于压电式，Canon 系列则既有气泡式又有压电式。

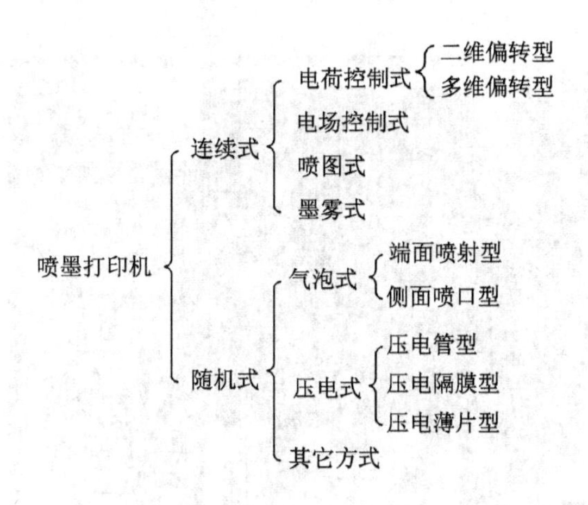

图 2-26　喷墨打印机分类图示

3．按输出色彩分类

喷墨打印机按输出的色彩可以分为黑白喷墨打印机和彩色喷墨打印机。目前的喷墨打印机均是彩色喷墨打印机。

最早出现的喷墨打印机只有黑色墨水，只能打印黑白的文本或图形；现在的彩色喷墨打印机中有多种不同颜色的墨盒，即在原来的黑色墨盒的基础上增加了青色、洋红和黄色这三种颜色，称为 4 色墨盒，可以实现彩色图文输出；照片级的彩色喷墨打印机又增加了淡青色和淡洋红，称为 6 色墨盒，可以实现高质量彩色照片的输出。

4. 按输出幅面分类

喷墨打印机按输出幅面的不同又可分为 A4 幅面、A3 幅面甚至更大幅面的喷墨打印机。例如，EPSON GS6000 就是一款大幅面彩色喷墨打印机，如图 2-27 所示。

图 2-27　EPSON GS6000

5. 按接收数据方式分类

喷墨打印机是计算机的外围设备，传统产品要与 PC 相连才能完成打印输出功能。现在有些喷墨打印机已不再仅仅依附于计算机，出现了一些通过其它传输方式接收数据的功能性产品。例如，EPSON IP-100 智能数码照片打印机就是第一台不通过计算机就可和数码相机直接通信的打印机，它是一款能打印 A4 幅面照片的彩色喷墨打印机，如图 2-28 所示。

图 2-28　EPSON IP-100

6. 其它分类

喷墨打印机还有一些约定俗成的分类标准：按其与计算机连接的接口类型不同可以分为 ECP 并口喷墨打印机和 USB 接口喷墨打印机，甚至有无线喷墨打印机；按输出图片精细度的高低又可将其分为普通喷墨打印机和照片级喷墨打印机。

2.2.2　喷墨打印机的工作原理和构成

由于喷墨打印机采用喷墨技术的多样性，其工作原理和构成也就各不相同。

1. 喷墨打印机的工作原理

喷墨打印机的早期产品多采用连续式喷墨技术，随着技术的发展，现在产品多为随机式喷墨技术，且不同公司分别研制出了气泡式随机喷墨打印机和压电式随机喷墨打印机。

1) 连续式喷墨打印机的工作原理

连续式喷墨打印机以电荷控制型为代表，其工作原理大致为，工作时利用压电驱动装置对喷头中的墨水加一固定压力，使其连续喷射。为进行记录，利用振荡器的振动信号激励射流生成墨水滴，并对其墨水滴大小和间距进行控制。由打印信息进行控制形成带电荷和不带电荷的墨水滴，再由偏转电极来改变墨水滴的飞行方向，使需要打印的墨水滴飞行到纸面上，生成字符或图形。不参与打印的墨水滴则由导管回收，如图 2-29 所示。对偏转电极而言，有的系统采用两对互相垂直的偏转电极，对墨水滴打印位置进行二维控制，即二维偏转型；有的系统对偏转电极采用多维控制，即多维偏转型。

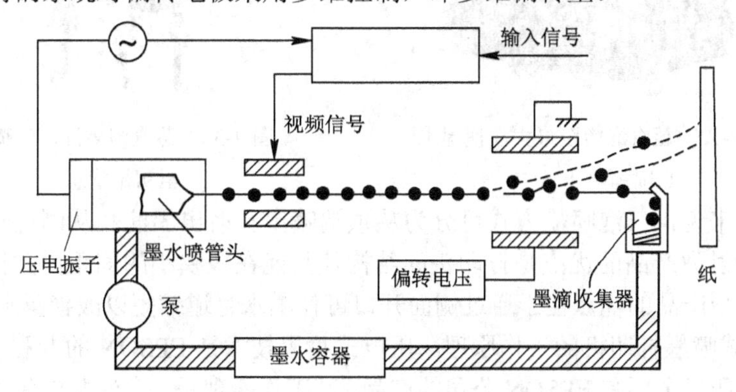

图 2-29　连续式喷墨打印机的工作原理示意图

2) 随机式喷墨打印机的工作原理

随机式喷墨打印机中的墨水只有在打印需要时才喷射，所以又称为按需式打印。

目前，随机式喷墨打印机主要有气泡式和压电式喷墨打印机两种。

(1) 气泡式喷墨打印机的工作原理。气泡式喷墨打印机又称电热式喷墨打印机，这种喷墨打印机的重要特征是在喷头中使用加热元件(通常多为热电阻)。加在加热元件上的电脉冲信号由打印机数据通过相应电路提供，当幅值足够高、脉冲足够小的脉冲电压作用于加热元件时，加热元件急速升温，使靠近加热元件的墨水汽化，形成微小气泡，微小气泡变大形成薄的蒸气膜，蒸气膜将墨水和热元件隔离，这样可避免将喷嘴内的全部墨水加热。

气泡式喷墨打印机的工作原理是将墨水装入到一个非常微小的毛细管中，通过一个微型加热垫迅速将墨水加热到沸点。这样就生成了一个非常微小的蒸汽泡，蒸汽泡扩张就将一滴墨水喷射到毛细管的顶端。停止加热后墨水冷却，导致蒸汽凝结收缩，从而停止墨水流动，直到下一次再产生蒸汽并生成一个墨滴。实际操作中可以通过改变加热元件的温度来控制喷出墨水的多少，最终达到打印的理想目的。

气泡式喷墨打印机的喷墨过程如图 2-30～图 2-33 所示。

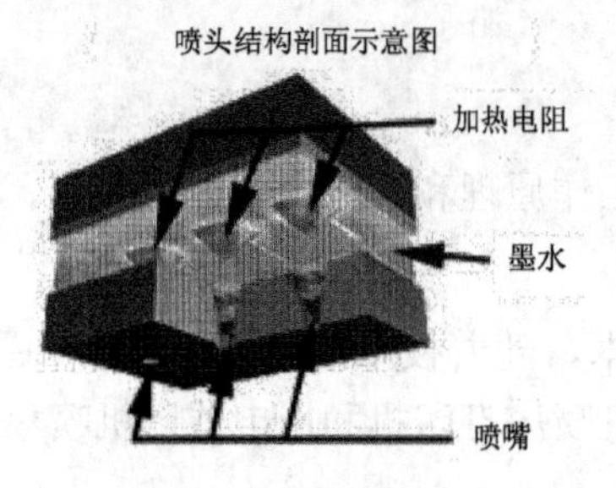

图 2-30　初始阶段

图 2-31　在接受指令后电阻加热，液体被立即蒸发并形成蒸汽泡

图 2-32　蒸汽泡增至最大，使墨水自喷嘴喷出

图 2-33　蒸汽泡破碎，喷嘴恢复至初始状态

从结构上来说，气泡喷墨方式可分为从顶端喷墨孔射出墨滴和从侧边喷出孔射出墨滴两种。端面喷射型产品的优点是打印头的结构使其能在极狭小的间距内并排排列大量的喷嘴，侧面喷射型产品的优点在于通过侧面开口可使墨水管道缩短以改善墨水流程。

(2) 压电式喷墨打印机的工作原理。压电式喷墨技术是 EPSON 的专利，市场上采用此原理的喷墨打印机主要是 EPSON 公司的产品。其工作原理是：喷头内装有墨水，在喷头上、下两侧各装有一块压电晶体，压电晶体受打印信号的控制，产生变形并挤压喷头中的墨水，从而控制墨水的喷射。不打印时，墨水由盒体内的海绵吸附，以保证墨水不会从打印头漏出。

EPSON 打印头主要由多层压电元件、墨腔及喷孔组成，如图 2-34 所示。

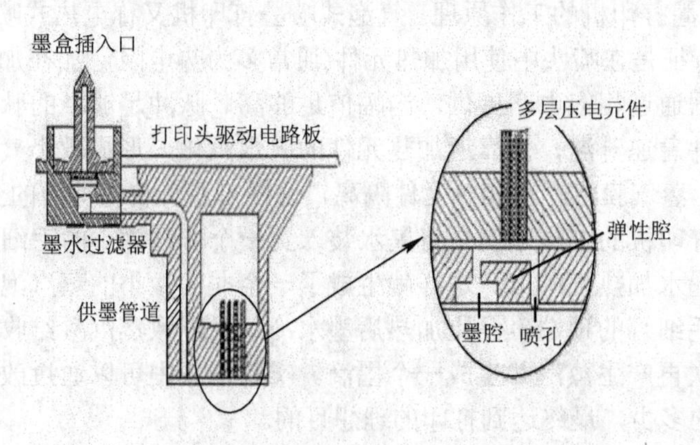

图 2-34　EPSON 打印头示意图

多层压电元件：在脉冲电压驱动下，多层压电元件变形后体积增大，压迫弹性墨腔使其体积减小，从相对压力较低的喷孔处喷出墨水而形成墨点。

墨腔：打印头在准备喷墨的待命状态时，预先将墨盒中的墨水充满墨腔。

喷孔：喷墨打印头的每个喷孔都有独立的墨腔和多层压电组件，分别响应特定的打印信号脉冲编码，信号是"1"时喷墨，信号是"0"时待命。

压电式喷墨打印机的喷墨过程如下：

在等待打印指令状态时，打印头驱动电路输出喷孔选择信号，不被选中的多层压电组件因没有脉冲电压驱动而不产生变形压迫腔壁，墨腔内部压力保持在普通大气压的水平使墨水处于相对稳定的状态。通常情况下喷孔处的墨水因为液体表面张力抵抗了墨水自重，打印头没有墨水流动泄漏现象产生，如图 2-35 所示。

在喷墨状态时，打印头驱动电路输出选择信号而锁定选中的喷孔，特定的多层压电组件在脉冲电压的驱动下变形而压迫弹性墨腔喷出墨水，如图 2-36 所示。

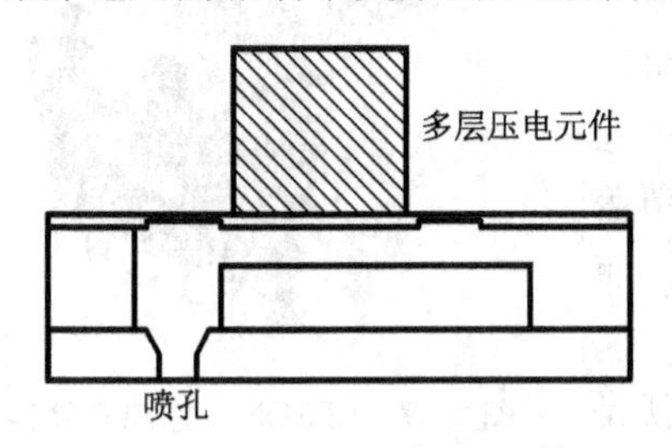

图 2-35　压电式喷墨打印机等待打印指令状态示意图

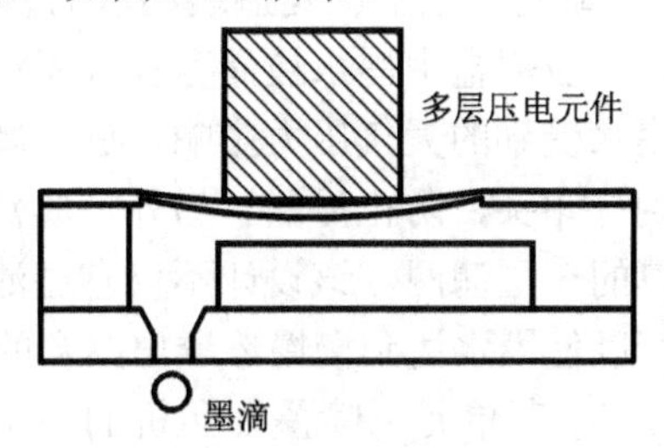

图 2-36　压电式喷墨打印机喷墨状态示意图

打印头在泵墨或清洗喷孔时，打印机在喷孔处形成负压，通过墨盒进气口的大气压力源源不断地将墨水压入打印头墨腔。在打印过程中，每次喷墨动作结束后，多层压电组件信号反向解除对墨腔的压迫使弹性腔壁反弹而恢复变形，墨腔内压力降低，由于连接墨盒的供墨管道直径远远大于喷孔的直径，因此打印头流量大的供墨管道补充墨水而恢复墨腔内的正常压力，不再需要泵墨产生负压。

2. 喷墨打印技术比较

1) 连续式和随机式喷墨技术的比较

(1) 随机式在需要时才进行喷墨，因此不像连续式要配置墨水循环系统。

(2) 连续式采用单一喷嘴，而随机喷墨系统因受射流惯性的影响，墨滴喷射速度低。为了弥补这一缺点，采用了多喷嘴的方法来提高打印速度，例如 Canon 的 iX7000 的喷嘴数目已经达到了 3584 个之多。

(3) 随机式的打印速度和打印质量要高于连续式。

(4) 随机式比连续式结构简单、成本低、可靠性高，是市场主流产品所采用的技术，而连续式产品已不多见，正逐步被淘汰。

2) 气泡式和压电式喷墨技术的比较

压电式喷墨技术的优点在于对墨滴的控制力强，容易实现高精度的打印；缺点是喷头堵塞时的更换成本非常昂贵。所以为了降低使用成本，一般将打印喷头和墨盒做成分离的结构，更换墨水时不必更换打印头。

气泡式喷墨技术的优点是打印速度较快，但缺点是墨水一经推挤就被喷出，力量不能集中，墨滴容易受到惯性等影响与打印头粘连而产生分布不均匀现象或形成墨渣，影响打印质量。其次，气泡式喷墨方式工作时要产生高温，由于墨水在高温下容易发生化学变化，性质不稳定，所以打出的色彩真实性就会受到一定程度的影响，并且对墨水质量有一定的要求。另外，打印头常处于高温状况下会使得打印头更容易损耗，所以需使用打印头与墨水合成的方式来降低成本。

3. 喷墨打印机的构成

喷墨打印机主要由喷墨机构(喷墨头)、墨盒、小车单元、走纸单元、传感器单元和相关电路等部分组成。

(1) 喷墨机构(喷墨头)。采用不同喷墨技术的喷墨打印机其喷墨机构是各不相同的(参见 2.2.2 节的介绍)。

(2) 墨盒。墨盒就是盛装墨水的容器盒，如图 2-37 所示。一般墨盒中墨水被储存在吸墨海绵中，这样可以减少墨水受到的大气压力影响，进而减缓墨水从储墨仓渗透到打印头，防止渗漏。另外，墨盒中出墨口处覆盖了厚厚的一层滤网，该设计不仅有过滤墨水的作用，而且还可以使墨水达到慢慢渗透出墨盒的目的。

图 2-37　EPSON 6 色独立分体墨盒

(3) 小车单元。喷墨打印机的小车单元的功能就是搜索打印位置，进行待打印字符或图形的精准定位。

(4) 走纸单元。走纸单元由若干传送辊和驱动电机等部分组成。正常工作情况下，由走纸电机驱动的走纸部分靠转动进纸辊来实现垂直走纸或回纸动作。

(5) 传感器单元。传感器单元由检测纸张宽度的纸宽传感器、检测是否有打印纸或卡纸的纸尽传感器、检测是否有墨盒的墨盒传感器和检测是否有墨水的墨水传感器等组成。

(6) 相关电路。喷墨打印机的相关电路有控制电路、驱动电路、接口电路、直流稳压电路等。这些电路的功能是保障喷墨打印机与计算机之间的正常通信和喷墨打印机正常打印工作的完成。

2.2.3　喷墨打印机的性能和技术指标

1. 分辨率

分辨率是衡量打印质量最重要的标准，单位是 dpi。分辨率越高，图像精度就越高，打印质量自然就越好。

对于彩色喷墨打印机来说，300 dpi 是人眼分辨打印文本与图像的边缘是否有锯齿的临界点，再考虑纸张等因素，分辨率达到 360 dpi 以上的打印效果才能令人基本满意。

2. 墨滴大小

除了分辨率以外，墨滴的大小也是衡量打印质量的一个非常重要的指标。墨滴越细微，色彩表现能力就越强，画面就越真实。

当墨滴达到 6 pL(微微升，即皮升)，就接近了肉眼所能观看的极限，这时候画质就会给人一种细腻真实的感觉。目前市场上主流产品的墨滴技术非常成熟，三大主要的打印机厂

商(HP、EPSON、Canon)喷射的墨滴都可以达到4～5 pL，ESPON的技术甚至能够保证达到2 pL这样的极致尺寸。

注：1 pL = 1×10^{-12} L，即1 pL墨滴的直径相当于头发丝直径的1/6。

3．喷头设置

喷墨打印机，特别是照片级彩色喷墨打印机，通过喷头将墨滴喷洒在打印介质上，每种颜色都有一定数量的喷头为其服务，喷头的数量越多则打印的速度就越快。例如，EPSON STYLUS PHOTO R230喷墨打印机配置了90个×6色(黑色、青色、洋红色、黄色、淡青色、淡洋红色)共540个喷头。

4．打印速度

喷墨打印机的打印速度是以PPM(Paper Per Minute，每分钟打印页数)来衡量的，其覆盖率为5%。生产厂商通常都会用黑白和彩色两种打印速度进行标注，因为彩色图像和黑白文本的打印速度有差别，如EPSON STYLUS PHOTO R230喷墨打印机，其黑白文本的打印速度为15.8 PPM，彩色图像的打印速度为15.3 PPM，6英寸照片的打印速度为57 s，A4照片的打印速度为163 s。另一方面，打印速度还与打印时设置的分辨率有很大的关系，分辨率越高，打印速度也就越慢。

注意：照片级打印机的打印速度与许多因素有关，例如处理器的主频、是否配备专用图像处理芯片、内部数据通道位数、能否同时处理多幅图像、采用的图片打印技术等。

5．色彩数目

更多的彩色墨盒数就意味着更丰富的色彩。就目前市场来看，黑色、青色、洋红色和黄色的四色墨盒打印机正在逐渐退出市场，增加了淡青色和淡洋红色的6色打印机更具有上佳的照片打印质量，极少数喷墨打印机甚至采用了8色墨盒。

6．打印成本

打印成本主要包括墨盒与打印纸的价格，所以在购买时应该考虑到墨盒的类型。喷墨打印机的黑色墨水都是独立的，彩色墨水有分体式的和一体式的。使用一体式墨盒时，在其中一种颜色的墨水用完后就要整体更换，会增加使用的成本。另外，多用黑色墨水打印可节省价格相对较高的彩色墨盒，也有利于节约打印成本。多数打印机在普通纸上打印黑白文本有着不错的效果，但要打印色彩丰富的图像，特别是图片的精美打印就需要在专业纸上进行，这也就意味着增加了打印成本。

7．经济打印模式

经济打印模式指以最省墨的方式进行打印，即为标准墨点的1/4。这种模式只适合于做草图打印，但可以降低打印成本。

8．打印噪音

喷墨打印机在工作时也会发出噪音，打印噪音指标的大小通常用分贝来表示。

9．墨盒类型

墨盒是喷墨打印机最主要的一种消耗品，不同的墨盒类型反映出来的功效也是完全不一样的。当前的墨盒类型主要分为分体式墨盒与一体式墨盒两类，它们都各有特点。

一体式墨盒主要是将喷头集成在墨盒上，一旦其中一种颜色的墨水用完后，一般要整

体更换，有经验的用户可以自己向墨盒中另灌原装墨水，而且充灌后的墨水对喷头不会造成伤害，这样可以有效降低打印头的故障发生率。不过这种类型的墨盒也有致命的缺点，即一旦墨盒无效，喷头也会随着一起报废，很明显这种墨盒类型增加了耗材成本。

分体式墨盒主要是将喷头与墨盒分开设计的，设计这种类型的出发点主要是为了降低耗材费用。由于这种墨盒不集成喷头，墨水用尽后，只需要更换同种颜色的墨盒，打印喷头能继续使用，这也简化了用户对墨盒的拆装过程，减少了对喷墨打印机人为损伤的可能性。不过这种墨盒也有缺陷，其喷头要是不及时更新，打印质量将随着使用时间的增加自然下降，而且这种类型的墨盒是不允许操作者随意充灌墨水的，因此它的重复利用率不高。

2.2.4 喷墨打印机的安装

打印机的安装过程大致相同，安装喷墨打印机也要经历三个步骤。本节以在 Windows XP 操作系统中安装 EPSON STYLUS PHOTO R230 为例，介绍喷墨打印机的安装方法。

EPSON STYLUS PHOTO R230 的主要参数如表 2-5 所示。

表 2-5 EPSON STYLUS PHOTO R230 的主要参数

打印机类型	照片级喷墨打印机
最大打印幅面	A4
分辨率	5760 × 1440 dpi
打印速度	A4 黑色文本：15.8 PPM，A4 彩色文本：15.3 PPM，6 英寸照片约 57 s，A4 照片约 163 s
供纸方式	自动/手动
打印介质	普通纸，喷墨打印纸，开心妙妙贴，恤衫转印纸，照片质量喷墨卡片
适用平台	Windows 98/2000/Me/XP/Macintosh OSX/OS 9
墨盒性能	喷头数量配置 90 × 6 色(黑色、青色、洋红色、黄色、淡青色、淡洋红色)
打印内存	128 KB
接口类型	USB 1.1
产品特性	功能键：开/关电源，清洗打印头，进纸/退纸，更换墨盒；指示灯：电源，缺纸/夹纸，墨缺/墨尽
工作噪音	大约 42 dB(ISO 7779)
电源电压	100～240 V(AC)
重量	5.2 kg
其它特点	最小墨滴尺寸 3 pL

1. 正确放置喷墨打印机

安装喷墨打印机之前要将其放在安全、宽敞的工作环境中，注意与电源和计算机的连接距离不要超出电缆最大长度的限制范围。

2. 硬件连接

喷墨打印机与计算机的硬件连接的步骤如下：

(1) 将 USB 电缆接在 EPSON STYLUS PHOTO R230 的 USB 接口，另一端暂时不与计算机连接，连接电源线，并插入电源插座中，打开打印机电源，如图 2-38 所示。

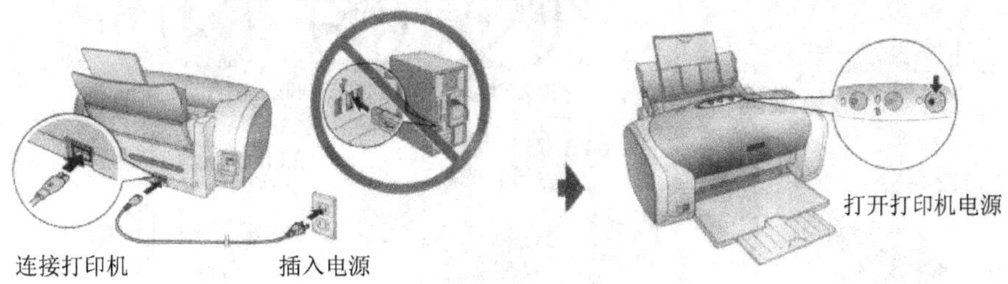

图 2-38　连接 USB 电缆和电源

(2) 从包装盒中取出墨盒，注意手不要触摸墨盒侧面的 IC 芯片，打开打印机盖，如图 2-39 所示。

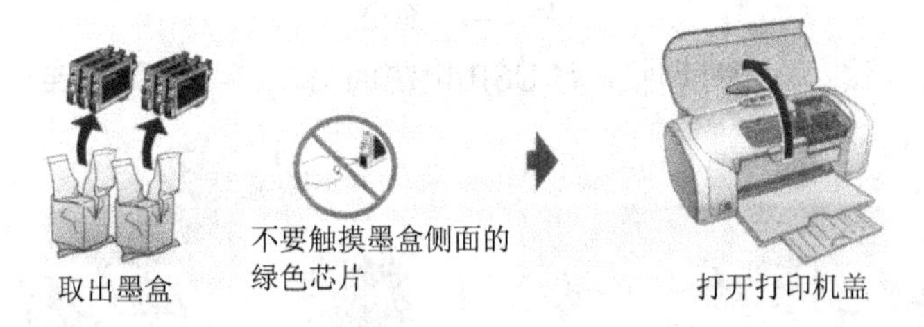

图 2-39　取出墨盒

(3) 安装墨盒。按下墨盒舱盖上的小片，打开墨舱盖，插入新墨盒，向下推动墨盒，直到发出“咔嗒”声为止。注意安装墨盒时颜色要对应，其从左向右的排列顺序为：黑色、青色、淡青色、洋红色、淡洋红色、黄色。安装好墨盒后，合上墨盒舱盖，直到发出“咔嗒”声为止，最后合上打印机盖，如图 2-40 所示。

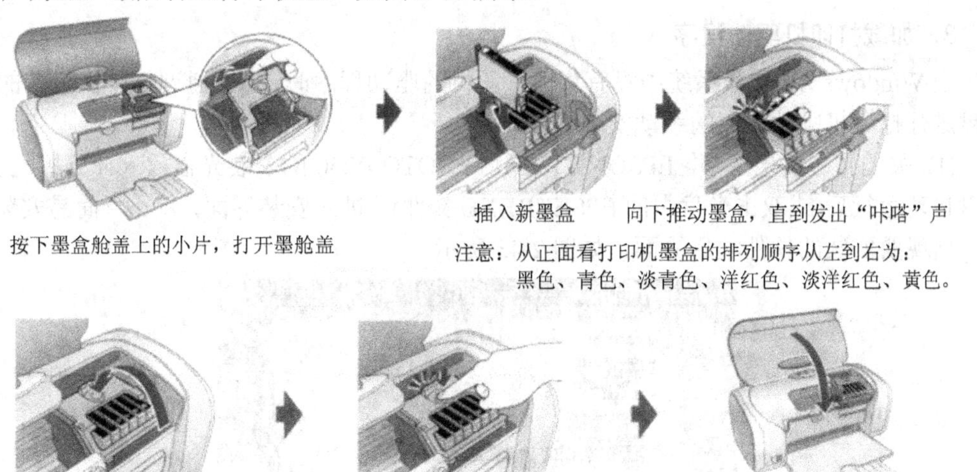

图 2-40　安装墨盒

(4) 充墨。按下墨水键，打印机开始充墨，充墨过程大约需要 1.5 min。充墨时，电源指示灯会闪烁，此时不要关闭电源，也不要将打印纸放入打印机。充墨完成后，电源指示灯不再闪烁并呈绿色，如图 2-41 所示。

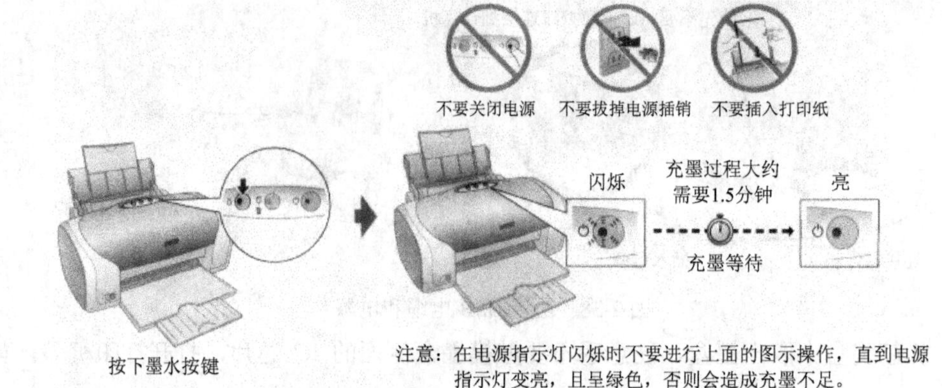

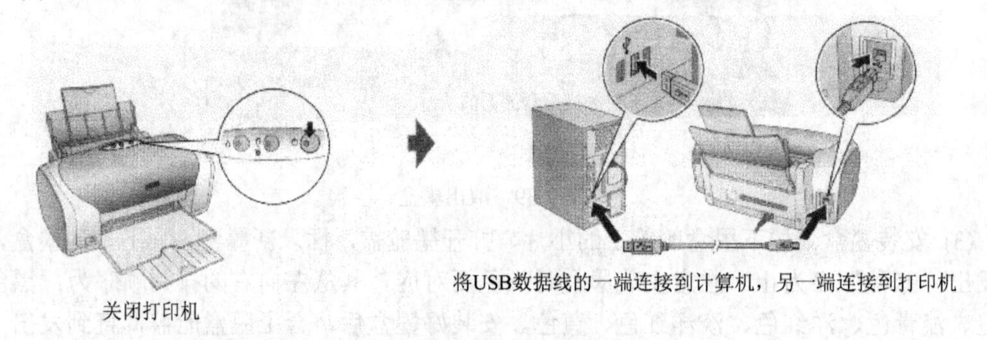

图 2-41　充墨

(5) 与计算机连接。关闭打印机，将 USB 电缆的另一端与计算机连接，如图 2-42 所示。

图 2-42　与计算机连接

3. 加载打印机驱动程序

当 Windows XP 操作系统中没有集成打印机的驱动程序时，必须通过打印机附带的安装光盘进行打印机驱动程序的手动安装。

(1) 关闭打印机电源，将 EPSON STYLUS PHOTO R230 的安装光盘放入计算机光驱中，光盘自动运行后(或双击光盘中的 EPSEUP.EXE 文件)，进入安装界面，单击“简易安装”按钮，出现要安装的软件项目界面，如图 2-43 所示。

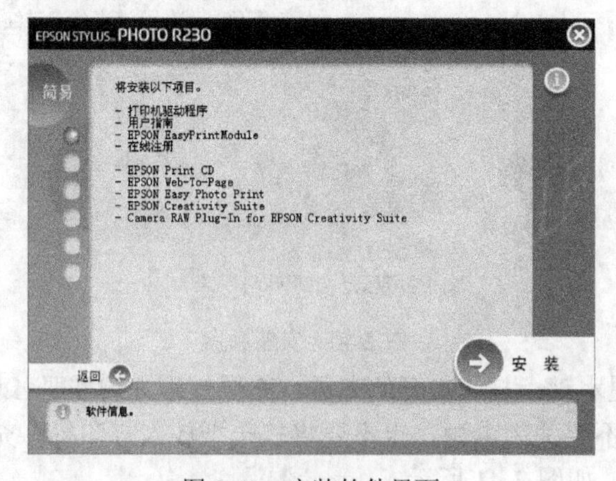

图 2-43　安装软件界面

- 打印机驱动程序：安装“打印机的驱动”和“Status Monitor 3”状态监视软件。
- 用户指南：介绍打印机功能并提供使用打印机的步骤指导。
- EPSON EasyPrintModule：和软件一起工作，使用户轻松访问打印设置。
- 在线注册：提供更好的服务。
- EPSON Print CD：让用户创建自己的CD标签，然后直接打印到CD或DVD上。
- EPSON Web-To-Page：让用户轻松打印网页，使网页尺寸适合用户选择的打印纸并预览打印输出。可以在安装软件之后从Microsoft Internet Explorer工具栏中选择它。
- EPSON Easy Photo Print：让用户在各种打印纸上排版并打印数码照片。在窗口中的步骤指导可让用户预览图像并轻松设置想要的效果。
- EPSON Creativity Suite：让用户扫描、保存、管理、编辑并打印图像的一组程序。使用主程序EPSON File Manager，可以扫描并保存图像，然后显示在便于使用的窗口中。通过该窗口，可以打印、发送邮件或在图像编辑程序中打开图像等。
- Camera RAW Plug-In For Epson Creativity Suite：打印数码相机中的RAW格式的插件。

(2) 单击“安装”按钮，开始安装软件。在安装“打印机驱动程序”时，系统会提示用户打开打印机电源以进行设备的识别，识别后会在任务栏上显示“Epson Stylus Photo R230 Series”图标，双击打开该图标，如图2-44所示。

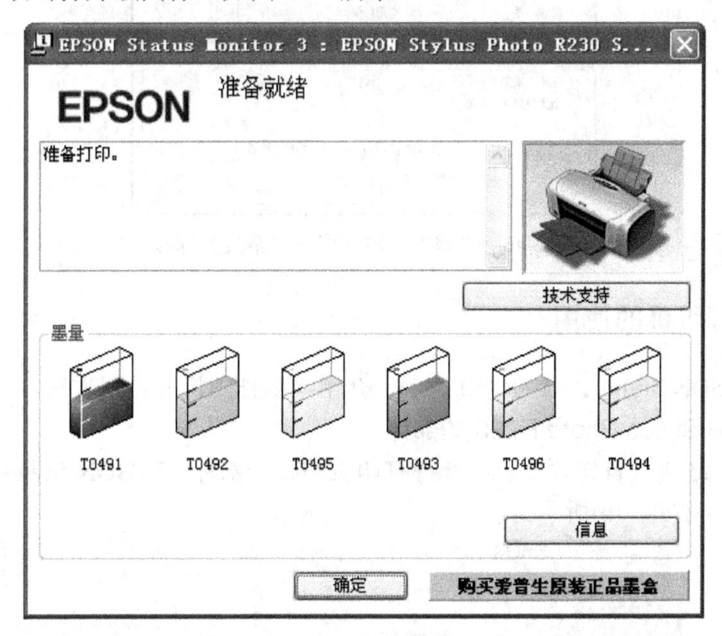

图2-44 Epson Stylus Photo R230 Series 准备就绪

然后依次安装“用户指南”、“EPSON EasyPrintModule”和“在线注册”，随后提示用户是否安装“EPSON Print CD”、“EPSON Web-To-Page”、“EPSON Easy Photo Print”、“EPSON Creativity Suite”和“Camera RAW Plug-In For Epson Creativity Suite”，用户可以根据需要进行勾选。

(3) 单击“开始”→“设置”→“打印机和传真”，进入“打印机和传真”窗口，可以看到EPSON Stylus Photo R230已经安装成功，如图2-45所示。

图 2-45　“打印机和传真”窗口中的打印机图标

(4) 打印测试页。在打印机中装入一张 A4 打印纸，在“打印机和传真”窗口中右键单击 EPSON Stylus Photo R230 图标，选择“属性”，在“属性”对话框的“常规”标签(见图 2-46)中单击“打印测试页”按钮，进行打印测试。当测试页输出后，可判断打印机能否正常打印。

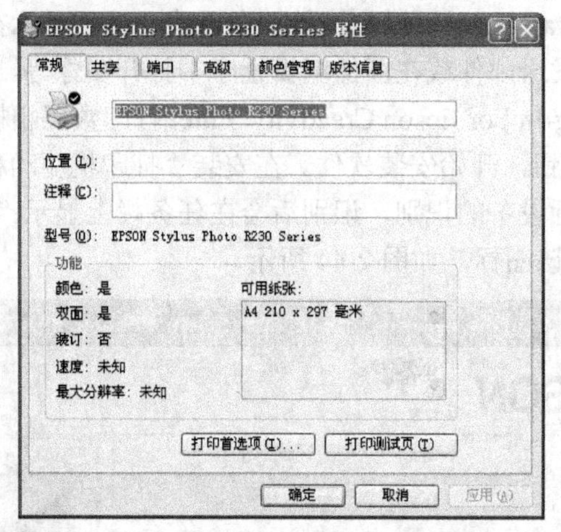

图 2-46　“属性”对话框—“常规”标签

2.2.5　喷墨打印机的使用

本节以 EPSON Stylus Photo R230 为例，介绍喷墨打印机的使用方法。

1. EPSON Stylus Photo R230 的部件

使用打印机之前，首先要了解、掌握打印机的各个部件，EPSON Stylus Photo R230 的外部部件如图 2-47(a)、(b)所示。

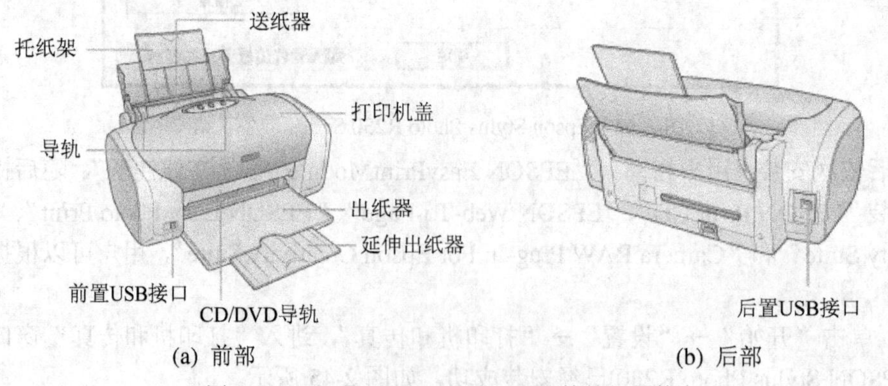

(a) 前部　　(b) 后部

图 2-47　EPSON Stylus Photo R230 的外部部件

该打印机外部各部件的功能如下：

托纸架：托住装入送纸器中的打印纸。

送纸器：托住空白打印纸，并在打印过程中自动进纸。

打印机盖：盖住打印机的机械装置。只有安装或更换墨盒时才打开。

出纸器：接收退出的纸。

延伸出纸器：托住退出的打印纸。

CD/DVD 导轨：支撑 CD/DVD 光盘的支架。

前置 USB 接口：用于使用 USB 电缆连接计算机与打印机。

导轨：使进纸整齐，调整左导轨可以使其适合打印纸的宽度。

后置 USB 接口：用于使用 USB 电缆连接计算机与打印机。

打开打印机盖后，可以看到内部部件，如图 2-48 所示。

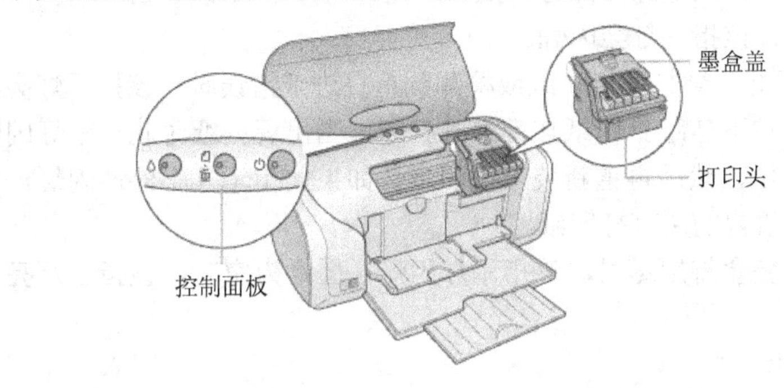

图 2-48 EPSON Stylus Photo R230 的内部部件

该打印机内部各部件的功能如下：

控制面板：控制各种打印机功能。

墨盒盖：固定墨盒。只有安装或更换墨盒时才打开。

打印头：将墨水喷到打印纸上。

2. 进纸操作

EPSON Stylus Photo R230 的进纸操作步骤如下：

(1) 滑动送纸器左导轨使两个导轨的间距略微大于打印纸的宽度。

(2) 轻掸纸叠边缘使各页分开，然后在一个平整的面上整理纸叠使边缘齐整。

(3) 使打印纸的打印面朝上，并使打印纸紧靠右导轨，然后将其插入进纸器。

(4) 滑动左导轨使其靠着打印纸的左边缘。

EPSON Stylus Photo R230 可以进行多种打印介质的打印输出，如普通打印纸、信封、专用照片纸等。这些打印介质的进纸操作基本相同，如图 2-49 所示。

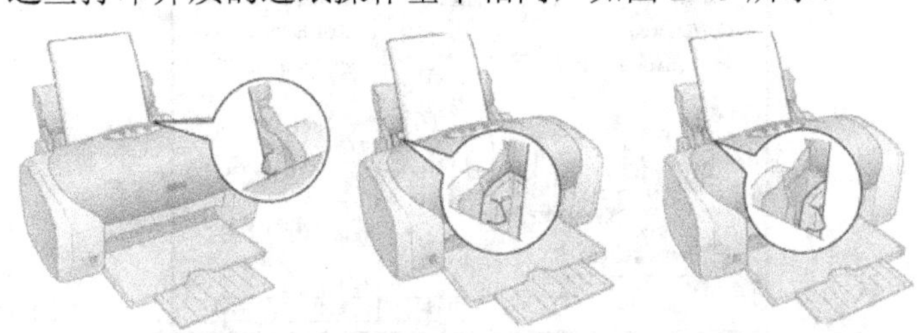

图 2-49 EPSON Stylus Photo R230 进纸操作步骤

3. 控制面板的操作

EPSON Stylus Photo R230 的控制面板比较简洁，按键和指示灯各有三个。其更多强大的打印功能可通过软件设置来实现。

控制面板上各按键功能说明如下：

电源按键：打开和关闭打印机。

打印纸按键：进纸或退纸。如果出现缺纸错误或重叠进纸错误后按下此键，则可恢复打印。在打印时按下此键，可取消打印一页或一个打印作业。

墨水按键：当检测出有一个空墨盒时，打印头将移至墨盒安装位置；在更换墨盒后打印头回到其初始位置。如果在墨水指示灯灭时，按住此键 3 s 以上，则会执行打印头清洗。

控制面板上各指示灯功能说明如下：

电源指示灯：打印机电源打开时此指示灯亮。在打印机接收数据、打印、更换墨盒、充墨或清洗打印头时，该指示灯会闪烁。

打印纸指示灯：当打印机缺纸或检测到重叠进纸错误时。该指示灯亮，可将打印纸装入进纸器，然后按下打印纸按键继续打印。当出现夹纸时此指示灯闪烁，可从进纸器中取出所有打印纸，然后再重新装入打印纸。如果此指示灯不停地闪烁，请关闭打印机并轻轻地拉出打印机内的所有打印纸。

墨水指示灯：墨盒将用尽时，该指示灯闪烁；墨盒为空时，该指示灯亮，此时应更换墨盒。

4. 常规打印输出

以在 Word 中打印普通文档为例，其打印输出步骤如下：

(1) 打印前先放下出纸器并将其延伸部分滑出，装入打印纸，打开打印机电源。

(2) 编辑完文档后，单击“文件”→“打印”命令，在弹出的“打印”窗口中选择打印机的名称“EPSON Stylus Photo R230 Series”(在安装有多台打印机的情况下)，再单击“属性”按钮。

(3) 在弹出的“EPSON Stylus Photo R230 Series 属性”对话框中，可以进行相应参数的选择，这里仅打印普通文档，在“质量选项”中可以选择“文本”选项，再进行“打印纸选项”的“类型”和“尺寸”选择，如图 2-50 所示。然后单击“确定”按钮返回“打印”窗口，选择“页面范围”和“份数”后单击“确定”按钮，等待打印机完成打印输出。

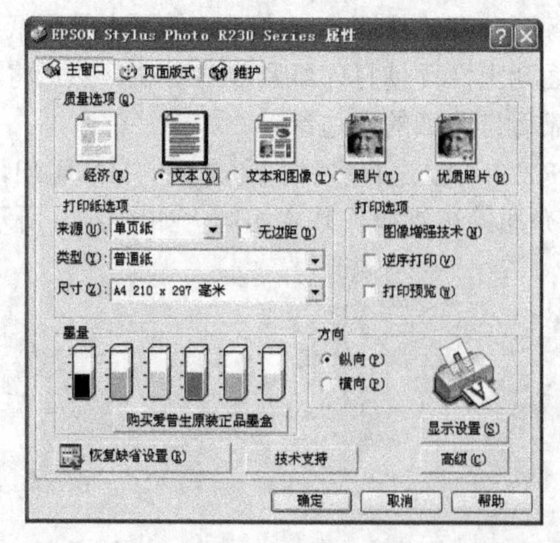

图 2-50　“EPSON Stylus Photo R230 Series 属性”对话框—“主窗口”标签

在常规打印工作中，一般使用黑色墨水即可。为了节省彩色墨水，在图 2-50 中单击“高级”按钮，进入高级选项模式对话框，勾选“灰度”；为进一步节省黑色墨水，可以在“打印纸与质量选项”中选择“省墨”选项，如图 2-51 所示。

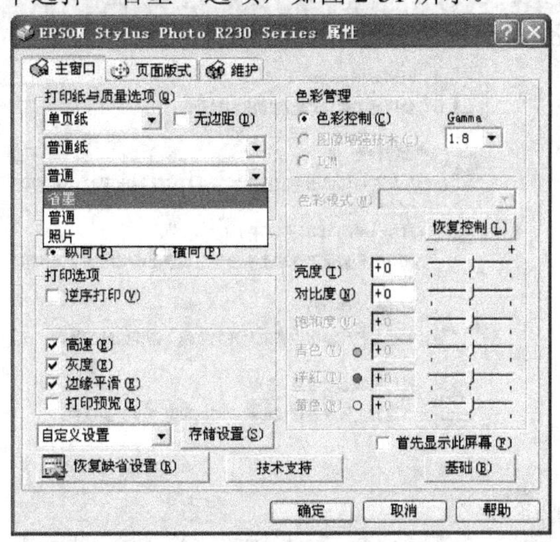

图 2-51　“EPSON Stylus Photo R230 Series 属性”对话框—“主窗口”高级选项模式

注：单击图右下方的“基础”或“高级”按钮可以进行基础模式界面和高级模式界面的相互切换。

5. 打印软件介绍

EPSON Stylus Photo R230 的打印机软件包括打印机驱动程序和打印机应用工具。打印机驱动程序使用户能够在很广的设置范围内进行选择，从而获得较好的打印效果。打印机应用工具可以帮助用户检查打印机并使打印机保持较佳的运行状态。

在“主窗口”标签上可以进行“质量选项”、“打印纸选项”、“打印选项”、“方向”等的设置和“墨量”的显示以及高级设置。

在“页面版式”标签上可以进行多项页面参数设置，如图 2-52 所示。

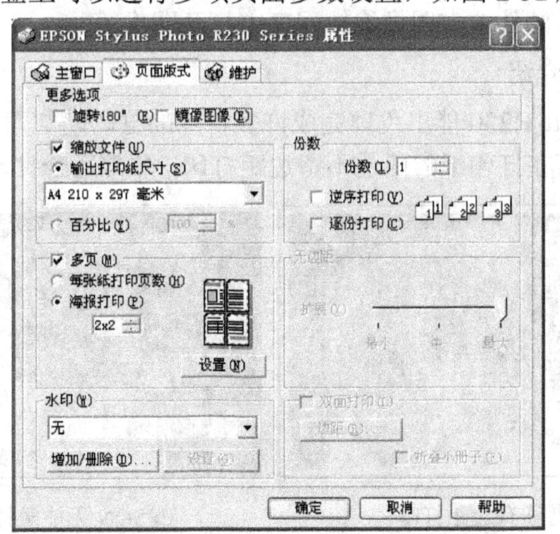

图 2-52　“EPSON Stylus Photo R230 Series 属性”对话框—“页面版式”标签

在“维护”标签上的打印机应用工具中可以检查当前的打印机状态，并可通过计算机执行一些打印机的维护功能，如图2-53所示。

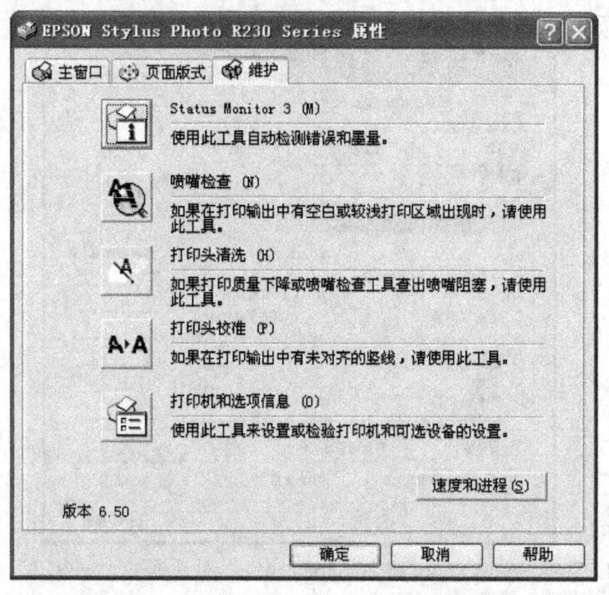

图2-53　“EPSON Stylus Photo R230 Series属性”对话框—“维护”标签

另外，一些随机附送的图像打印软件功能强大、十分优秀，并且极易使用。例如：

EPSON Print CD：让用户创建自己的CD标签，然后直接打印到CD或DVD上。

EPSON Web-To-Page：让用户轻松打印网页，使网页尺寸适合用户选择的打印纸并预览打印输出。可以在安装软件之后从Microsoft Internet Explorer工具栏中选择它。

EPSON Easy Photo Print：让用户在各种打印纸上排版并打印数码照片。在窗口中的步骤指导可让用户预览图像并轻松设置想要的效果。

EPSON Creativity Suite：让用户扫描、保存、管理、编辑并打印图像的一组程序。使用主程序EPSON File Manager可以扫描并保存图像，然后显示在便于使用的窗口中。通过该窗口，可以打印、发送邮件或在图像编辑程序中打开图像等。

6. 特殊打印功能介绍

EPSON Stylus Photo R230能出色地完成许多特殊的打印功能，主要如下：

- 无边距打印：可在打印纸的四边不留边距打印，非常适合打印照片，如图2-54所示。

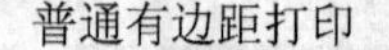

普通有边距打印　　EPSON无边距打印

图2-54　有、无边距打印比较图示

● 手动双面打印：标准双面打印可让用户先打印奇数页，一旦这些页被打印之后，可以重新装入打印机，在打印纸的背面打印偶数页。折叠小册子双面打印可以生成单折的小册子。要创建它，首先打印出现在外面的页数(在折叠页面后)。出现在册子里面的页可在打印纸重新装入打印机之后打印。

● 充满打印：可以使用充满打印功能来打印(例如想要在其它尺寸的打印纸上打印 A4 大小的文档)。

● 一张多页打印：允许在一张纸上打印两页或四页。

● 打印海报：允许将一页放大分成若干小份分别打印，最后手动粘贴来完成海报大小图像的打印，如图 2-55 所示。

● 水印打印：可以在文档上打印出基于文本和图像的水印。

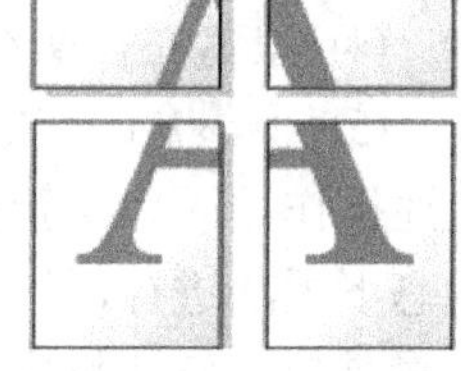

图 2-55　打印海报

2.2.6　喷墨打印机的维护

1. 喷墨打印机的工作环境要求

选择一个较好的工作环境，是正确使用和维护喷墨打印机的关键之一。

(1) 喷墨打印机要放在平稳的工作台上，避免放置在有震动的地方。若使用打印机架，则打印机架的倾斜度不能过大且注意机架的承重限制。

(2) 避免在温度和湿度骤变的地方使用和放置打印机。原因之一就是喷墨打印机的墨水有使用温度的限制，只有在规定的温度范围内可以发挥墨水的最佳性能。一般打印机墨水的使用温度为 -10～+35℃。当环境温度低于 -10℃时，打印机墨水可能会冻结；当环境温度在 35℃以上时，也可能影响墨水的化学稳定性。所以，打印机应远离阳光直射和空调出风口处，避开强光源以及发热装置。

(3) 要留出足够的空间以便于操作和维护。在打印机前方留出足够大的地方以便于出纸，在打印机四周要留出一定的散热空间。

(4) 注意工作环境的清洁。喷墨打印机应在空气较洁净的环境中使用。

2. 喷墨打印机的日常清洁

(1) 经常保持打印机外壳清洁，清洗外壳上较重污垢时，不要让水滴或清洗剂滴入打印机内部。

(2) 若发现打印机内有灰尘或纸屑，可以使用真空吸尘器消除；若打印机内自动送纸轴有灰尘，应用软刷子轻轻刷除，若有较重污染，可以用浸有中度清洗剂的柔软干净湿布擦拭其表面。

(3) 使用环境灰尘太多时容易导致字车导轴润滑程度不好，使打印头的运动在打印过程中受阻，引起打印位置不准确或撞击机械框架造成死机。有时，这种死机因打印头未回到初始位置，在重新开机时，打印机会首先让打印头操作，所以会造成墨水不必要的浪费。解决这个问题的方法是经常将导轴上的灰尘擦掉，并用高级机油对导轴进行润滑。

注意：清洗时一定要关闭打印机电源，并断开与计算机的连接电缆。

3. 喷墨打印机的使用注意事项

有时因为人为不当操作因素，会对打印机造成损伤，在使用喷墨打印机时应该注意如下事项：

(1) 在插拔打印机电源线及打印电缆时一定要在关闭打印机和计算机电源的情况下进行。

(2) 喷墨墨水具有导电性，若漏洒在电路板上应使用无水酒精擦净、晾干后再通电，否则会损坏电路元件。

(3) 墨盒未使用完时最好不要取下，以免造成墨水浪费或打印机对墨水的计量失误。

(4) 墨盒在长期不使用时应置于室温下并避免日光直射。

(5) 换墨盒时一定要按照操作手册中的步骤进行，特别注意要在电源打开的状态下进行上述操作。因为重新更换墨盒后，打印机将对墨水输送系统进行充墨，而这一过程在关机状态下无法进行，打印机无法检测到重新安装上的墨盒。另外，有些打印机对墨水容量的计量是使用打印机内部的电子计数器来计数的(特别是在对彩色墨水使用量的统计上)，当该计数器达到一定数值时，打印机将对其内部的电子计数器进行复位，从而确认安装了新的墨盒。

(6) 一般不要移动打印头，特别是有些打印机的打印头处于机械锁定状态，用手无法移动打印头。如果强行用力移动打印头，将造成打印机机械部分损坏。

(7) 关闭打针机前，让打印头回到初始位置(打印机在暂停状态下，打印头会自动回到初始位置)。有些打印机在关机前会自动将打印头移到初始位置，而有些打印机必须在关机确认处在暂停灯或PAUSE灯亮时才可关机。这样做一是避免下次开机时打印机重新进行清洗打印头操作而浪费墨水；二是因为打印头在初始位置可受到保护罩的密封，使喷头不易堵塞。

(8) 不得带电拆卸喷头，不要将喷头置于易产生静电的地方，拿取喷头时应把持其金属部位，以免因静电造成喷头内部电路损坏。

4．喷墨打印机打印头的清洗方法

喷墨打印机在长时间不用或使用一段时间后，就会出现打印不清晰、断点、断线等故障，这时就需用清洗打印头的方法来解决。

大多数喷墨打印机开机即会自动清洗打印头，并设有功能按钮对打印头进行清洗。但是如果自动清洗法失败，说明堵塞较为严重，通常是打印机很久没用或使用过程中断电，喷嘴没有复位造成的。通常最简单的方法是用注射器对着喷嘴，不停地拉动压力装置，让高速空气流清洗喷嘴，并吸出剩余的墨水，这是一种节省墨水的清洗法。如果使用上述手动清洗法后，还是达不到正常打印效果，就要进行如下操作：首先关掉打印机电源并拔下插头，彻底断开电源后打开打印机盖，拆开移动轴和转动皮带，再小心拿起打印头，用蒸馏水冲干净，如可采用注射器和软胶管组成一个喷射系统，插到入墨孔进行清洗(注意：这两个步骤均要格外小心，绝对不能让水沾到电路板上，如果弄湿电路板，应该马上用电吹风吹干)，最后将打印头装回打印机中，再次通过软件执行清洗程序，让墨水把喷嘴里面残留的蒸馏水冲走。

长期搁置不用的一体化打印头由于墨水干涸而会造成喷孔堵塞，对此可用热水浸泡后再清洗。清洗打印头应注意以下几点：第一，不要用尖利物品清扫喷头，不能撞击喷头，不要用手接触喷头；第二，不能在带电状态下拆卸、安装喷头，不要用手或其它物品接触打印字车的电气触点；第三，不能将喷头从打印机上卸下后随意放置，不能将喷头放在有较多灰尘的场所。

5. 喷墨打印机墨盒的维护

(1) 墨盒在使用之前应存储于密闭的包装袋中。温度以室温为宜，太低会使盒内的墨水冻结，而如果长时间置于高温环境，墨水成分可能会发生变化。

(2) 不能将墨盒放在阳光直射的地方，安装墨盒时注意避免灰尘混入墨水而造成污染。对于与墨水盒分离的打印机喷头，不要用手触摸墨水盒的墨水出口，以免杂质混入。

(3) 为保证打印质量，请使用与打印机相配型号的墨水，墨水盒是一次性用品，用完后要更换，不能向墨水盒中注入普通墨水。

(4) 不要拆开墨水盒，以免造成打印机故障。墨盒安装好后，不要再用手移动它。

(5) 墨盒未使用完时，最好不要取下，以免造成墨水浪费或打印机对墨水的计量失误。

6. 延长墨盒使用寿命

延长墨盒使用寿命除了操作时严格遵照前文所述的注意事项外，还可以采用一些非常规的方法，如“假换墨”法和“注墨”法等。

1) “假换墨”法

一些喷墨打印机并不是通过探测墨盒中的墨水来计量墨水耗用量的，而是通过计算总的字符打印量来计量墨水用量的，厂家为了保险起见，在墨盒中装的墨水比这个“计数器”额定的墨水耗用量要多得多。因此，我们可以通过用“假换墨”的方法，将“计数器”置零，使原来的墨盒还能用来打印，只要其中确实还有墨水就行。

下面以 EPSON 系列喷墨打印机为例，介绍如何进行“假换墨”操作。

具体操作方法是：当打印机上的“墨尽指示灯”闪亮时，按下打印机面板上的“换墨”按钮，墨盒架会自行滑动到换墨位置，将墨盒架盖子揭开，但是不要取出墨盒，然后再将墨盒架盖子关闭，再按下打印机面板上的“换墨”按钮，打印机开始执行充墨动作，待充墨完毕后，会看到打印机操作界面中的墨量指示条又是满的了。现在已经能够再次使用这个本该报废的墨盒了，“假换墨”后，墨盒中的墨水是可以全部消耗尽的，这样至少可以增加原来打印量的30%以上。

采取“假换墨”后出现的问题是：当墨盒中的墨水真正耗尽后，不能用通常的方法更换墨盒。但可以按动清洗键，待墨盒架走到换墨盒位置时，强行关闭打印机电源，然后就可以像正常换墨那样掀起墨盒架盖子，取下已无墨水的墨盒，这时先不要放新墨盒进去，再次接通打印机电源，这时打印机探测到没有墨水，“墨尽指示灯”会闪亮，接下来按照正常方法换墨就行了。

EPSON 的说明书上写到，墨盒取下后就不能再使用，其原因是由于墨盒的特殊结构所致。若中途取下墨盒，会导致喷头管道中进入空气，从而在打印时产生断线等现象，而消除之要经数次清洗才能把空气抽出，会浪费大量墨水，所以 EPSON 为了防止出现这种情况而用户又不会处理，才告诫用户墨盒取下后就不能再使用。

2) “注墨”法

重新向墨盒注墨的方法很多，例如可通过从墨盒的原始灌墨孔或通气孔进行注墨，也可以在原装墨盒上钻孔来进行注墨。下面以 EPSON 系列喷墨打印机为例，介绍如何自行向墨盒注墨。

黑白墨盒注墨方法：当打印机的黑墨净灯亮时取出黑色墨盒，用一次性注射器吸取少量的墨液。将墨盒下的出墨孔向上，并倾斜至 45° 以防止在注墨快满时墨液从墨盒上部的

平衡孔中流出。将一次性注射器中的墨液注入出墨孔。用纸擦净出墨孔附近的墨液，立即将其装入打印机，最后经过一至二次的打印机清洗就可以使用了。

彩色墨盒注墨方法：如果想加彩色墨，其操作规程与上相似，只不过更加繁琐。因为要用三个一次性注射器进行三次不同颜色的注墨操作，并且注入的墨量可能都不一样(彩色墨净灯亮时并不是其三色墨盒都用尽了)。

注意：通过为墨盒注墨的确能延长墨盒的使用寿命，但喷头也十分容易因此而堵塞，换喷头的费用也是比较昂贵的。另外，“假换墨”法和“注墨”法这两种非常规方法都会损害打印机的寿命，一定要权衡使用。

3) 使用连续供墨系统

对于打印量比较大的用户，前面两种方法不能从根本上降低墨盒的成本，而且还比较麻烦，比较好的解决办法是使用连续供墨系统的方式。

连续供墨系统由外墨盒、软管盒和内墨盒三部分组成，采用虹吸原理。虹吸原理就是在两个装有液体并由虹吸管连接起来的容器中，液体总是从压强高的容器中流入到压强低的容器中。

在打印过程中打印机的墨盒会源源不断地向喷头输送墨水，在输送墨水的同时，墨盒内的压力也在下降，需要吸入同等容量的空气来维持压力平衡。连续供墨系统则是将从墨盒通气孔补充进的空气换成了墨水，墨盒在向喷头输送墨水的同时也补充进了同等容量的墨水，补充进墨盒中的墨水是由外置的大容量墨盒通过软管来输送的，外置墨盒可以随时补充墨水，这样就可以保证打印机内的墨盒始终有足够的墨水供给打印喷头。连续供墨系统如图 2-56 所示。

图 2-56　连续供墨系统

从理论上说，任何一款喷墨打印机都可以改装成连续供墨系统，只是效果不同而已。

另外，目前还出现了一种采用流体力学中毛细原理的自动供墨系统，据厂商宣称，它的供墨比虹吸式连续供墨系统更稳定，并能适用于所有类型的喷墨打印机。这种产品的实际效果还有待检验。

2.3 激光打印机

激光打印机(Laser Printer)出现于 20 世纪 60 年代后期，它是将激光扫描技术与电子照相技术结合起来的高速图文输出设备。盖瑞·斯塔克维因在 1971 年 11 月研制出了世界上第一台激光打印机而被人们誉为“激光打印机之父”。1977 年，施乐公司的 9700 型激光打印机投放市场，标志着印刷业进入了一个新的时代。

激光打印机打印的文字及图像非常清晰，针式打印机无法与之相提并论；而且激光打印机打印速度快、单张打印成本低等特性又是喷墨打印机难以企及的。另外，现在的彩色激光打印机的图像输出效果也几近完美。

在本节中，我们将了解激光打印机的工作原理、安装、使用及维护。

2.3.1　激光打印机的分类

对于激光打印机而言，按不同标准有多种分类。

1. 按打印速度分类

传统上，生产厂商主要依据打印速度将激光打印机分为高速、中速、低速三种类型，即打印速度大于 100 PPM 的高速机、打印速度为 30～60 PPM 的中速机和打印速度低于 20 PPM 的低速机。

2. 按输出色彩分类

通常广大 PC 用户会主要依据激光打印机输出图文时有无色彩这一分类标准，将激光打印机分为彩色激光打印机和黑白激光打印机。图 2-57 所示为 HP 3525dn 彩色激光打印机。

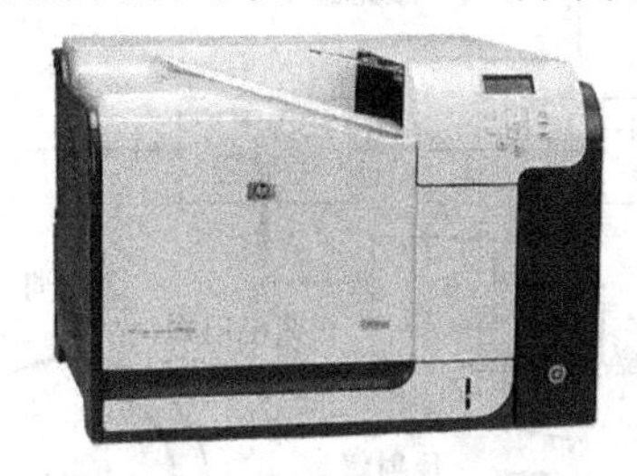

图 2-57　HP 3525dn 彩色激光打印机

3. 按输出页面分类

从实际工作需要和价格因素考虑，一般用户多选购支持最大输出 A4 幅面的激光打印机，而特殊用户则会选择输出 A3 幅面甚至更大幅面的激光打印机。

2.3.2　激光打印机的工作原理和构成

黑白激光打印机和彩色激光打印机的基本工作原理大致相同，都是将激光扫描技术与电子照相技术结合起来，将打印内容转变为感光鼓上的以像素点为单位的点阵图像，再转印到打印纸上而形成打印结果。激光打印机的打印过程中利用了光、电、热的物理、化学原理，通过相互作用输出文字或图像。

1. 激光打印机的工作流程

激光打印机是计算机外设产品，它要与计算机相连，计算机提供的数据信息通过视频控制器转换成视频信号，再由视频接口/控制系统把视频信号转换为激光驱动信号。当经过调制后的激光束在感光鼓面上沿轴横向扫描时，按照点阵组成字符的原理，使感光鼓鼓面感光，构成带负电荷的字符潜像，当感光鼓鼓面经过带正电荷的墨粉时，曝光部位会吸附上墨粉，然后墨粉被转印到纸上，纸上的墨粉经过热熔化形成永久性的字符或图形。

激光打印机的工作流程如图 2-58 所示。

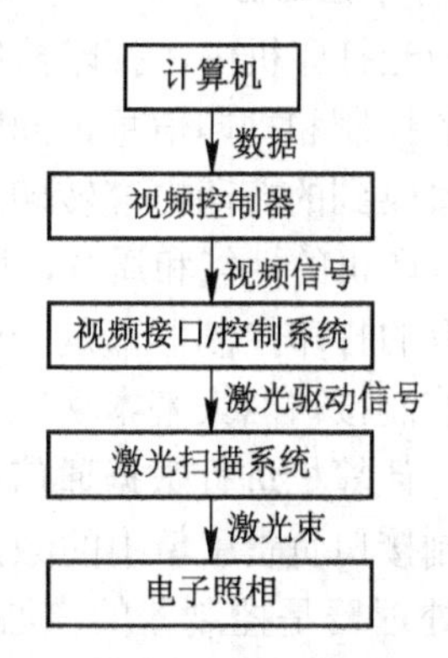

图 2-58　激光打印机工作流程示意图

2．激光打印机的工作原理

激光打印机的工作原理是：打印机首先把计算机传来的打印信号转化为脉冲信号并传送到激光器，此时充电辊已经完成对鼓芯表面的均匀充电，激光器发射出激光以抵消鼓芯上无图像部位的电荷，这时在鼓芯上形成看不见的带负电荷的静电图像，当磁辊上带正电荷的碳粉通过静电原理吸附到鼓芯上后，此时就能够用肉眼在鼓芯上观察到图像，再通过转印辊进行转印，由于转印辊上所带的电压高于鼓芯上的电压，使鼓芯上的碳粉被“拉”到纸张上，于是在纸上就形成了我们要打印的图文，但是碳粉是浮在纸面上的，用手就能轻轻抹去，所以要通过定影，也就是加温加压以后才能使碳粉熔化并渗入纸张的纤维中，完成整个打印过程。激光打印机的工作原理如图 2-59 所示。

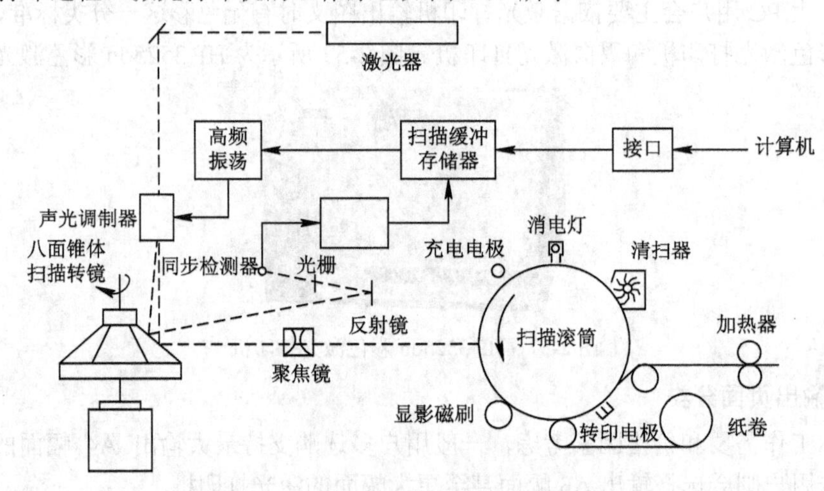

图 2-59　激光打印机工作原理示意图

3．激光打印机的主要构成

从功能结构上，激光打印机分为打印引擎和打印控制器两大部分。激光打印机的打印引擎由 Canon、Minolta、Xerox、Brother、Samsung、Hitachi 等少数几个引擎生产厂商提供。而打印机厂商则是向引擎厂商购买或定制打印引擎，根据引擎设计控制器和打印驱动，从而完成整个打印机的设计和生产。这样形成目前激光打印机领域的打印引擎和打印机整机的二级市场现状。

1) 打印控制器

在激光打印机中，打印控制器的作用是与计算机通过接口或网络进行通信，接收计算机发送的控制和打印信息，同时向计算机传送打印机的状态。打印引擎在打印控制器的控制下将接收到的打印内容转印到打印纸上。因此打印控制器和打印引擎的性能和质量影响了整个打印机的性能和质量，所以采用相同引擎的激光打印机产品会出现性能差异。

所有的打印控制器都是一台功能完整的计算机，它基本都包括了通信接口、处理器、内存和控制接口四大基本功能模块，一些高端机型还配置了硬盘等大容量存储器。通信接口负责与计算机进行数据通信；内存用以存储接收到的打印信息和解释生成的位图图像信息；控制接口负责引擎中的激光扫描器、电机等部件的控制和打印机面板的输入/输出信息控制；处理器是控制器的核心，所有的数据通信、图像解释和引擎控制工作都由处理器完成。

由于各打印机采用的控制方式和控制语言不同，对打印控制器的配置和性能要求也不同。如采用 PCL 和 PostScript 语言的打印机，由于计算机和打印机之间采用了标准的页面描述语言进行打印信息的传送，在打印机中要将接收到的来自计算机的使用标准语言描述的打印信息解释成打印引擎可以接收的光栅位图图像信息，打印控制器的性能和内存大小直接会对整个打印机的性能产生影响，因此这样的打印机对打印控制器中的处理器的速度和内存大小要求非常高。而 GDI 打印机与采用页面描述语言的打印机有所不同，其在打印过程中，在计算机中完成打印内容到光栅位图图像信息的解释并直接传送到打印机中，因此打印机中的打印控制器主要是存储接收到的光栅位图图像，并控制打印引擎完成打印。由于不需要承担复杂的图像解释工作，因此 GDI 打印机对打印控制器的性能要求相对较低。

2) 打印引擎

打印引擎主要由激光器、反射棱镜、感光鼓、碳粉盒、送纸辊和清洁器等几大部分组成，如图 2-60 所示。

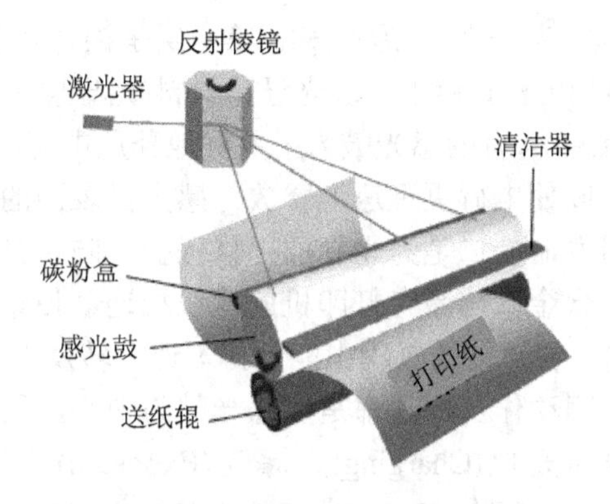

图 2-60 打印引擎结构图示

在工作过程中，打印引擎在打印控制器的控制下，将光栅位图图像数据转换为激光扫描器的激光束信息，通过反射棱镜对感光鼓进行扫描，感光鼓表面就形成了以负电荷表示的与打印图像完全相同的图像信息，然后吸附碳粉盒中的带正电荷的碳粉颗粒，形成了感光鼓表面的碳粉图像。当打印纸走过感光鼓时，感光鼓的碳粉图像就被转印到打印纸上，经过热转印单元加热，使碳粉颗粒完全熔化并渗入到纸张的纤维中，形成了永久性的字符或图形。

4. 激光打印机的主要部件

1) 激光器

激光器是激光扫描系统的光源，具有方向性好、单色性强及能量集中、便于调制和偏转的特点。早期生产的激光打印机多采用氦-氖(He-Ne)气体激光器，其特点是输出功率较高、体积大、使用寿命长(一般大于 1 万小时)、性能可靠、噪音低、输出功率大，但是因为其体积太大，现在基本已被淘汰。现代激光打印机都采用半导体激光器，常见的是镓砷-镓铝砷(GaAs-GaAlAs)系列，所发射出的激光束波长一般为近红外光(λ=780 μm)，可与感光硒鼓的波长灵敏度特性相匹配。半导体激光器体积小、成本低，可直接进行内部调制，是轻便型台式激光打印机的光源。

激光打印机缓冲器中的信息需要加载到激光扫描光束上，这个过程称为激光调制。目

前的激光打印机多依据布雷格(Bragg)衍射原理，利用声光调制器对激光进行调制。

经过声光调制器后的激光束在感光鼓上产生文字或图像，激光束需要完成横向和纵向两个方向的运动，但是不能依靠激光器运动来实现。因为由光电器件运动而带来的振动会影响激光束的精度，所以激光打印机的激光器采用固定式结构，而由一个多面旋转的反射镜来完成激光束横向扫描，依靠感光鼓的旋转实现纵向扫描。扫描器按工作方式分为声光式、电光式、检流计式及转镜式等。鉴于转镜式扫描器有扫描角度大、分辨率高、光能损耗小及结构简单等优点，因此被广泛用于激光打印机中。

2) 感光鼓

感光鼓又称“硒鼓”，是激光打印机的核心部件。它是一个光敏器件，主要用光导材料制成。它的基本工作原理就是“光电转换”的过程。目前感光鼓常用的光导材料有硫化镉(CdS)、硒-砷(Se-As)、有机光导材料等几种。感光鼓在激光打印机中作为消耗材料使用，而且价格也较为昂贵。

激光打印机使用的感光鼓一般为三层结构。第一层是铝合金圆筒(导电层)；第二层是在圆筒表面上采用真空蒸镀的方法，镀上一层光导体材料(光导层)；第三层是在光导材料的外面再镀一层绝缘材料(绝缘层)。有的感光鼓为了更好地释放电荷，在光导层与铝合金导电层中间加镀一层超导材料，以使电荷更迅速地释放。感光鼓表面的绝缘层有两个作用：一是提高耐磨性能，增加使用寿命；二是为光导层提供保护，防止光导体的磨损，保持光导体的光电导特性。导电层铝合金筒与激光打印机的地线相连，使曝光后的电位迅速释放。它是一个精度非常高的圆筒，在运转的过程中能保持匀速运转及电荷均匀。

激光打印机的整个打印动作及原理都是以感光鼓为中心，周而复始地动作的。激光打印中的整个动作可分解为充电(Charging)、曝光(Exposure)、显影(Development)、转印(Transferring)、定影(Fusing)、清除(Cleaning)和除像(Erasing)等六大步骤的循环过程。

(1) 充电。在激光式打印机感光鼓的外表面上涂有感光层，它一般受光照后都会成为良好的绝缘体，而鼓内部的铝筒接地，这样，如果在鼓的外表面充上负电荷，这些电荷就会停留在原位置不动。然后，当鼓上的某一部分受到光的照射后，这部分就变成了导体，其表面上分布的电荷就会通过导体运动入地，同时没有受到光照的其它电荷却依然存在。另一个在充电过程中的重要部件是初级电晕放电极，它安装在一个窄而长的槽中。打印开始时，打印机首先对感光鼓进行初始化，即在鼓的外表面上均匀地充上负电荷。然后，当传动感光鼓的机械部件开始动作时，高压电源就会对初级电晕放电极加高压，使初级电晕放电极上带有−6000 V 的高压。这个高压又使其周围的空气电离，变为能够移动的带电离子。初级电晕放电极下方是栅极，栅极上一般带有−600 V 的电压，该电压虽然较高，但远远低于初级电晕放电极的电压。因此它能够吸引初级电晕放电极周围的离子，使带负电的离子移向感光鼓表面。当离子移动时，它又限制负离子的电压，从而使鼓表面上均匀地带上−600 V 的电压。

(2) 曝光。当打印机开始打印时，激光发生器产生激光束，通过扫描器上的反射镜反射到感光鼓上并产生曝光，也就是受到光照射部分的感光层变为导体，其表面上所带的−600 V 电荷向地运动释放，−600 V 的高电压降到大约为 −100 V 的低电压。这时，没有曝光的鼓表面仍保留着 −600 V 的电压，而经过曝光的鼓表面部分就会留下一个带有 −100 V 电压的像点，这就是一个不可见的文字或图像的静电潜像点。

(3) 显影。显影的过程就是使感光鼓上已感光的部分沾上墨粉，使不可见的静电潜像点成为可见像点。激光式打印机使用的黑色单成分或双成分墨粉中含有微小的铁粉，这使得墨粉能够被磁铁吸引，即墨粉可以在磁铁的控制下移动。磁铁装在显影轧辊的中心，当显影轧辊转动时，磁铁吸引由显影轧辊上方供给的墨粉。在供给墨粉的一侧有一个用于刮匀墨粉的刮刀，使显影轧辊上均匀地附有一层墨粉。同时，这些墨粉也会因显影轧辊带有负高电压而带有负电荷。显影轧辊上的电压又称为偏压，该变压值的大小不同，显影轧辊上所带墨粉的多少也会改变，进而控制打印纸上像点的浓淡程度。在显影轧辊上还带有一组 1600 V 的交流电，用来使墨粉脱离磁铁的吸引。感光鼓与显影轧辊的间距非常小，感光鼓转动过程中，其上电位降为–100 V 的感光点与显影轧辊相遇后，高电压的墨粉就会被较低电压的感光鼓所吸引而穿过它们的间隙，附着在感光鼓上。这样鼓上带–100 V 的潜像点就变成了可视的像点。

(4) 转印。显影之后的感光鼓继续转动，当鼓面通过转印电晕极时，显像点转印到打印纸上。转印电晕极位于打印纸的下方，它产生正电荷，附着在打印纸的背面。这些正电荷将感光鼓上带负电荷的墨粉吸引下来，也就是将像点转印到打印纸上。同时在静电消除器上产生负电荷，以降低感光鼓与打印纸之间的吸引力，使打印纸不会被感光鼓吸住。

(5) 定影。图像从感光鼓转印到打印纸上之后，还要再通过定影器定影。定影器由定影上轧辊和定影下轧辊组成。定影上轧辊装有一个定影灯，当打印纸通过时，定影灯发出的热量将墨粉熔化，两个轧辊之间的压力使熔化后的墨粉渗入纸纤维中，从而使图像固定。定影轧辊不工作时温度为 74℃，处理纸时温度会上升为 82℃。激光式打印机采用热敏电阻检测定影轧辊的温度，然后反馈给控制电路以自动控制定影灯的电压，使其温度保持恒定。激光式打印机还设有热敏保护开关，以防止定影轧辊过热。若温度达到 90℃，开关将自动开启，切断灯泡电源。定影轧辊上还涂有一层特佛龙涂料，用来防止加热后的墨粉沾在上面。

(6) 清除和除像。在转印过程中，当墨粉从感光鼓面转印到打印纸面时，鼓面上总会残留一些墨粉。感光鼓表面上的残留墨粉如果不能彻底地清除干净，就会被带入下一个打印周期，破坏新生成的“墨粉图像”，所以要对感光鼓表面进行彻底的清洁。为清除这些残留的墨粉，多使用橡胶制的刮刀来刮去残留墨粉，或者利用旋转的辊筒毛刷对感光鼓表面的残留墨粉进行清洁。

3) 激光打印机的控制电路和电源电路

激光式打印机的控制电路主要包括 CPU、只读存储器、读写存储器、定时控制、直流控制、输入/输出(I/O)控制、并行接口和串行接口等。

该控制电路通过并行接口或串行接口与计算机交换信息；通过字盘车接口控制并接收字盘车信息；通过面板接口控制并接收面板信息；通过控制直流控制电路来控制定影系统、离合控制系统、各驱动电机、扫描电机、激光发生器和各组高压电源等。

激光式打印机的电源电路都有多组电源，通常包括三组直流低压电源、一组交流电源、多组高压电源等。三组直流低压电源主要用于为电路板上所有的逻辑集成电路芯片供电；激光式打印机内除了有一组用于显影轧辊的交流电源外，一般还有两个高压，其中–6000 V 用于初级电晕放电极，–600 V 用于电晕栅极，各组高压通过一些连接器与相应部件接通。

激光式打印机的电源供电以链式排列，在链的不同点上都有保险丝或熔断器，一些地

方还装有安全开关，会在电源异常时断开，保证系统安全。

5. 彩色激光打印机的工作原理

1) 工作原理概述

彩色激光打印机的成像原理和黑白激光打印机是一样的，都是利用激光扫描，在硒鼓上形成电荷潜影，然后吸附墨粉，再将墨粉转印到打印纸上，如图 2-61 所示。

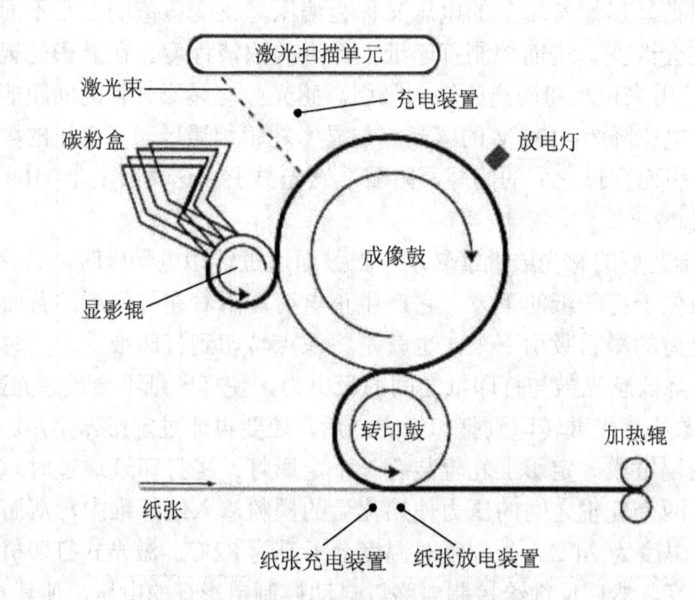

图 2-61　彩色激光打印机示意图

彩色激光打印机与黑白激光打印机的不同之处在于：黑白激光打印机只有一种黑色墨粉，而彩色激光打印机采用了 C(Cyan，青色)、M(Magenta，洋红)、Y(Yellow，黄色)、K(Black，黑色)四色碳粉来实现全彩色打印，如图 2-62 所示。

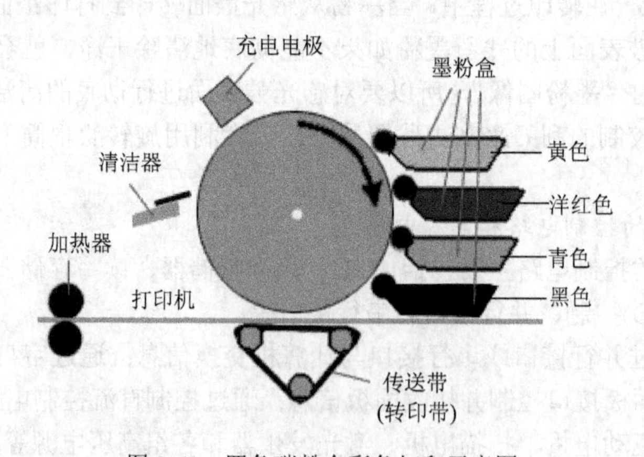

图 2-62　四色碳粉全彩色打印示意图

2) 彩色激光打印机的色彩合成

对于打印内容中的色彩，彩色激光打印机要经过“CMYK 调和”来实现，除了四种基本颜色外，其它的所有颜色都是由这四种颜色的碳粉调和生成，所以一页内容的打印要经过“CMYK”的四色碳粉各自完成一次打印过程。

从理论上讲，彩色激光打印机要有四套与黑白激光打印机完全相同的机构来实现彩色打印过程。但是为了节省成本和精简机构，目前彩色激光打印机生产厂商在结构上大都采用了四色碳粉盒的分离，其它的如走纸机构、感光鼓、定影单元等共用一套系统。因此在打印过程中，打印纸要在引擎中走四个完全相同的流程，只是在四个流程中分别实现一种颜色碳粉的转印，这也是目前大多数彩色激光打印机的彩色打印速度一般是黑白打印速度的 1/4 的重要原因。

为了更好地实现颜色调和，彩色激光打印机中使用了调和油(也称定影油，一般使用的是硅油)。在调和油的使用上，不同厂商的产品有所不同，大多数彩色激光打印机中都有一个单独的调和油盒，在定影的同时向介质中加入调和油，这也是大多数彩色激光打印机打印出的内容有油质感的主要原因。而以 HP 公司的 ColorLaserJet 系列为代表的一些彩色激光打印机产品则采用了另外一种调和技术，在机器中取消了单独的调和油盒，将调和油与碳粉盒结合在了一起，在每一个细小碳粉颗粒中间都包裹了一个调和油颗粒，不仅简化了机器的内部结构，也使打印出的内容中的油质感大大降低。

3) 彩色激光打印机的感光单元

基于“CMYK”色系，进行彩色打印要进行四个打印循环，每次处理一种颜色。对于这四个打印循环有两种处理方法，即彩色激光打印机使用的感光单元有两种形式：一种是黑白激光打印机中使用的感光鼓方式，另一种是转印胶带(感光带)方式。

利用感光鼓方式处理完一种色彩，墨粉就吸附在硒鼓上，接着处理下一种色彩，最后一次性地转印到打印纸上(参见图 2-61)。

利用转印胶带，每处理一种颜色，将墨粉从硒鼓转到转印带上，然后清洁硒鼓再处理下一种颜色，最后在转印带上形成彩色图像，再一次性地转印到纸张上，经加热后固着在打印纸上(参见图 2-62)。

4) 色彩合成技术

彩色激光打印机的关键技术是色彩的合成。虽然理论上黄、洋红、青、黑四种基本颜色可以合成出成千上万种缤纷的色彩，但是利用固体的墨粉如何进行色彩合成却不是像将两种不同颜色的光束汇聚到一起那么简单。

早期的彩色激光打印机采用半色调技术，即在处理每一个点的颜色时，一种墨粉只存在有或无两种状态，由于墨粉颗粒非常细微，所以一个打印“点”可以比一个像素点小很多，由许许多多不同打印“点”的色彩组合起来就可以决定某一个像素点最终的颜色。例如，一个彩色的“像素点”就可能是由许许多多的黄、洋红、青“打印点”排列填充的，如图 2-63 所示。

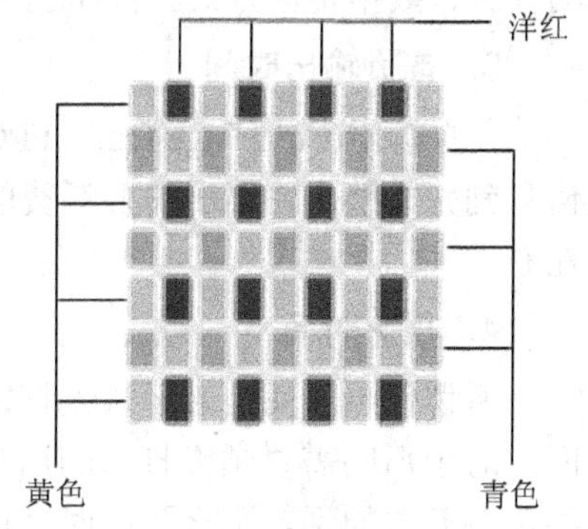

图 2-63 色彩填充

由于眼睛的分辨能力有限，各种颜色的点在视觉上会合成一种颜色，这和喷墨打印机的成色原理是一样的。这种技术的优点是容易实现，缺点是实际的打印结果只是四种颜色的墨点，丰富的色彩只在视觉上合成，并不是连续的色相。

随着技术不断进步，如今的彩色激光打印机不但可以控制墨粉的有无和多少，还可以控制色点的大小和浓淡。在一个点上施加墨粉的多少由激光在该点照射时间的长短来决定，每一种单色都可以有 256 级浓度，并且可以在同一个位置叠加不同颜色的墨粉，最后在固化的时候将不同墨粉熔融在一起，从而形成真正彩色的点，打印出连续的色相。例如，要打印一个绿色的点，可以在一个黄色的点上再加入一些青色的墨粉，色彩的深浅由这两种墨粉的比例控制，最后在固着时，两种颜色的墨粉同时熔融并混合在一起，形成一个真正的绿色的点，而不是许多黄色和青色点的集合，如图 2-64 所示。

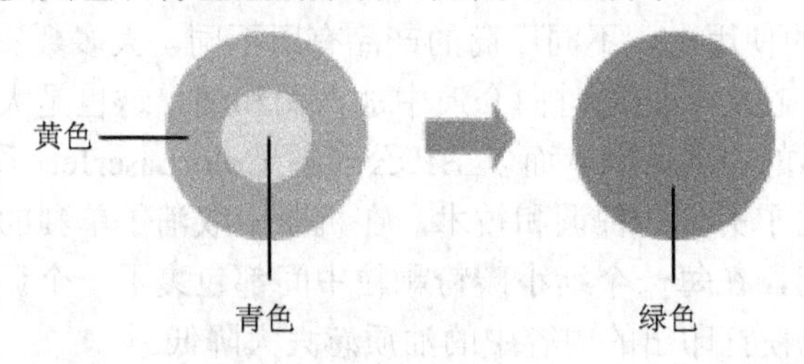

图 2-64　色彩熔融

2.3.3　激光打印机的性能和技术指标

1．分辨率

分辨率也是激光打印机的一个重要指标，单位是 dpi。打印时使用的分辨率越高，打印质量越好，输出的图像就越精细，颗粒感就越小。现在的激光打印机大多都能达到 600 dpi。

注：在大多数情况下，激光打印机 dpi 的数值在横向与纵向上是相同的，如 600 dpi × 600 dpi、1200 dpi × 1200 dpi。

2．打印速度

激光打印机的打印速度也是以 PPM 来衡量的，其覆盖率为 5%。影响激光打印机打印速度的因素有很多，包括使用的打印引擎、CPU 的性能、内存的大小、应用软件和打印驱动程序、数据传输方式、打印机语言、打印机控制器以及使用环境等。

3．首页输出时间

首页输出(First Page Out，FPO)时间是表示激光打印机输出第一张页面时，从开始接收信息到完成整个输出所需要耗费的时间。一般激光打印机的首页输出时间都会控制在 20 s 左右。

4．预热时间

所谓预热时间是表示激光打印机从接通电源到加热再到正常运行温度下时所消耗的时间。对于那些需要频繁打印的用户来说，这项指标就显得非常重要。如果一台激光打印机经常要开关的话，那么预热时间就不容小视，因为它会大大地延长整个打印过程所需要的时间。一般激光打印机的预热时间都会控制在 30 s 左右。

5．内置字库

内置字库和激光打印机的打印速度有着直接关系。这是因为激光打印机一旦包含内置字库，计算机就可以把所要输出字符的国标编码(两个字节)直接传送给打印机处理(若没有内置字库，则需要计算机传送几十或上百个字节)，这一过程需要完成的信息传输量很少，打印速度自然快。

6. 内置缓存

内置缓存对打印速度有较大影响。因为光栅转换后的页面点阵要经过缓存送到打印引擎中，如果没有足够大的缓存空间，就会影响光栅转换的速度，尤其是简单的文件打印，由于这时光栅转换的速度很快，如果缓存太小，就会成为打印速度的瓶颈。现在激光打印机的内置缓存一般为2～8 MB，且具有升级能力。如HP公司的LaserJet 1300激光打印机的内置缓存为16 MB RAM，可扩充至80 MB。

7. 打印机语言

打印机语言是激光打印机的一个重要特性。打印机语言就是一个命令集，它告诉打印机如何组织被打印的内容。这些命令不是被单独地传送，而是由打印机驱动程序把它们嵌入在打印数据中传给打印机，并由打印机的打印控制器再分开解释。打印机语言主要有两种：一种是页面描述语言(PDL)，另一种是嵌入式语言(Escape码语言)。页面描述和嵌入式语言的代表分别是Adobe公司的PostScript语言(简称为PS语言)和HP公司的PCL语言。

8. 纸盒容量

激光打印机的纸盒容量包括输入纸盒容量和输出纸盒容量，具体就是指打印机一共有几种类型的输入和输出纸盒，各有多少个，以及这些纸盒一共能放多少纸。纸盒容量大、数量多的激光打印机可以减少更换、填充纸张的次数，从而直接提高工作效率。

9. 网络性能

网络性能指标是衡量新型激光打印机整体性能的一种参考标准。为了满足不断增长的网络打印需求，激光打印机应该具有网络扩展功能。所谓网络性能主要包括激光打印机在进行网络打印时所能达到的处理速度、激光打印机在网络上的安装操作方便程度、与其它网络设备的兼容情况以及网络管理控制功能等。

10. 打印负荷

打印负荷即平常所提到的打印工作量。打印负荷通常以月为衡量单位，这一指标的大小决定了打印机可靠性的好坏，例如HP P2055dn激光打印机的打印工作量达到了每月5万页。

11. 打印成本

激光打印机的耗材是一个要考虑的很重要问题，其耗材一般是指感光鼓、碳粉和充电辊，其中需要经常更换的是感光鼓和碳粉。一台激光打印机使用几年后，耗材的费用可能会远远超过打印机的价格。因此，弄清楚耗材的价格是非常必要的，一定要知道感光鼓和碳粉最多能打印多少张纸，即每张纸的打印成本。

2.3.4 激光打印机的安装

打印机的安装过程大致相同，安装激光打印机也要经历三个步骤。本节以在Windows XP操作系统中安装HP LaserJet P1008为例，介绍激光打印机的安装方法。

HP LaserJet P1008的主要参数如表2-6所示。

表 2-6　HP LaserJet P1008 的主要参数

打印机类型	黑白激光打印机
最大打印幅面	A4
分辨率	600 × 600 dpi(1200 dpi 有效输出)
打印速度	16 PPM A4
打印幅面	标准：A4，A5，A6，B5，B6；主纸盒：147 mm × 211 mm 到 216 mm × 356 mm；输入插槽：76 mm × 127 mm 到 216 × 356 mm
打印能力	5000 页/月
打印介质	纸张(激光打印纸、普通纸、相纸、糙纸、羊皮纸、存档纸)，信封，标签，卡片，透明胶片
首页输出时间	8 s
打印内存	8 MB
打印语言	基于主机的打印
硒鼓性能	HP LaserJet CC388A 黑色硒鼓
接口类型	USB 2.0
适用平台	Windows 2000，XP Home，XP Professional，XP Professional x64，Server 2003(32/64 位)， Windows Vista 认证; Mac OS X v10.2.8，v10.3，v10.4 或更高版本
产品特性	处理器速度：266 MHz；处理器类型：Tensilica；控制面板：2 个指示灯(注意和就绪)；电源按钮、取消按钮
工作噪音	大约 50.6 dB
电源电压	220～240 V(AC)
重量	4.7 kg

1．正确放置激光打印机

安装激光打印机之前要将其放在安全、宽敞的工作环境中，注意与电源和计算机的连接距离不要超出电缆最大长度的限制范围。

2．硬件连接

激光打印机与计算机的硬件连接的步骤如下：

(1) 取出硒鼓。关闭打印机的电源，打开硒鼓舱门，取出硒鼓，如图 2-65 所示。注意：为了防止硒鼓受损，请用一张纸将其盖住，尽量避免阳光直射。

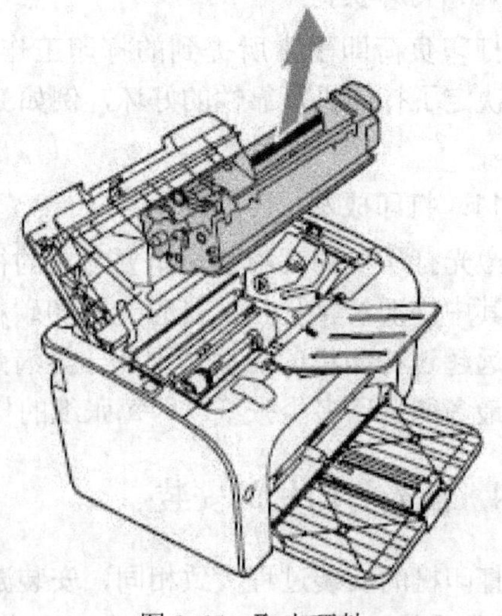

图 2-65　取出硒鼓

(2) 去除硒鼓保护套，如图 2-66 所示。

图 2-66　去除硒鼓保护套

(3) 去除硒鼓锁片(拉出锁片)如图 2-67 所示。

(4) 使碳粉均匀分布。取出硒鼓后，轻轻地从前到后摇晃硒鼓 5 次，不能左右摇晃硒鼓，如图 2-68 所示。

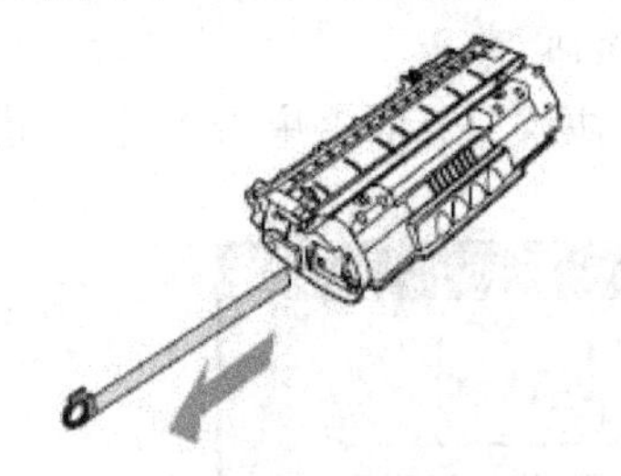

图 2-67　拉出锁片

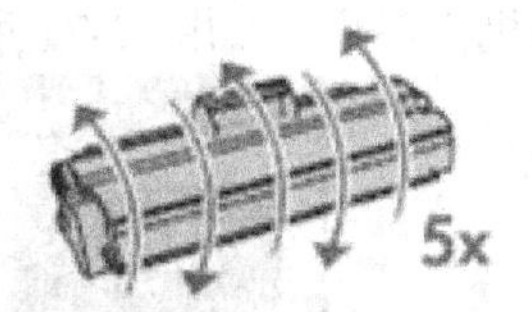

图 2-68　使碳粉均匀分布

(5) 装入硒鼓。将硒鼓插入打印机中，直至其稳固就位，关闭硒鼓舱门，如图 2-69 所示。

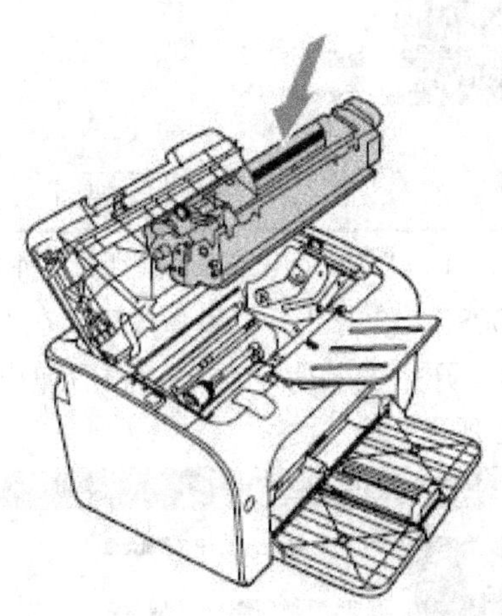

图 2-69　装入硒鼓

(6) 与计算机连接。将 USB 电缆接在 HP LaserJet P1008 的 USB 接口，另一端暂时不与计算机的 USB 口连接，连接电源线，并插入电源插座中。注意：不要打开打印机电源。

3．加载打印机驱动程序

当 Windows XP 操作系统中没有集成打印机的驱动程序时，必须通过相应安装光盘进行打印机驱动程序的手动安装。

(1) 打开计算机电源，将 HP LaserJet P1008 的安装光盘放入计算机光驱中，光盘自动运行(或双击光盘上的 Setup.exe)后，进入欢迎界面，如图 2-70 所示。

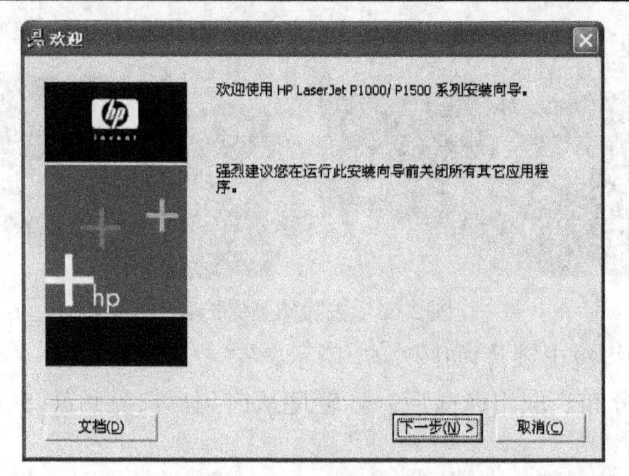

图 2-70　欢迎界面

(2) 单击“下一步”按钮，在“最终用户许可协议”界面上单击“是”，进入“选择正在安装的打印机”界面，如图 2-71 所示。

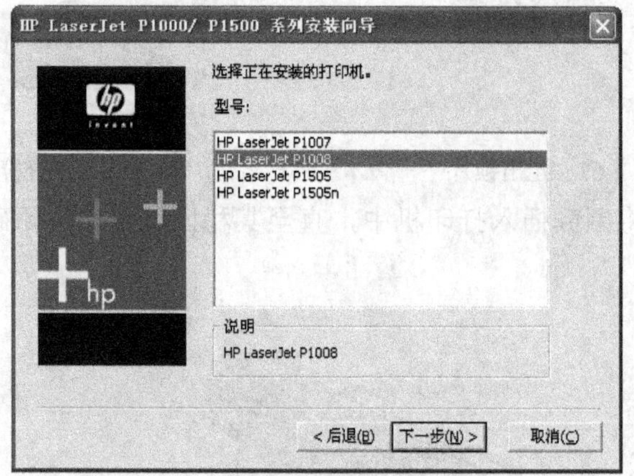

图 2-71　“选择正在安装的打印机”界面

(3) 选择“HP LaserJet P1008”，单击“下一步”按钮，在“HP LaserJet P1008 安装设置”界面中，单击“下一步”按钮，开始安装驱动程序。随后弹出“插入 USB 电缆，然后打开打印机电源”提示，如图 2-72 所示。

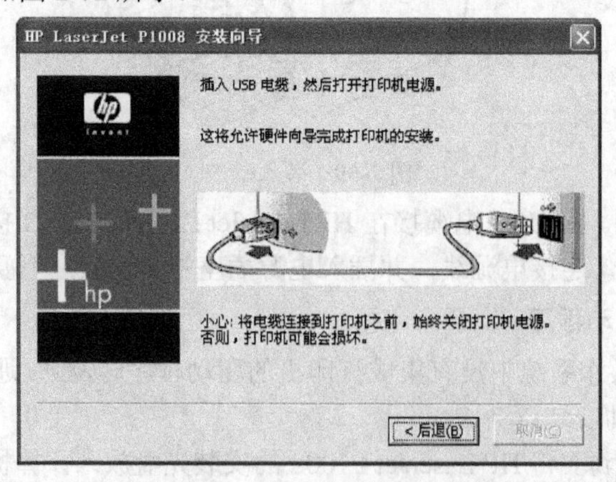

图 2-72　“插入 USB 电缆，然后打开打印机电源”提示

(4) 将 USB 电缆的另一端与计算机连接，打开打印机电源，计算机会识别出 HP LaserJet P1008 打印机。

(5) 放入一张 A4 纸，在驱动程序安装完成后，打印机会打印出测试页。

(6) 单击“开始”→“设置”→“打印机和传真”命令，进入“打印机和传真”窗口，可以看到 HP LaserJet P1008 已经安装成功，如图 2-73 所示。

图 2-73　“打印机和传真”窗口中的打印机图标

2.3.5　激光打印机的使用

本节以 HP LaserJet P1008 为例，介绍激光打印机的使用方法。

1. HP LaserJet P1008 的部件

使用打印机之前，首先要了解、掌握打印机的各个部件，HP LaserJet P1008 的前部部件如图 2-74 所示。

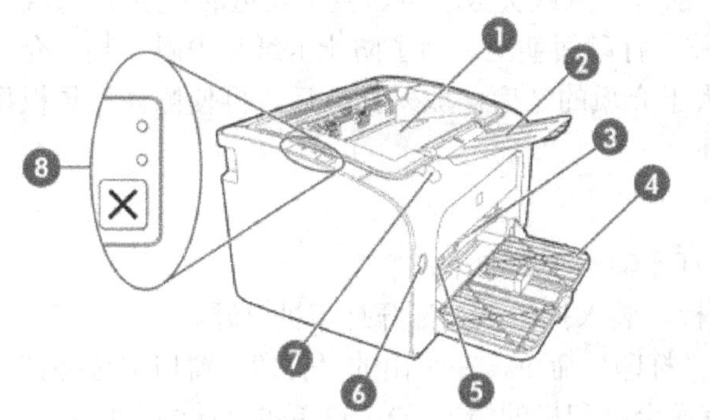

❶—出纸槽
❷—折叠式出纸盘伸展板
❸—优先进纸槽
❹—折叠式主进纸盘
❺—短介质延伸板
(仅限 HP LaserJet P1002/P1003/P1004/P1005)
❻—电源按钮
❼—碳粉盒端盖提扣
❽—控制面板

图 2-74　HP LaserJet P1008 的前部部件

HP LaserJet P1008 的侧后部部件如图 2-75 所示。

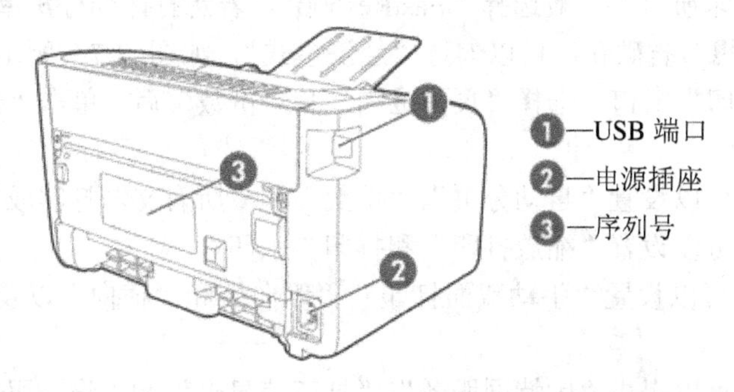

图 2-75　HP LaserJet P1008 的侧后部部件

HP LaserJet P1008 的控制面板如图 2-76 所示。

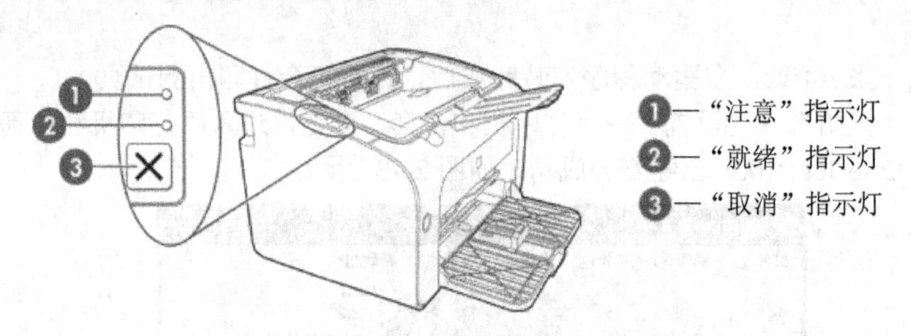

图 2-76　HP LaserJet P1008 的控制面板

“注意”指示灯：表明打印碳粉盒端盖打开或者存在其它错误。

“就绪”指示灯：当设备做好打印准备时，“就绪”指示灯会亮起。当设备正在处理数据时，“就绪”指示灯闪烁。

“取消”按钮：要取消正在进行的打印作业，请按“取消”按钮。

2．进纸操作

HP LaserJet P1008 有两种进纸方式：优先进纸槽和折叠式主进纸盘。

优先进纸槽可以容纳 10 张介质或一个信封、一张投影胶片，或者一张标签纸或卡片纸。装入介质时顶端在前，打印面朝上。为了防止卡纸和歪斜，装入介质之前，先调整侧介质导板，使其宽度略大于介质的宽度，放入介质后，再使侧介质导板靠在介质边缘。

主进纸盘可容纳多达 150 张 75 g/m^2 的打印纸或页数较少、重量较重的介质(最大堆叠高度不超过 15 mm)。装入介质时顶端在前，打印面朝上。为了防止卡纸和歪斜，装入介质之前，先调整侧介质导板，使其宽度略大于介质的宽度，放入介质后，再使侧介质导板靠在介质边缘。

3．常规打印输出

以在 Word 中打印普通文档为例，其打印输出步骤如下：

(1) 打印前先放下折叠式出纸盘伸展板，装入打印纸，打开打印机电源。

(2) 编辑完文档后，单击“文件”→“打印”命令，在弹出的“打印”窗口中选择打印机的名称“HP LaserJet P1008”(在安装有多台打印机的情况下)，再单击“属性”按钮。

(3) 在弹出的“HP LaserJet P1008 属性”对话框中，可以进行相应参数选择。将“纸张选项”的“尺寸为”选择为页面使用的尺寸；“来源为”一般选择“自动选择”；“类型为”一般选择“普通纸”；“打印质量”一般选择“FastRes600”。若想打印的分辨率更高，可以选择“FastRes1200”；若想节省碳粉，可以勾选“经济模式”，如图 2-77 所示。然后单击“确定”按钮，返回“打印”窗口，选择“页面范围”和“份数”后，单击“确定”按钮，等待打印机完成打印输出。

在“高级”标签中，可以设置“自动分页”、“份数”和“所有文本打印成黑色”。

在“效果”标签中，可以设置“缩放打印”和打印“水印”。

在“完成”标签中，可以设置“手动双面打印”、“纵向”和“横向”以及“旋转”三种方向的打印。

在“服务”标签中，可以提供“因特网服务”、“打印信息页”和“设备服务”。

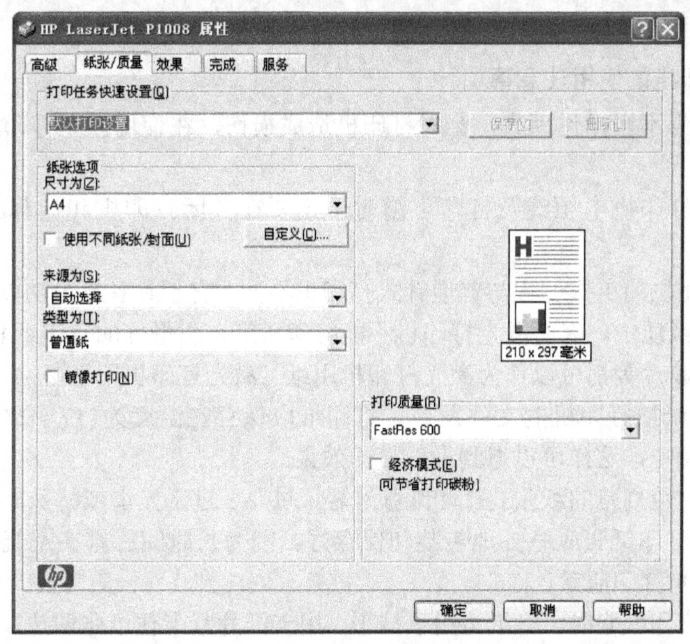

图 2-77 “HP LaserJet P1008 属性”对话框—“纸张/质量”标签

2.3.6 激光打印机的维护

1. 激光打印机的工作环境要求

激光打印机应该放置在平稳的工作台上，避免放置在有震动的地方。激光打印机要远离阳光直射的地方，避开空调出风口处及一切热源，如暖气设施等。还要注意避开磁场，如 PC 音箱、移动电话等。要留出足够的空间以便于操作和维护。在打印机四周要留出一定的散热空间。特别应该保持使用环境整洁并有较好通风，尽量让激光打印机工作在干净清洁的环境中。

2. 激光打印机的日常清洁

(1) 经常保持打印机外壳清洁，清洗外壳上较重污垢时，不要让水滴或清洗剂滴入打印机内部。

(2) 若发现打印机内有灰尘或纸屑，可以使用吸尘器消除；若打印机内自动送纸轴有灰尘，应用软刷子轻轻刷除，若有较重污染时，可以用浸有中度清洗剂的柔软干净湿布擦拭其表面。

(3) 由于纸路中污物过多，会使打印出的纸面发生污损。在清洁纸路时，首先打开打印机翻盖，取出硒鼓，再用干净柔软的湿布来回轻轻擦拭滚轴等有关部位，去掉纸屑和灰尘。

(4) 每次更换粉盒后，应使用酒精棉签清洁电晕网。更要经常做的是使用柔软的纱布清洁内壁沾染上的碳粉颗粒。内部所有能看得见、够得着的部位都要清洁到。这些清洁工作能减少打印时产生的黑斑或条纹。

(5) 利用专用的清洁工具，比如专用清洁纸，它具有很强的吸附作用，让激光打印机重复几次打印一张空白文件，目的只是让这张清洁纸正常运动，使它能粘走滚轮和纸道上的粉尘。

注意：清洗时一定要关闭打印机电源及断开与计算机的连接。

3．激光打印机的使用注意事项

有时因为人为不当操作因素，会对打印机造成损伤，在使用激光打印机时应该注意如下事项：

(1) 在插拔打印机电源线及打印电缆时一定要在关闭打印机和计算机电源的情况下进行。

(2) 激光打印机的工作过程与普通针式打印机不同，它不具备打击功能，是用光电原理将墨粉熔化进入纸质中，因而激光打印机不能打印蜡纸。质量好的复印纸和粘合纸、信封、标签及投影透明胶片等都可以作为激光打印机用纸。激光打印机用纸必须干燥不能有静电，否则容易造成卡纸或打印机的文件发黑。打印纸应保存在温度为 17～23℃，相对湿度为 40%～50%的环境中，这样可以得到最佳打印效果。

(3) 打印时使用规范的纸张。打印纸张过轻、过厚、过于光滑或特殊的纸都容易引起卡纸。暂时不用的打印纸张应整齐地包装和保存好。因为长时间暴露在空气中会使纸张过于潮湿或干燥而影响打印质量。

(4) 在放置打印纸张时，将纸边用手抹平，用卡纸片紧卡住纸张两边，可以有效地避免卡纸。如频繁出现故障就要用干布清洁打印机的电晕丝和送纸轨道。

(5) 在打印机打印工作过程中千万不要打开打印机盖。

(6) 激光打印机在打印过程中会产生臭氧，臭氧过滤器至少一年要更换一次。

4．处理卡纸故障

发生卡纸现象是激光打印机最常见的故障之一。当遇到卡纸故障时，先关闭打印机电源，然后打开打印机翻盖，取出硒鼓，再用双手轻轻拽出被卡住的纸张，此时注意不要用力过猛，以免拉断纸张。

卡纸原因有很多，常见的有如下几种：

(1) 打印机内部温度过高。由于打印机内温度过高，当纸张向外传送时，纸的前端被高温烫软，失去硬度，故而无法向前运动，而纸张后部在传动辊的有力传送下，强行向前推送，形成折扇状。出现这种故障时，应立即停止打印并关机，打开打印机的所有外盖，小心地将折扇状纸张取出，让打印机充分散热，也可用棉花蘸酒精轻轻擦拭里面部分过热的零部件，促使其尽快降温。

(2) 搓纸部件损坏。打印机的纸张通道各个部位都装有卡纸检查开关或传感器，打印机在工作时要定时检查纸的通过状态，若纸张在某部位没有及时被送走，或进纸搓纸辊没有吸到纸，也会报卡纸错误，常见的原因就是搓纸辊、搓纸电机或电路损坏。这种故障只能进行专业维修或更换。

(3) 纸路传感器故障。在走纸通道中，传感器非常重要，如果传感器本身损坏或被劣质碳粉、灰尘污染或被纸屑挡住光线，就会造成传感器无法正常工作，这样机器将始终处于卡纸状态。遇到这种故障时，应首先检查送纸检测传感器和排纸检测传感器是否损坏。摇动送纸检测传感器杆，检测 DC 控制器电路板上接插件的电压是否在 0～5 V 间变化，若不是则高压电源有问题，需要更换高压电源电路板。

(4) 驱动部件失灵。驱动离合器、齿轮和轴打滑都会使纸张传输失常，造成卡纸。如果电磁离合器不吸合，无法驱动吸纸辊转动，可用万用表测量其输入端是否有电压，以判断是离合器本身的故障还是前端电源故障。若搓纸辊转动而不进纸，需要检查纸盒是否安装到位，吸纸辊太脏或有油而使摩擦力减小，也带不进纸，应用湿布或酒精清洗。

(5) 分离部件故障。分离爪的作用是把纸从感光鼓表面分离下来，如果分离爪损坏或分离爪的弹簧变形等，都会使纸张不能分离下来，造成卡纸，这也是打印机常见的卡纸原因之一。分离爪损坏还可能损伤感光鼓，因此必须经常对其进行清洁及检查。

5．激光打印机感光鼓的维护

感光鼓是决定激光打印质量好坏的重要因素。对感光鼓维护主要包括以下几点：

1) 感光鼓的保养

感光鼓的使用时间与曝光的次数都是有限的，特别在长时间连续曝光时对感光鼓的损坏比较严重。平时使用时应多注意感光鼓的保养。

首先，感光鼓在使用一定时间后应进行清洁保养，具体方法是：小心地拆下感光鼓组件，用脱脂棉花或高级照相镜头纸将表面擦拭干净，但不能用力，以防将感光鼓表层划坏；再用脱脂棉花或高级照相镜头纸蘸感光鼓专用清洁剂擦拭感光鼓表面。擦拭时应采取轻轻顺着同一方向螺旋划圈式的方法擦拭，擦亮后立即用脱脂棉花把清洁剂擦干净。其次，要及时清除废粉收集仓。平常在更换墨粉时要注意把废粉收集仓中的废粉清理干净，以免影响输出效果。因为废粉堆积太多时，与感光鼓长时间摩擦，接触越来越紧，压力越来越大，最终会将感光鼓表面的感光鼓镀膜磨掉，造成感光鼓被损坏的严重后果。最后，注意感光鼓不能连续使用。激光打印机的感光鼓为有机硅光导体，存在着工作疲劳问题，连续工作时间不可太长。(注：一般感光鼓在未拆封时有效期为两年半，拆封后的有效期为 6 个月，鼓盒上印有有效期，一定要在有效期内使用。)

2) 用化学试剂擦拭的方法修复感光鼓

激光打印机使用较长时间后，感光鼓表面膜光敏特性衰老，表面电位下降，残余电压升高。遇到这种情况，可采用如下方法进行修复：取 3～5 g 三氧化二铬，用脱脂棉花直接蘸一些，顺着感光鼓轴的方向，轻轻、均匀、无遗漏地擦拭一遍。擦拭时要特别小心，避免指甲和其它硬物将感光鼓膜划伤，也不能用力过重，防止将感光鼓膜磨破而使感光鼓报废。但如果感光鼓的光敏膜已脱落，则不可用此方法修复，只能更换新鼓了。

3) 感光鼓的更换方法

感光鼓是激光打印机中的重要部件，其额定寿命一般在 6000～10 000 张左右。当发现印品图像淡浅、深浅不匀，且并非转印电晕电极及墨粉等原因引起时，则是感光鼓寿命已终止，应进行更换。

感光鼓的更换方法如下：

(1) 切断打印机的电源并断开与计算机的连接，将硒鼓从打印机上取出来，然后用斜口钳夹住一侧的金属销钉，用力小心向外拔出来(或者用钉子把金属销钉进硒鼓里，打开硒鼓后可将金属销钉取出来)，两侧银色金属销钉拔出后可以将硒鼓分成两部分，有淡蓝色感光硒的一方是废粉的收集部分，而带有磁辊的一方是供粉的部分。

(2) 把供粉的部分磁辊无齿轮一侧的螺钉旋下，拿下塑料壳后可看到一个塑料盖，打开该塑料盖，一定要将碳粉仓内和磁辊上残留的碳粉全部清理干净，最好用吸尘器吸净。然

后将磁辊按刚才的相反顺序装好，此时应用力按住磁辊，防止磁辊脱离原位。把碳粉摇匀后慢慢倒入供粉仓内，上好塑料盖和塑料壳，要注意把磁辊中轴末端上的半圆形与塑料壳上的半圆形小孔对好。轻轻转动磁辊侧面的齿轮数圈，使碳粉上匀。

(3) 更换新的感光鼓。将废粉收集部分固定感光鼓的固定销钉用斜口钳拔出，注意不能用钉子把固定销打进硒鼓里，拔出固定销后可把旧感光鼓取出，然后将废粉收集部分的废粉清理干净。按拆卸反顺序换上新的感光鼓，安装感光鼓时要注意是有左右之分的，将有齿轮的那一边对接凹沟装上。然后将固定销钉上好固定感光鼓。新买的感光鼓有一条黑色防曝光封条，在安装前切勿撕去，以防止曝光，待安装好并检查无误后才可撕去。

(4) 将供粉部分和废粉收集部分按拆开时的位置安装复原，插好两侧金属卡销，便可以开始打印了。

4) 感光鼓更换注意事项

更换感光鼓时应注意以下几点：

(1) 拆下感光鼓后，做好必要的清洁整理工作。新感光鼓开封后应直接装入盒座内，并尽快装入机内。切勿将感光鼓放在阳光下直晒，更不能让其表面触及坚硬物体。

(2) 不能用手或不干净的物品触及感光鼓表面。有尘土附着时，只能用软毛刷轻轻刷去，不能使用任何清洁剂擦洗。

(3) 如果感光鼓和墨粉是一体化机构的，要同时成套更换。装入前应摇匀墨粉。

(4) 更换时落在打印机内外的墨粉可用吸尘器吸除，必要时可用无水酒精擦洗。

(5) 更换工作宜在较暗的工作室中进行。

6．激光束发生器(激光头)故障维护

激光束发生器(激光头)故障是指激光二极管故障，主要是激光二极管损坏、聚焦透镜(为了拓宽激光束的调制频带，必须对激光束进行聚焦)上的镀膜老化等，从而导致打印机出现打印页面全白或分辨率下降的故障现象。这种故障的检查方法是打开机器，取出激光器，再将激光器的盖板打开，用万用表直接测量激光二极管的直流电阻值(有三个引脚)，并检查聚焦透镜表面的镀膜是否老化、有无灰尘或斑点。

7．取纸辊故障维护

激光打印机的取纸辊是易损件之一。打印时，当盛纸盘内纸张正常而无法取纸时，往往是取纸辊磨损或弹簧松脱，压力不够而不能将纸送入机器所致。检测时，可在取纸辊上缠绕橡皮筋，如故障排除说明取纸辊已磨损；否则说明取纸辊正常，故障可能是由盛纸盘安装不当或纸张质量不好(如过薄、过厚、受潮等)引起。

8．显影辊故障维护

当激光打印机输出空白纸张时，一般是显影辊未吸到墨粉，此时，可测量显影辊的直流偏压是否正常；如不正常，应检查维修直流偏压电路。若直流电压正常，而打印机输出空白纸，则说明显影辊损坏，或感光鼓未接地。当感光鼓的负电荷无法向地泄放时，则激光束不能在感光鼓上起作用，打印纸无法印出文字。同时还应检查显影辊是否有齿轮损坏，显影部分是否安装到位。

9．光学器件故障维护

光学器件的常见故障主要有光学镜片移位或脏污。当光学镜片移位时，将会出现不能

打印的故障，即使能打印，也会出现打印不全面的现象；当光学器件脏污时，打印件常出现有规律的斑点。当打印机出现上述现象时，则说明光学器件存在故障，此时要清洁维修光学器件。

10. 电晕丝故障维护

激光打印机的电晕丝加有高压电压，电晕丝故障主要表现为打不上字符而出现空白纸。当出现该类故障时，应重点检查电晕丝是否开路，电晕丝的高压是否偏低或为0 V。对于电晕丝开路故障，拆机可直观检查到；而对于高压不正常故障，只要测量电晕丝端子上的高电压是否正常即可进行判定。

11. 高压发生电路故障维护

在激光打印机中，有一组6000 V左右的高压电源为感光鼓组件的初始充电和转印放电提供高压。高压电路发生的故障主要表现在以下两个方面：

(1) 高压发生电路本身故障。高压电路本身故障是振荡电路模块(或集成电路)损坏、高压脉冲变压器的高压绕组开路(高压绕组的线径较细，容易断线)。遇到这种故障时，要打开机器并用万用表直接测量高压脉冲变压器的高压绕组的直流电阻值，判断是否开路。

(2) 触点接触不良。触点接触不良是指由于长时间的使用，打印机内的墨粉使得高压发生器的高压输出触点与感光鼓组件上的显影用偏压接触点接触不良，或高压发生器电路板上感光鼓地线接点与感光鼓上的接地点接触不良，导致打印页面全白或全黑的现象。这种故障的检查方法是打开打印机，取出感光鼓组件，分别检查打印机内的几个相关触点或感光鼓组件上的触点有无污垢或墨粉，若有则要进行清洗。

12. 定影加热器故障维护

由激光束发射到感光鼓上生成的静电潜像，通过感光鼓组件内的磁辊又在感光鼓上转换成可见的负电荷墨粉像，然后在高压正电荷的作用下把这个可见的墨粉像转到打印纸上，最后由定影加热器加压并同时加热打印纸，使打印纸上的墨粉熔化，浸入纸中，在纸上形成永久的像。激光打印机中的定影加热器一般有灯管加热器和陶瓷片加热器两种。定影加热器出现故障时主要表现在以下三个方面：

(1) 加热器损坏。加热器损坏是指加热灯管或加热陶瓷片损坏，当出现这种现象时，会出现打印页面上的图像定影不牢，用手一摸墨粉就掉，严重时打印机不打印，出现故障信息(在HP 4L、HP 5P/6P、HP 6L、HP 1100、联想LJ6P等激光打印机中会出现面板指示灯全亮，而在HP 5000、HP 4VC、EPSON 5700等激光打印机中则出现诸如FUSERERROR等信息)。检查方法是打开打印机，取出加热器，用万用表直接测量加热灯管或加热陶瓷片的直流电阻值，如有断路等损坏现象则将其更换即可。

(2) 加热器温度传感器损坏。为了使定影加热器在打印机的打印等待阶段、初始转动阶段、打印转动阶段保持恒温，激光打印机的定影加热组件都装有由加热器温度检测传感器及其控制电路、安全保护电路(热熔断器)构成的定影加热控制器。对加热陶瓷片来说，其温度检测传感器集成在陶瓷片上；而对加热灯管而言，其温度检测传感器紧贴在加热灯管外面的加热辊上。当加热器温度检测传感器损坏时，轻则使定影温度失控，导致定影温度过高或过低，产生打印页面定影过度或过浅现象(即打印图像深黑，不清晰或容易被擦掉)。检查方法是打开打印机，取出加热器，对陶瓷加热片来说，用万用表直接测量热陶瓷片一侧

的温度检测传感器的直流电阻值即可；而对加热灯管，则应在取出加热灯管和拆下加热辊后，测量加热辊下面的传感器电阻值，如与标值不符则应将其更换。

(3) 定影膜损坏。为了防止打印机的加热辊在定影加热的过程中打印纸上的墨粉发生二次转移，在激光打印机的上定影辊上用一种PTEE树脂覆盖或在陶瓷加热片外直接加装能够在加热器上自由转动的特富龙膜。由于某些原因如处理卡纸的方法不当、异物进入定影辊等使定影膜局部破损，以致出现打印图像上某一区域定影不牢或打印图像出现有规律的脱粉。检查方法是打开打印机，取出加热器，检查定影膜有无破损。

13. 碳粉盒故障维护和合理使用

1) 碳粉盒常见故障

当打印结果出现无规律的墨粉痕迹时，大多是由于粉盒漏粉所致，可拆开粉盒进行检查。粉盒漏粉故障又分为碳粉盒漏粉和废粉盒漏粉两类，通过拆机直接观测能找到故障的具体部位。

2) 节省碳粉

首先，现在几乎所有的激光打印机都提供了“经济模式(Economy Mode)”，即使用一半的碳粉量来打印，尤其是打印图形时可以先确认是否理想后再以正常的模式输出，这在修改比较频繁的情况下可以节省大量的碳粉。其次，现有绝大多数的排版软件都提供了预览(Preview)功能，这样我们就可以在输出前从屏幕上看清楚输出格式、位置、字体等信息，当我们确认一切无误后再进行打印就可以达到节省碳粉的目的。第三，激光打印机和复印机一样，它们都是可以调整碳粉浓淡度的，浓淡度越浓效果自然也就越好，如打印大片黑色时就不会出现白点而是非常扎实的黑色，但是碳粉的消耗也就会随之增加，所以如果无特殊情况的话，最好将浓淡度调到中间。最后提示一点，当打印机报警无碳粉时将碳粉盒拿出来上下摇一摇，并将浓淡度调到最浓可能会完成急需的打印要求。

3) 向碳粉盒自行加碳粉

现在大部分激光打印机采用一体化的硒鼓，即碳粉盒和感光鼓等装在同一装置上，所以当碳粉用尽时，只要感光鼓没有损坏，向碳粉盒自行加碳粉即可节省费用。但是要注意，硒鼓加碳粉次数最好不要超过三次，否则打印效果会很差。另外，所加碳粉的质量很重要，选购碳粉时主要考虑黑度、底灰、废粉率、分辨率、定着度等五项指标，最好选择与原碳粉兼容的产品。

下面以Q2612A即12A硒鼓为例，介绍如何自行加碳粉。Q2612A硒鼓适用HP的1010、1012、1015、1018、1020、1022、3015、3030、3032、3050、3052、3055等机型，是办公和家用使用最多的硒鼓之一。

Q2612A硒鼓如图2-78所示。

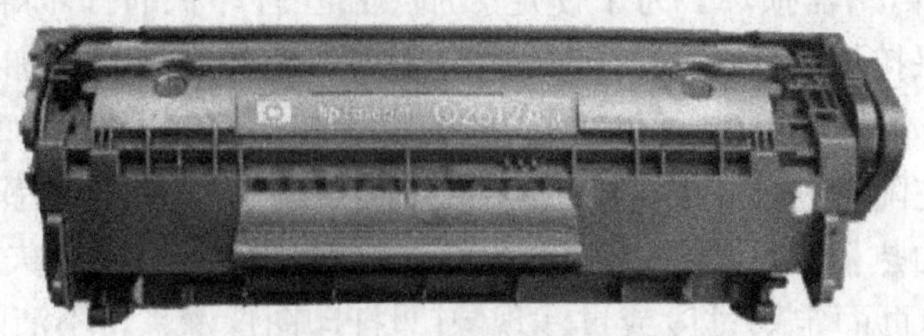

图2-78　Q2612A硒鼓

向碳粉盒自行加碳粉的步骤如下：

(1) 关闭打印机，拔下电源和USB电缆后，取出硒鼓。

(2) 卸掉侧边的两个螺丝钉，拿掉侧边的盖板，如图2-79所示。

(3) 打开硒鼓盖板，小心地取下弹簧，如图2-80所示。

图2-79　卸掉侧边的两个螺丝钉

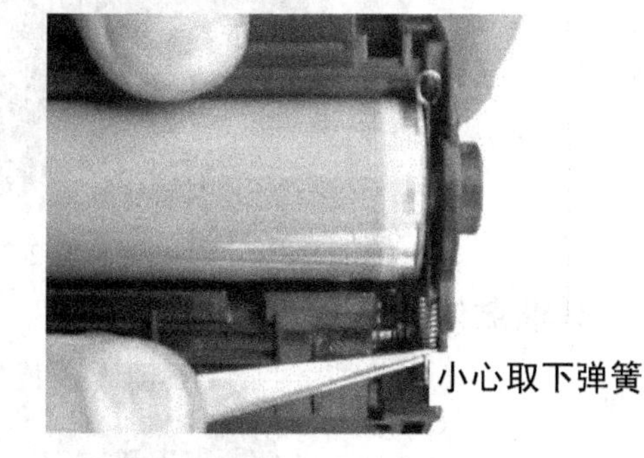

图2-80　打开硒鼓盖板并小心地取下弹簧

(4) 取出鼓芯，注意不要划伤其表面，如图2-81所示。

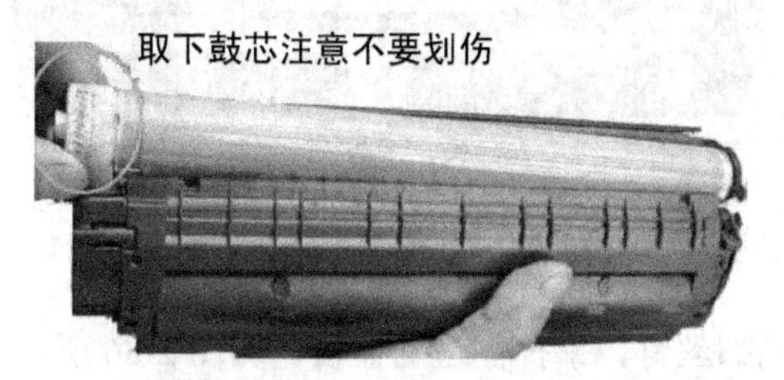

图2-81　取出鼓芯

(5) 取出充电辊，并清理干净，如图2-82所示。

图2-82　取出充电辊

(6) 顶出小铁销(需要稍微用点力)，如图2-83所示。

图2-83　顶出小铁销

(7) 用尖嘴钳将铁销拔出来，如图 2-84 所示。用同样的方法拔出另一端的铁销。

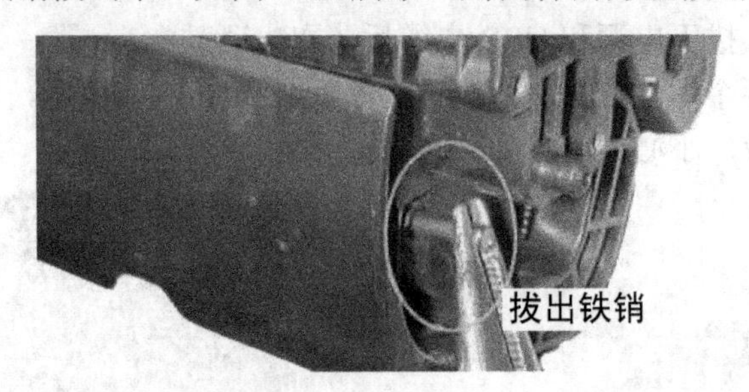

图 2-84　拔出铁销

(8) 将鼓体分开，如图 2-85 所示。

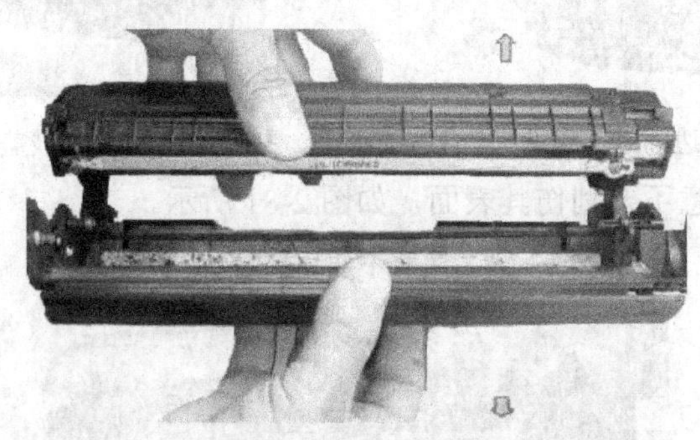

图 2-85　将鼓体分开

(9) 卸掉另外一侧的螺丝钉，拿掉侧边的盖板，如图 2-86 所示。

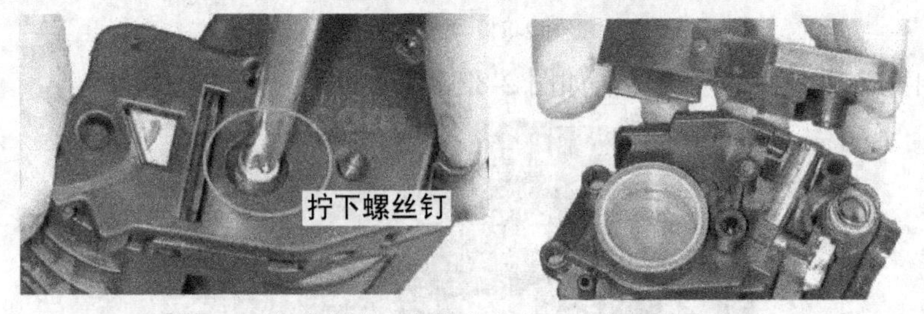

图 2-86　卸掉另外一侧的螺丝钉，拿掉侧边的盖板

(10) 取出磁辊，清理上面的碳粉和粉仓里的残留碳粉，如图 2-87 所示。

图 2-87　取出磁辊

(11) 将清理干净的磁辊装上，打开图2-86中所示的盖板，加入碳粉，如图2-88所示。注意：要将加入的碳粉先摇匀后再加入。

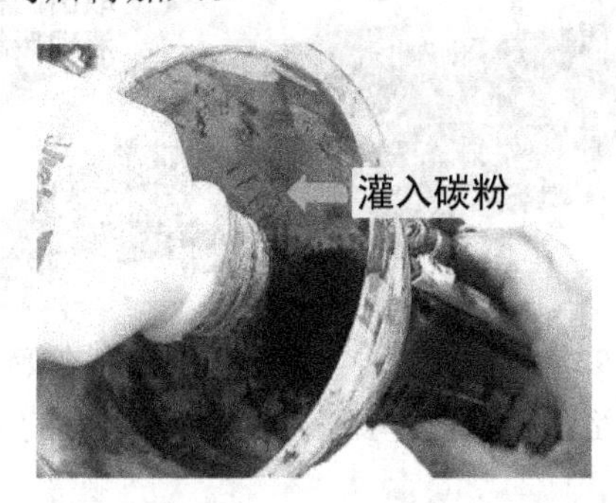

图2-88 加入碳粉

(12) 加好碳粉后，盖上盖子，将图2-86中所示的盖板装上，并上好螺丝钉。

(13) 取下废粉仓刮板旁边的定位弹簧，如图2-89所示。

图2-89 取下废粉仓刮板旁边的定位弹簧

(14) 取下鼓芯挡板，如图2-90所示。

图2-90 取下鼓芯挡板

(15) 卸掉废粉仓刮板上的螺丝钉，如图2-91所示。

图2-91 卸掉废粉仓刮板上的螺丝钉

(16) 取下刮板后，清理废粉仓中的废碳粉，如图 2-92 所示。

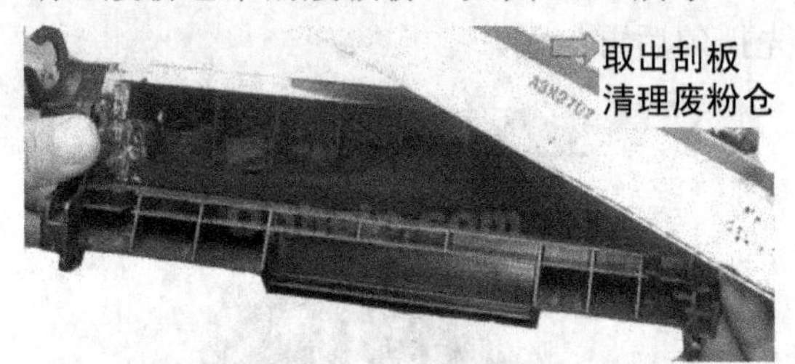

图 2-92　取下刮板后，清理废粉仓中的废碳粉

(17) 装上刮板，上好螺丝钉和定位弹簧，并装上清洁后的充电辊，如图 2-93 所示。图中标注的清洁辊就是充电辊。

图 2-93　装上刮板，上好螺丝钉和定位弹簧，并装上清洁后的充电辊

(18) 装上鼓芯，如图 2-94 所示。

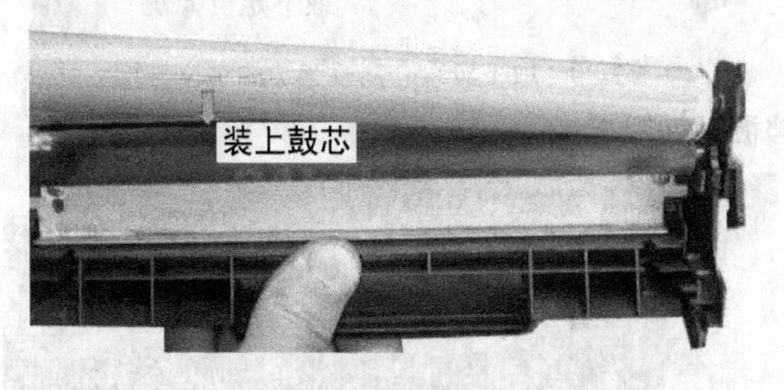

图 2-94　装上鼓芯

(19) 装入两边的铁销和侧边的盖板，并上好螺丝钉，最后装上弹簧。

(20) 晃动硒鼓使加入的碳粉均匀分布后，将硒鼓装入打印机，整个自行加粉过程完成。

2.4　打印机生产厂商简介

众所周知的打印机品牌是 EPSON(爱普生)、HP(惠普)、Canon(佳能)、Lexmark(利盟)等。一些国产品牌如联想、万正等也已进军打印机市场，并占有一定的市场份额。

1．EPSON(爱普生)

EPSON 公司作为喷墨打印机的生产方代表，在该领域中一直拥有领先的技术，凭借其独特的微压电打印技术，EPSON 不断树立喷墨打印在色彩、精度、画质等方面的新标准，尤其对图片色彩处理极其完善。值得注意的是，先进的技术并不等于 EPSON 产品的价格高昂，如果对图像的色彩与质量有较高的要求，EPSON 公司的彩色喷墨打印机可以作为首选。除了喷墨打印机外，EPSON 公司也同样致力于激光打印机、针式打印机的技术开发。

2. HP(惠普)

HP 公司的打印机占有全球近一半以上的打印机市场份额。作为打印机的中坚厂商，HP 公司的打印机种类很丰富，如商用喷墨打印机、照片打印机和移动打印机等，都具有很高的品质。

3. Canon(佳能)

Canon 从 1985 年推出了首款气泡喷墨打印机后，经过不懈的研究和开发，已经在打印机市场上占有了重要的份额。Canon 公司的喷墨打印机和激光打印机都具有优良的品质、低廉的价格和小巧的外形，为众多追求高性价比的用户所推崇。

4. Lexmark(利盟)

Lexmark(利盟)是全球唯一一家专门注重于打印技术的厂商，它成立于 1991 年，专门开发和销售激光打印机、喷墨打印机以及相关耗材。Lexmark 打印机在性能和驱动程序的开发上都有着不俗的表现。

思考与训练

1. 针式打印机的工作原理是什么？有哪些特点？
2. 根据你的观察，哪些地方使用的是 9 针打印机，哪些地方使用的是 24 针打印机？
3. 拍合式、储能式打印头是如何工作的？
4. 按不超过 3000 元的标准，选购一款通用型针式打印机，并说出购买理由。
5. 喷墨打印机(连续式、气泡式、压电式)的工作原理是什么？
6. 墨盒有哪几种类型？各有什么特点？
7. 喷墨打印机的省墨方式有哪几种？各有什么优缺点？
8. 按不超过 1000 元的标准，选购一款喷墨打印机，并说出购买理由。
9. 激光打印机的工作原理是什么？
10. 彩色激光打印机与黑白激光打印机有什么区别？
11. 请说出你对打印负荷指标的理解。
12. 按不超过 1500 元的标准，选购一款激光打印机，并说出购买理由。
13. 比较针式打印机、喷墨打印机和激光打印机的打印成本，并说出理由。

第3章 扫 描 仪

本章要点

☑ 扫描仪的分类
☑ 扫描仪的工作原理
☑ 扫描仪的安装
☑ 扫描仪的使用
☑ 扫描仪的维护
☑ 扫描识别文稿

扫描仪是广泛应用于计算机的输入设备。可以利用扫描仪输入照片以建立自己的电子影集，输入各种图片以建立自己的网站，扫描手写信函后再用 E-mail 发送出去以代替传真机；还可以利用扫描仪配合 OCR 软件输入报纸或书籍的内容，免除键盘输入汉字的辛苦。所有这些为我们展示了扫描仪不凡的功能，使我们在办公、学习和娱乐等各个方面提高效率并增进乐趣。

3.1 扫描仪的分类

扫描仪的种类繁多，可以按不同的标准来分类。

扫描仪按接口可分为：SCSI(小型计算机系统接口)、EPP(增强并行接口)、USB(通用串行总线接口)。

按扫描的设计类型可分为：平板式扫描仪、手持式扫描仪、滚筒式扫描仪。

按扫描幅面的大小可分为：小幅面(A4 以下)的手持式扫描仪、中等幅面(A4、A3)的台式扫描仪和大幅面(A0)的工程图扫描仪。

按扫描图稿的介质可分为：反射稿(纸材料)扫描仪、透射稿(胶片)扫描仪、既可扫反射稿又可扫透射稿的多用途扫描仪。

按扫描的元件可分为：CCD、CIS、CMOS。

按扫描的分辨率可分为：300 dpi、600 dpi、1200 dpi、2400 dpi、3200 dpi、4800 dpi、6400 dpi、9600 dpi 等。

按扫描的色彩深度可分为：18 bit、24 bit、30 bit、36 bit、42 bit、48 bit。

另外，还有不太常见的馈纸式、胶片式、底片式和名片扫描仪等。

3.2　扫描仪的工作原理

扫描仪是图像信号的输入设备。它对原稿进行光学扫描，然后将光学图像传送到光电转换器中变为模拟电信号，又将模拟电信号变换为数字电信号，最后通过计算机接口送至计算机中。

扫描仪扫描图像的步骤是：首先将欲扫描的原稿正面朝下铺在扫描仪的玻璃板上，原稿可以是文字稿件或者图纸照片；然后启动扫描仪应用程序后，安装在扫描仪内部的可移动光源开始扫描原稿。为了均匀照亮稿件，扫描仪光源为长条形，并沿 y 方向扫过整个原稿；照射到原稿上的光线经反射后穿过一个很窄的缝隙，形成沿 x 方向的光带，又经过一组反光镜，由光学透镜聚焦并进入分光镜，经过棱镜和红绿蓝三色滤色镜得到的 RGB 三条彩色光带分别照到各自的 CCD 上，CCD 将 RGB 光带转变为模拟电子信号，此信号又被 A/D 变换器转变为数字电子信号。

至此，反映原稿图像的光信号转变为计算机能够接受的二进制数字电子信号，最后通过并行或者 USB 等接口送至计算机。扫描仪每扫一行就得到原稿一行 x 方向的图像信息，随着沿 y 方向的移动，在计算机内部逐步形成原稿的全图。其扫描流程图如图 3-1 所示。

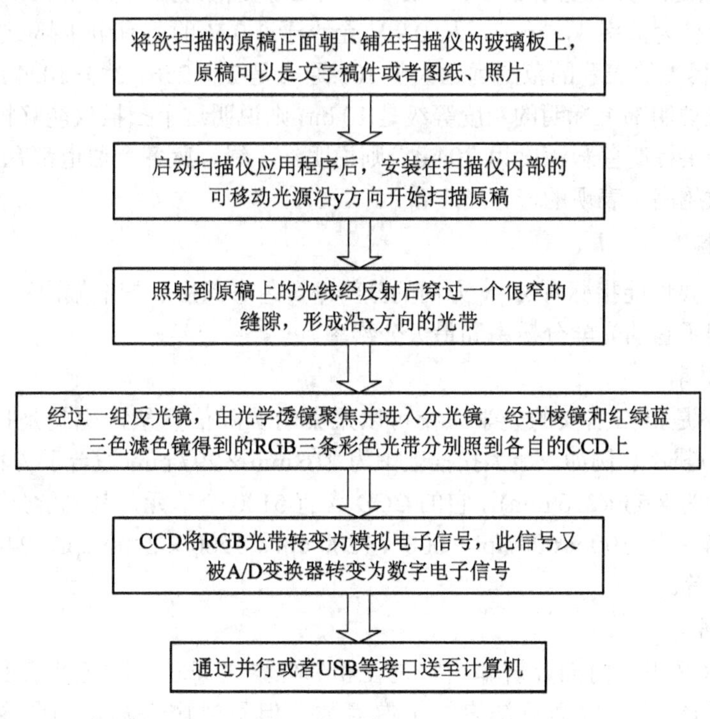

图 3-1　扫描流程图

1. 术语解释

在扫描仪获取图像的过程中，有两个元件起到关键作用。一个是 CCD，它将光信号转换为电信号；另一个是 A/D 变换器，它将模拟电信号变为数字电信号。这两个元件的性能

直接影响扫描仪的整体性能指标，同时也关系到我们选购和使用扫描仪时如何正确理解和处理某些参数及设置。

1) CCD

CCD(Charge Couple Device，电荷耦合器件)是利用微电子技术制成的表面光电器件，可以实现光电转换的功能。

CCD 在摄像机、数码相机和扫描仪中应用广泛，只不过摄像机中使用的是点阵 CCD，即用 x、y 两个方向来摄取平面图像，而扫描仪中使用的是线性 CCD，它只有 x 一个方向，y 方向扫描由扫描仪的机械装置来完成。

CCD 芯片上有许多光敏单元，它们可以将不同的光线转换成不同的电荷，从而形成对应原稿光图像的电荷图像。如果我们想增加图像的分辨率，就必须增加 CCD 上的光敏单元数量。实际上，CCD 的性能决定了扫描仪的 x 方向的光学分辨率。

2) A/D 变换器

A/D 变换器是将模拟量(Analog)转变为数字量(Digital)的半导体元件。从 CCD 获取的电信号是对应于图像明暗的模拟信号，就是说图像由暗到亮的变化可以用从低到高的不同电平来表示，它们是连续变化的，即所谓的模拟量。

A/D 变换器的作用是将模拟量数字化，例如将 0～1 V 的线性电压变化表示为 0～9 的 10 个等级的方法是：从 0 至小于 0.1 V 的所有电压都变换为数字 0，从 0.1 V 至小于 0.2 V 的所有电压都变换为数字 1，……，从 0.9 V 至小于 1.0 V 的所有电压都变换为数字 9。实际上，A/D 变换器能够表示的范围远远大于 10，通常是 $2^8 = 256$、$2^{10} = 1024$ 或者 $2^{12} = 4096$。

如果扫描仪说明书上标明的灰度等级是 10 bit，则说明这个扫描仪能够将图像分成 1024 个灰度等级；如果标明色彩深度为 30 bit，则说明红、绿、蓝各个通道都有 1024 个等级。显然，该等级数越高，表现的彩色越丰富。

2. 性能指标

扫描仪的主要性能指标有 x、y 方向的分辨率、色彩深度、扫描幅面和接口方式等。各类扫描仪都标明了它的光学分辨率和最大分辨率。

1) 光学分辨率

光学分辨率是指扫描仪的光学系统可以采集的实际信息量，也就是扫描仪的感光元件——CCD 的分辨率。例如，最大扫描范围为 216 mm × 297 mm(适合于 A4 纸)的扫描仪可扫描的最大宽度为 8.5 in(216 mm)，它的 CCD 含有 5100 个单元，其光学分辨率为 600 dpi。常见的光学分辨率有 300 × 600 dpi、600 × 1200 dpi、1200 × 2400 dpi、2400 × 4800 dpi、4800 × 9600 dpi 等。

2) 最大分辨率

最大分辨率又叫做内插分辨率，它是在相邻像素之间求出颜色或者灰度的平均值从而增加像素数的办法。内插算法增加了像素数，但不能增添真正的图像细节，因此，我们应更重视光学分辨率。最大分辨率有 9600 dpi、12 800 dpi、19 200 dpi、24 000 dpi、65 535 dpi 等。

3) 色彩深度

色彩深度又叫色彩分辨率、色彩模式、色彩位或色阶，总之都是表示扫描仪分辨彩色

或灰度细腻程度的指标，它的单位是bit(位)。

色彩深度确切的含义是用多少个位来表示扫描得到的一个像素。例如：1 bit 只能表示黑白像素，因为计算机中的数字使用二进制，1 bit只能表示两个值($2^1=2$)即0和1，它们分别代表黑与白；8 bit可以表示256($2^8=256$)级灰阶(灰度等级)，它们代表从黑到白的不同灰阶数；24 bit可以表示16 777 216($2^{24}=16\ 777\ 216$)种色彩，其中红(R)、绿(G)、蓝(B)各个通道分别占用8 bit，它们各有$2^8=256$个等级，一般称24 bit以上的色彩为真彩色。当然还有采用30 bit、36 bit、42 bit、48 bit的机型，目前，扫描仪的色彩深度最大可以达到48 bit。

当用扫描仪来扫描以前的黑白照片时，扫描仪会自动关闭两个通道，只用一个通道来表现灰阶数。

不同的色彩深度所能表现的色彩数与灰阶数如表3-1所示。

表3-1 不同的色彩深度所能表现的色彩数与灰阶数

色彩深度/bit	色彩数	灰阶数/级
18	26万	64
24	1677万	256
30	10.7亿	1024
36	687亿	4096
42	4.4千亿	16 384
48	281千亿	65 536

从理论上讲，色彩位数越多，颜色就越逼真，但对于非专业用户来讲，由于受到计算机处理能力和输出打印机分辨率的限制，追求高色彩位带来的只会是浪费。

4) TWAIN

TWAIN(Toolkit Without An Interesting Name，无注名工具包协议)是扫描仪厂商共同遵循的规格，是应用程序与影像捕捉设备间的标准接口。只要是支持TWAIN的驱动程序，就可以启动符合这种规格的扫描仪。

例如，在Microsoft Word中就可以启动扫描仪，方法是打开菜单栏的“插入”→“图片”→来自扫描仪”。利用 Adobe Photoshop 也可以做到这一点，方法是打开“文件”→“导入”→“Select TWAIN_32 Source”。

5) 接口方式

接口方式(连接界面)是指扫描仪与计算机之间采用的接口类型，常用的有USB接口、SCSI接口和并行打印机接口(已被淘汰)。SCSI接口的传输速度最快，而采用USB接口则更简便。

3.3 扫描仪的安装

下面以清华紫光的Uniscan A688为例介绍扫描仪的安装和使用方法。如图3-2所示是Uniscan A688的外观。

图 3-2　Uniscan A688 的外观

1．清华紫光 Uniscan A688 的主要性能指标

清华紫光 Uniscan A688 的主要性能指标见表 3-2。

表 3-2　Uniscan A688 的主要性能指标

类型	平台式
扫描元件	CCD
光学分辨率	1200 × 4800 dpi
最大分辨率	24 000 × 24000 dpi(插值)
扫描介质	反射稿
灰度阶	16 bit
色彩深度	48 bit
接口方式	USB 2.0
扫描幅面	216 mm × 297 mm(A4)
光源性能	冷阴极灯管，灯管寿命为 15 000 小时
操作系统	Windows 98/Me/2000/XP
随机附件	USB 数据线，使用手册，CD-ROM 光盘，电源线，电源适配器
赠送软件	Twain Driver/PhotoWorkshop/TH-OCR XP/AcrobatReader
其它特点	快捷键：OCR/E-mail/复印/扫描
应用领域	家用、办公

2．Uniscan A688 的安装步骤

Uniscan A688 的安装步骤如下：

(1) 扫描仪拆封：清点部件是否齐全，如电源适配器、USB 数据线、安装光盘、用户手册等。

(2) 打开保护开关：为了使扫描仪的光学部件在运输过程中免受损害，要将其锁定，在使用前应将其解锁。在扫描仪的底部有一个保护开关，将其向外推，使其靠近开锁标志一边，如图 3-3 所示。

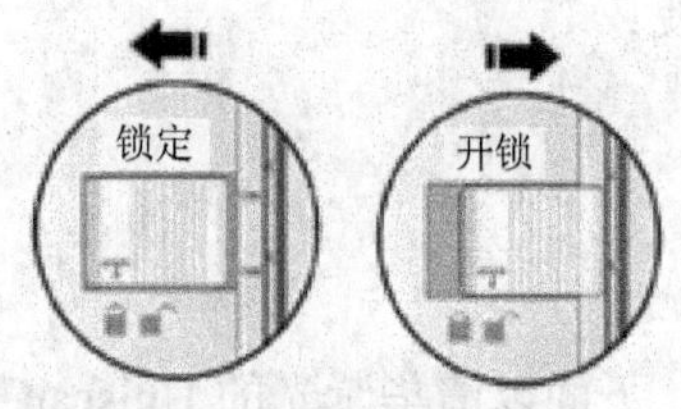

图 3-3　打开保护开关

注意：在搬运扫描仪前，请务必先关机，再将保护锁推到锁定位置，以避免搬运过程中对扫描仪内部光学组件造成伤害。

(3) 安装软件：将安装光盘放入光驱，光盘将自动运行，如果光盘没有自动运行，可以双击光盘上的“Setup.exe”文件，出现 Uniscan A688 的安装界面，如图 3-4 所示。

图 3-4 Uniscan A688 的安装界面

(4) 分别单击“安装扫描仪驱动程序”和“安装 TH-OCR XP”。

(5) 软件安装结束后，连接电源适配器和 USB 电缆。

① 将电源适配器的一端连接到扫描仪主机后面板上的电源插口。

② 将电源适配器的另一端插入合适的电源插座。

③ 将 USB 连接电缆的一端连接到扫描仪主机后面板上的 USB 接口。

④ 将 USB 连接电缆的另一端连接至计算机的空闲 USB 接口。

Uniscan A688 的硬件连接如图 3-5 所示。

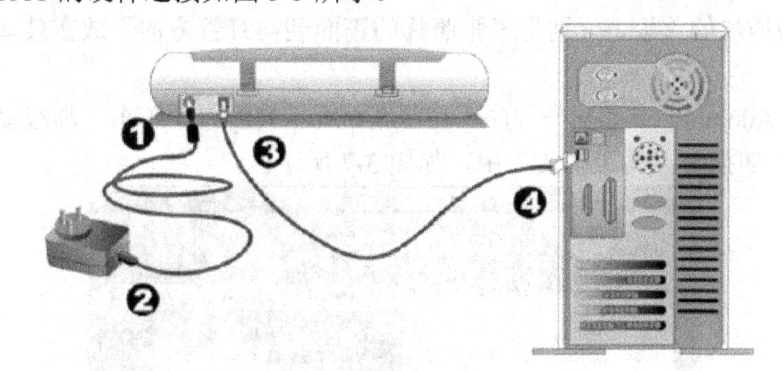

图 3-5 Uniscan A688 的硬件连接

(6) 测试扫描仪。

① 掀开扫描仪的盖板，将原稿正面朝下平放在玻璃上。

② 轻轻盖回盖板。

③ 开启扫描仪的图像编辑程序，单击“开始”→“程序”→“Adobe Photoshop”(或其它编辑程序，如 ACDSee、Word 等)。

④ 当 Adobe Photoshop 程序运行后，单击“文件”→“导入”→“Uniscan A688”。

⑤ 此时 Uniscan TWAIN 窗口开启，表示扫描仪安装正常，如图 3-6 所示。

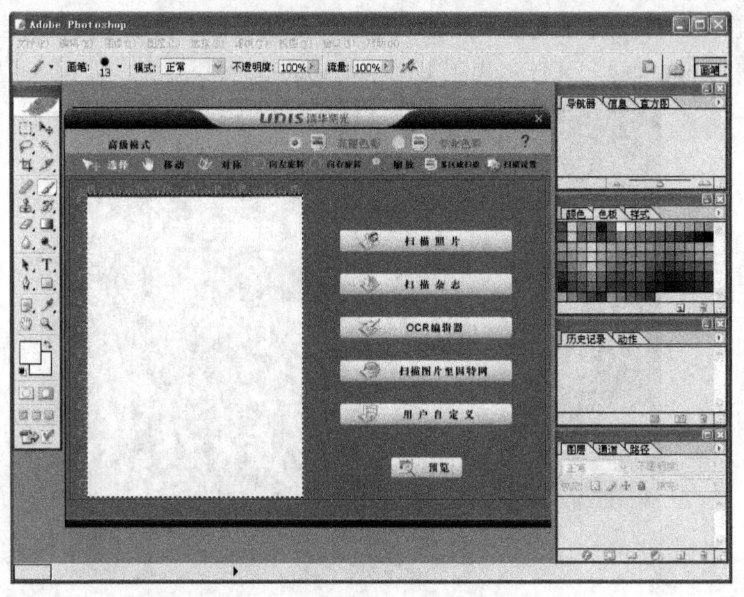

图 3-6　Uniscan TWAIN 窗口

3.4　扫描仪的使用

1．清华紫光 Uniscan A688 扫描仪的使用

本例要求同时扫描三张照片：第一张使用 24 位彩色，分辨率为 300 dpi；第二张使用 8 位灰阶，分辨率为 400 dpi；第三张使用黑白色，分辨率为 300 dpi。

(1) 掀开扫描仪的盖板，分别将三张照片的正面朝向灯管方向平放在玻璃上，轻轻盖回盖板。

(2) 运行“Adobe Photoshop”程序，在图 3-6 所示的窗口中单击“高级模式”按钮，即从“简单模式”切换到“高级模式”中，如图 3-7 所示。

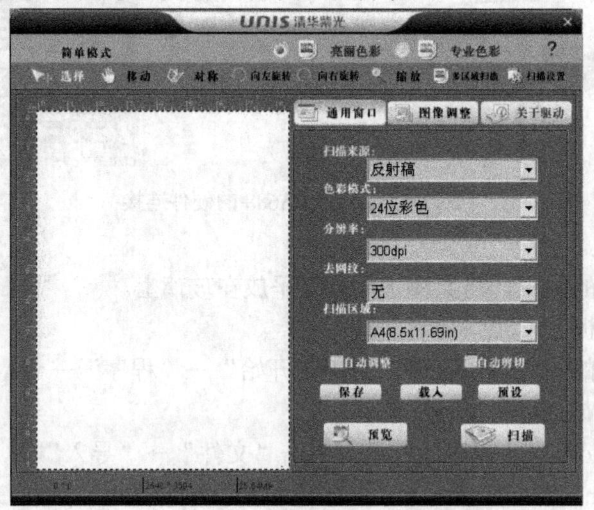

图 3-7　Uniscan TWAIN 窗口—高级模式

(3) 单击“预览”按钮，在预览窗口中可以看到要扫描的照片，用鼠标移动和调整扫描区域框的大小，使其框在左上角的第一张照片上；在“色彩模式”下拉列表中，选“24 位彩色”；在“分辨率”下拉列表中，选“300 dpi”，如图 3-8 所示。

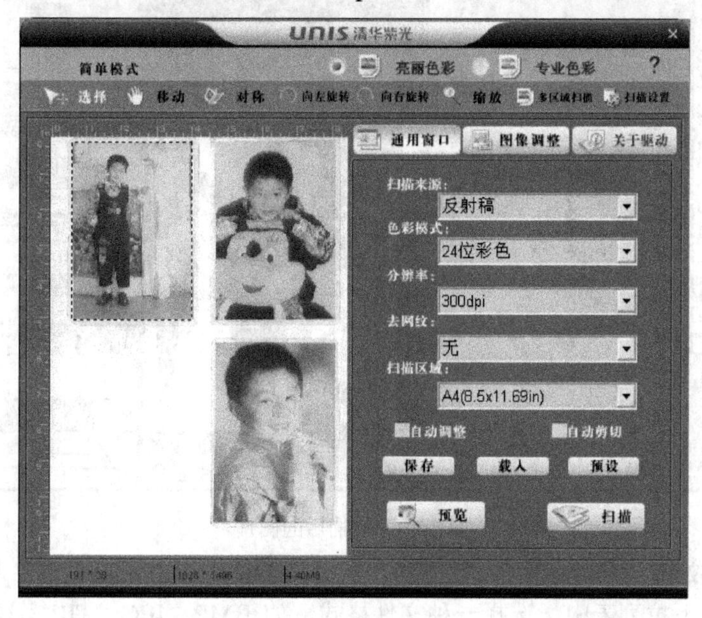

图 3-8　在“预览”窗口中选择扫描区域、调整扫描参数

(4) 单击“多区域扫描”按钮，在打开的“多区域扫描”窗口中单击“添加”按钮，将新添加的扫描区域框框在右上角的第二张照片上；在“色彩模式”下拉列表中，选“8 位灰阶”；在“分辨率”下拉列表中，选“400 dpi”，如图 3-9 所示。

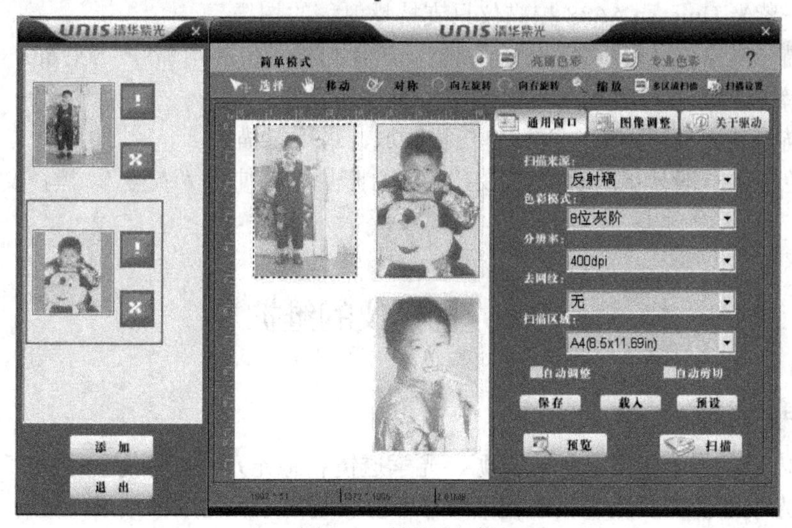

图 3-9　多区域扫描

(5) 再次单击“添加”按钮，将新添加的扫描区域框框在右下角的第三张照片上；在“色彩模式”下拉列表中，选“黑白”；在“分辨率”下拉列表中，选“300 dpi”。

(6) 单击“扫描”按钮，开始扫描，扫描结束后，关闭 Uniscan TWAIN 窗口，扫描后的图片会显示在 Adobe Photoshop 窗口中，如图 3-10 所示。

图 3-10　扫描后的图片

(7) 单击“文件”→“存储”，打开“存储为”对话框。在“文件名”栏中，输入文件名；在“格式”下拉列表中，选择一种文件格式，如 BMP、JPG、TIF 等(黑白模式的照片不能使用 JPG 格式)；在“保存在”下拉列表中，选择文件存放的文件夹，如放在“我的文档”中的“我的照片”文件夹中，单击“保存”按钮。

2．注意事项

(1) 清华紫光 Uniscan A688 扫描仪只支持反射稿的扫描。

(2) 扫描分辨率可以根据情况进行调整，照片扫描一般使用 300～600 dpi，幅面越大，使用的分辨率应越低，分辨率太高会使图片的容量增大。

(3) 扫描前应先进行预览，再调整扫描区域，最后扫描。

(4) 彩色原稿一般使用“真彩 RGB”，黑白照片原稿使用“灰度”，黑白文本原稿使用“黑白”。

3.5　扫描仪的维护

1．保护好扫描镜头

扫描仪内部的基本组成部件有光源、光学透镜和感光元件，还有一个或多个模拟/数字转换电路。光学透镜或反光镜头的轻微位移都会影响 CCD 的成像效果，更有可能使 CCD 接收不到图像信号，因此保护好镜头是关键。用户第一次使用扫描仪的时候，要先打开机械或电子锁定装置，同时保证开关置于“OFF”位置，确认无误后才能插入电源插头。使用者遇到无法自行处理的故障时，最好不要擅自拆修，以免造成更大的损失，要送到厂家或者指定的维修站。

2. 保持工作环境的清洁

扫描仪是一种比较精密的设备，它的玻璃平板以及反光镜片、镜头如果沾上灰尘或其他一些杂质，会使扫描仪的反射光线变弱，从而影响图片的扫描质量。约 50%以上的扫描仪故障都是由灰尘引起的。扫描仪工作时，光从灯管出发后到 CCD 接收期间要经过玻璃板以及若干个反光镜片及镜头，其中任何一部分落上灰尘或其他微小杂质都会改变反射光线的强弱，从而影响扫描图像的效果。因此，工作环境的清洁是确保图像扫描质量的重要前提。使用扫描仪以后，最好用防尘罩把扫描仪遮盖起来，以防止更多灰尘的侵袭。

3. 预热

扫描仪正常工作的环境温度一般为 10～40℃，扫描仪在刚启动时光源的稳定性比较差，而且光源的色温也没有达到扫描仪正常工作所需要的色温，此时扫描的图像往往饱和度不足，因此在扫描前最好先让扫描仪预热一段时间。如果天气较冷，室内温度过低，预热时间可能会有十多分钟，这是正常现象。若要缩短预热时间，则打开空调提升工作环境温度即可。

4. 不要中途切断电源

由于镜组在工作时运动速度比较慢，当扫描一幅图像后，它需要一段时间从底部归位，所以在正常供电的情况下不要中途切断电源，等到扫描仪的镜组完全归位后，再切断电源。现在有些扫描仪为了防止运输中的震动，还对镜组部分添加了锁扣，可见镜组的归位对镜组的保护多么重要。

5. 不要随意热插拔数据传输线

有些家用扫描仪是 EPP 接口，在扫描仪通电之后，如果随意热插拔接口的数据传输线，会损坏计算机或扫描仪的接口，更换起来也很麻烦。即使你试过没有问题，也请不要这样做。

6. 不要在扫描仪上面放置物品

扫描仪比较占地方，有些用户会常将一些物品放在扫描仪上面，时间久了，扫描仪的塑料板会因中空受压而变形，影响使用。

7. 长久不用时请切断电源

有些扫描仪并没有在不使用时完全切断电源开关的设计，长久不用时，扫描仪的灯管依然是亮着的，它也是消耗品，建议用户在长久不用时切断电源。

8. 放置物品时要一次定位准确

有些型号的扫描仪是可以扫描小型立体物品的，在使用这类扫描仪时应当注意：放置物品时要一次定位准确，随意移动会刮伤玻璃，更不能在扫描的过程中移动物品。

9. 最好不要在靠窗的位置使用扫描仪

扫描仪在工作中会产生静电，时间长了会吸附灰尘进入机体内部而影响镜组的工作，尽量不要在靠窗的地方使用扫描仪；还要保持环境的湿度，减少浮尘对扫描仪的影响。

10. 机械部分定期清洗保养

扫描仪是一种非常精密的设备，里面有很多的光学器件，如果弄脏了肯定会影响到扫描的效果，所以定期的清洗肯定是少不了的。首先拿一块绒布把扫描仪的外壳(不包括玻璃

平板)擦拭一遍，其目的是扫除表面的浮灰，防止用水擦拭时将外壳弄得更花。接下来打开扫描仪，在这之前最好把它背后的安全锁锁上。如果发现里面的灰尘比较厚的话，可以用皮老虎吹一下。在扫描仪的光学组件中找到它的发光管、反光镜，把脱脂棉用无水酒精弄湿，然后小心地在发光管和反光镜上擦拭，注意一定要轻，不要改变光学配件的位置。

如果发现扫描仪在使用过程中有些噪音，可能是滑动杆缺油或是上面积垢了，可以找一些润滑油擦在滑动杆上，增加它的润滑程度。长久使用扫描仪后，要拆开盖子，用浸有缝纫机油的棉布擦拭镜组两条轨道上的油垢，将适量的缝纫机油滴在传动齿轮组及皮带两端的轴承上面，最后装机测试，会发现噪音小了很多。

3.6 扫描识别文稿

扫描仪通过 OCR(Optical Character Recognition，光学字符识别)软件可以实现扫描识别文稿的内容。它的工作原理是通过扫描仪或数码相机等光学输入设备获取纸张上的文字图片信息，利用各种模式识别算法分析文字的形态特征，判断出汉字的标准编码，并按通用格式存储在文本文件中。由此可以看出，OCR 实际上是让计算机认字，实现文字自动输入。它是一种快捷、省力、高效的文字输入方法。

现在市场上有多种品牌的 OCR 产品，如汉王 OCR、清华紫光 OCR、蒙恬识别王、尚书 OCR 等，正确地使用 OCR 软件可以使总体识别率达到 98%以上。

购买扫描仪时，一般都附送有配套的 OCR 软件。

下面以清华紫光的 TH-OCR 紫光专业版为例介绍其使用方法。

3.6.1 准备工作

1. 扫描仪的设置

对扫描仪进行正确的设置，可以提高识别率。

- OCR 只能识别黑白二值图像，将扫描仪的色彩模式设置为“黑白”模式。
- 分辨率的设置参考表 3-3。

表 3-3　分辨率的设置

<table>
<tr><th>文字大小</th><th>准确分辨率/dpi</th><th>推荐使用的分辨率/dpi</th></tr>
<tr><td>1 号(26 磅)</td><td>150</td><td rowspan="3">200</td></tr>
<tr><td>2 号(22 磅)</td><td>180</td></tr>
<tr><td>3 号(16 磅)</td><td>200</td></tr>
<tr><td>4 号(14 磅)</td><td>240</td><td rowspan="3">300</td></tr>
<tr><td>小 4 号(12 磅)</td><td>280</td></tr>
<tr><td>5 号(10.5 磅)</td><td>300</td></tr>
<tr><td>小 5 号(9 磅)</td><td>350</td><td rowspan="2">400</td></tr>
<tr><td>6 号(7.5 磅)</td><td>400</td></tr>
<tr><td>7 号(5.5 磅)</td><td>500</td><td rowspan="2">600</td></tr>
<tr><td>8 号(5 磅)</td><td>600</td></tr>
</table>

可以看出，字号越小，设置的分辨率越大；字号越大，设置的分辨率越小。

● 对已有的图像文件格式，要注意其格式是否符合紫光OCR系统的要求，即要求非压缩TIFF格式、PackBit或G4压缩的TIFF格式、BMP格式或PCX格式。

2. OCR的设置

OCR的设置步骤如下：

(1) 单击OCR工具栏上的“命令”→“设置”，打开“设置”对话框，分别对“系统”、“扫描”、“识别”、“后编改”和“其它”选项卡进行设置，一般按默认值设置即可，如图3-11所示。

(2) 单击“文件”→“选择扫描设备”，在“选择来源”对话框中选择“Uniscan A688 1.601(32–32)”，单击“选定”按钮，如图3-12所示。

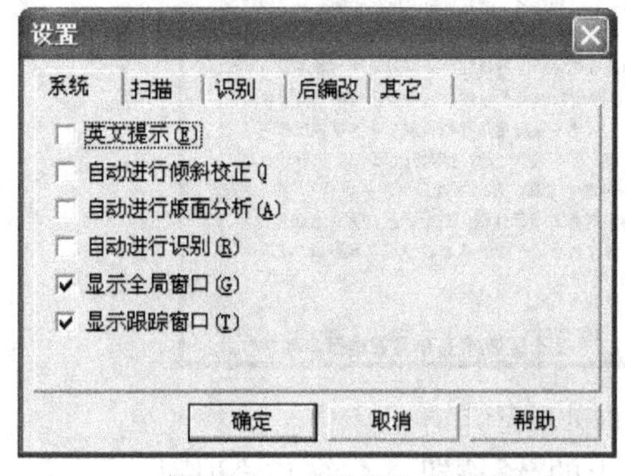

图3-11　“设置”对话框

图3-12　“选择来源”对话框

(3) 单击“文件”→“扫描设置”，出现“扫描设置”对话框，一般按默认值设置即可，如图3-13所示。

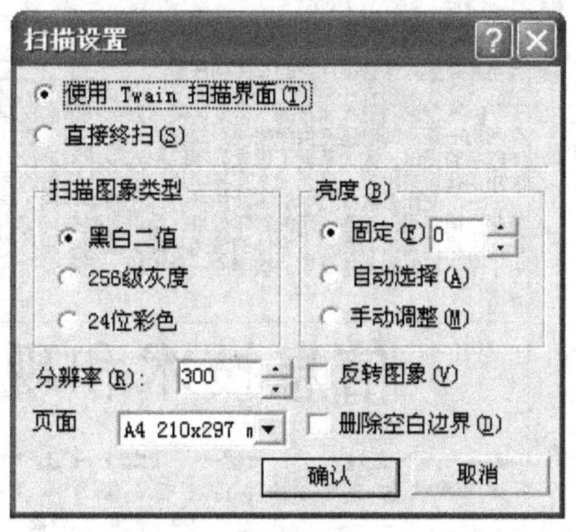

图3-13　“扫描设置”对话框

3.6.2　印刷体文稿的识别

印制体文稿的识别步骤如下：

(1) 将印刷体文稿放入扫描仪，注意文稿的正面要朝向灯管方向。

(2) 单击“文件”→“扫描”或常用工具栏上的按钮，开启Uniscan TWAIN窗口。

(3) 在Uniscan TWAIN窗口中单击“预览”按钮，调整扫描区域框；在“色彩模式”

下拉列表中，选择“黑白”；分辨率的选择可以参考表 3-3。

(4) 单击“扫描”按钮，开始扫描，扫描结束后，关闭 Uniscan TWAIN 窗口，

(5) 在随后出现的“图像版面处理窗口”中，对版面进行选择，即按住鼠标左键不放画矩形框，系统会对矩形框内的文字进行识别。如果不对版面进行选择，系统将对整个版面进行识别，如图 3-14 所示。

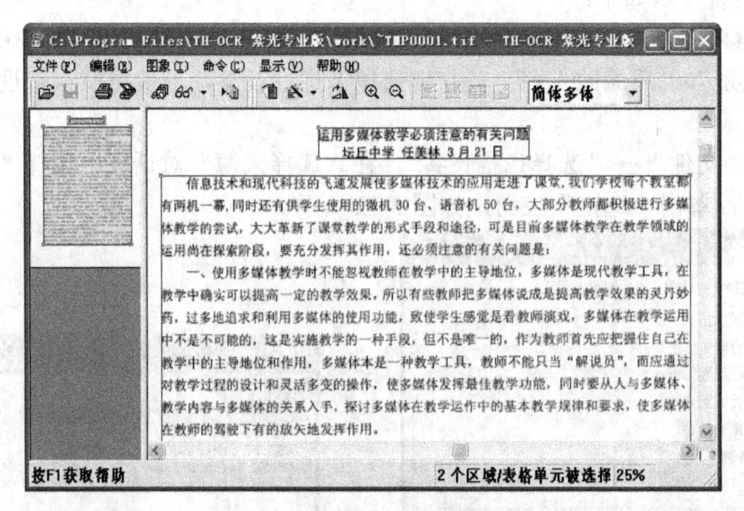

图 3-14　图像版面处理窗口

(6) 单击“命令”→“识别”或常用工具栏上的 按钮，系统开始识别。

(7) 单击“显示”→“后编改状态”，出现编辑修改窗口，如图 3-15 所示。

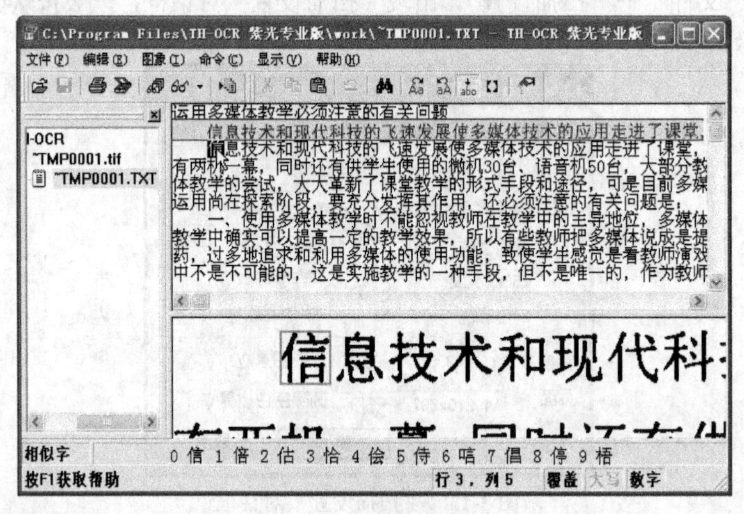

图 3-15　编辑修改窗口

在编辑修改窗口中，窗口上部是已识别的文字，下部是识别前的文字图像信息，用鼠标单击上部已识别的文字，下部会自动跟踪显示该文字的原始文字图像信息。

在图 3-11 所示的“设置”对话框中，如果对“后编改”中的“可疑字颜色”进行了设置，如设置成了“红色”，当识别可能有错误时，该字即用红色显示，选中要修改的文字，下部会立即跟踪显示原始文字内容。如果相似字中有正确的字，则直接单击该字即可修改；如果没有，则直接用输入法修改。

(8) 单击“文件”→“另存为”，将识别后的内容保存为纯文本；单击“文件”→“导出”，将识别后的内容保存为 rtf、htm、xls、txt 格式。

3.6.3 手写体的识别

对手写体的识别要求不能太潦草，字的间距不能太小，且间距尽量相同。具体识别步骤如下：

(1) 在图 3-14 所示窗口的字体下拉列表中，选中“手写体”。

(2) 其它操作与印刷体文稿的识别相同。其识别率比印刷体低得多，识别效果如图 3-16 所示。

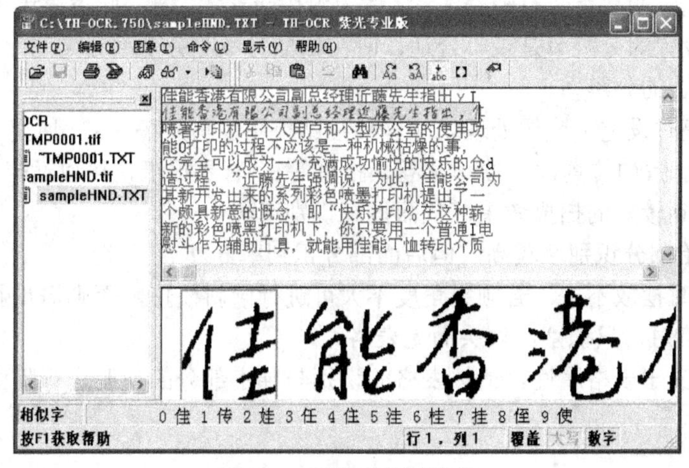

图 3-16 手写体识别效果

3.6.4 表格的识别

表格的识别是清华紫光 TH-OCR 紫光专业版的特色之一。具体识别步骤如下：

(1) 在版面分析中，用矩形框选中表格。

(2) 单击常用工具栏上的表格按钮▦，矩形框线变成粉色。

(3) 其它操作与印刷体文稿的识别相同。

(4) 单击“文件”→“导出”，将识别后的内容保存为 rtf 格式，Word 可以直接使用；保存为 xls 格式，Excel 可以直接使用；如果保存为 txt 格式，当复制粘贴到 Word 或 Excel 中后，纵向表格会断线。

3.6.5 常见问题及处理

扫描仪识别文稿过程中的常见问题及处理方法如下：

(1) 在扫描文稿图像时，提示“只能扫描二位图像”或“该程序执行了非法操作”。

OCR 软件一般只能识别黑白图像，因此扫描时只能使用“黑白二值”模式。若设置了多个扫描区域，而其中有区域设置为彩色或灰度模式，便会出现“该程序执行了非法操作”的提示。

(2) 扫描时提示“装入 TWAIN.Dll 错误”。

请正确安装扫描仪的驱动程序，连接好扫描仪，并将扫描仪打开。

(3) 识别完成后屏幕为空白，只有光标闪动。

如果原稿中有图形，OCR 会认为此文件不符合要求而不作识别。此时应先进行版面分析，将所要识别的文字区域按顺序框出识别区域后再进行识别。

(4) 识别出的文字出现乱码。

① 是否文字的方向不对，请正确调整文字方向。

② 是否定义的文字属性(简体多体、繁体多体、纯英文、手写体等)与原稿不符，请设定相应的文字属性。

③ 是否原稿中的文字旁有辅助线，字体为斜体或艺术字等，此类原稿不能被正确识别。

④ 扫描时设置的分辨率是否不合适，请在扫描时参照分辨率设定与字号大小对照表中的推荐值选择适合的分辨率。

⑤ 扫描文稿时设定了镜像处理功能，扫描结果图像与原稿左右相反。

⑥ 原稿不清晰(如传真件、油印试卷、报纸等)，若是报纸，可以适当地调节图像的对比度或亮度以得到较好的扫描效果，从而提高识别率。

(5) 原稿开始部分识别率较高，但后面部分识别率低。

原稿在扫描时摆放不正，若倾斜角度不大可进行倾斜校正，否则需重新扫描。

(6) 识别表格时，只识别出表头而无表格。

没有单独定义出表格属性。请按表格的识别与导出部分的说明进行版面分析。

思考与训练

1. 扫描仪的工作原理是什么？
2. CCD、A/D 变换器有什么作用？
3. 扫描仪有哪些主要指标？
4. 光学分辨率与最大分辨率有什么区别？
5. 请说出你对色彩深度指标的理解。
6. 按不超过 500 元的标准，选购一款扫描仪，并说出购买理由。
7. 安装新扫描仪时要注意哪些事项？
8. 简述扫描照片的步骤。
9. 什么是 OCR？OCR 有什么功能？
10. 对印刷体文字的识别要经过哪些步骤？

第4章 刻 录 机

本章要点

- ☑ 光驱的种类
- ☑ 光驱的结构
- ☑ 光驱的工作原理
- ☑ 刻录基础知识
- ☑ 刻录机的选购
- ☑ 刻录光盘
- ☑ 查看刻录机和光盘信息

光驱又称为光盘驱动器，是专门用来与光盘数据进行交流的设备。用户可以用光驱安装系统、听CD音乐、看VCD/DVD电影、玩光盘游戏等，它是电脑装机必备的设备。

4.1 光驱的种类

光驱是一个统称，可以分成下面几种类型。

1. CD-ROM光驱

CD-ROM光驱简称CD光驱，是最早出现的光驱。CD-ROM是Compact Disc-Read Only Memory(只读存储CD光盘)的缩写。CD光驱主要用于CD-DA、CD-ROM、VCD盘片的读取。

2. DVD-ROM光驱

DVD-ROM光驱简称DVD光驱。DVD是Digital Video Disc(数字视频光盘)的缩写。DVD光驱主要用于DVD-ROM盘片的读取，也可用于CD-DA、CD-ROM、VCD盘片的读取。

3. CD-R/RW刻录机

CD-R/RW刻录机简称CD刻录机。CD-R是CD-Recordable(可写光盘)的缩写，CD-RW是CD-ReWritable(可重复写光盘)的缩写。CD刻录机主要用于CD-R或CD-RW盘片的刻录，也可用于CD-DA、CD-ROM、VCD盘片的读取。

4. Combo

Combo俗称“康宝”，是整合的意思。Combo将CD-R/RW刻录机和DVD-ROM光驱整合在一起，主要用于CD-R、CD-RW盘片的刻录，也可用于CD-DA、CD-ROM、VCD、DVD-ROM盘片的读取。

5．DVD±R/RW 刻录机

DVD±R/RW 刻录机简称 DVD 刻录机，主要用于 CD-R、CD-RW、DVD±R、DVD±RW、DVD-RAM 盘片的刻录，也可用于 CD-DA、CD-ROM、VCD、DVD-ROM 盘片的读取。

6．BD-ROM 光驱

BD-ROM 光驱简称 BD 光驱。BD 是 Blu-ray Disc(蓝光光盘)的缩写。BD 光驱主要用于 BD-ROM 盘片的读取，也可用于 CD-DA、CD-ROM、VCD、DVD-ROM 盘片的读取。

7．BD 康宝

BD 康宝是将 DVD±R/RW 刻录机和 BD-ROM 光驱整合在一起，主要用于 CD-R、CD-RW、DVD±R、DVD±RW、DVD-RAM 盘片的刻录，也可用于 CD-DA、CD-ROM、VCD、DVD-ROM、BD-ROM 盘片的读取。

8．BD 刻录机

BD 刻录机是新一代高清 DVD 刻录机，主要用于 CD-R、CD-RW、DVD±R、DVD±RW、DVD-RAM、BD-R、BD-RE 盘片的刻录，也可用于 CD-DA、CD-ROM、VCD、DVD-ROM、BD-ROM 盘片的读取。

4.2　光驱的结构

1．光驱面板

典型的 CD-ROM 光驱的面板如图 4-1 所示。

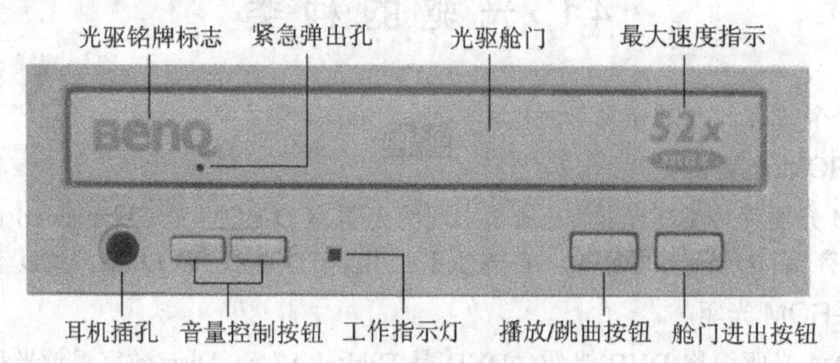

图 4-1　光驱面板

在面板的左边有个耳机插孔，旁边是一对音量控制按钮，光驱的商标一般都位于左上方，而在右上方是最大速度的指示字样，在右下方一般有两个按钮，即播放/跳曲按钮(其作用是可以不经由 CPU 处理而直接播放 CD 音乐)和舱门进出按钮。

可以看到，在光驱面板上有一个小孔，叫“紧急弹出孔”。当光驱舱门打不开时，可以用细铁丝插入该孔，稍稍用力一捅，使舱门打开；在面板上还有一个工作指示灯，当光驱中放有光盘时，此指示灯会亮，当读取光盘时此灯则会闪烁。

如果是 CD-R/RW 刻录机，在光驱面板右上方会看到如“52×32×52×”的字样，表示此光驱刻录 CD-R 盘片的速度为 52 倍速，擦写 CD-RW 盘片的速度为 32 倍速，读取 CD-ROM 盘片的速度为 52 倍速，如图 4-2 所示。

图 4-2 CD-R/RW 刻录机

如果是 Combo，在光驱面板右上方会看到如“52×32×52×16×”的字样，最右边的 16× 表示读取 DVD-ROM 盘片的速度为 16 倍速。

DVD 刻录机和 BD 刻录机因为能支持的盘片速度太多，所以就不再在面板上标注速度了。

2. 背部接口

IDE 光驱的接口主要有音频线接口、主从盘跳线接口、IDE 数据线接口、电源线接口，如图 4-3 所示。

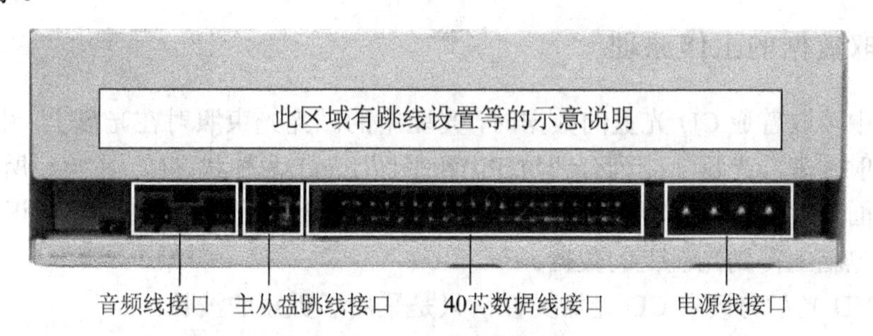

图 4-3 IDE 光驱背板

音频线接口的主要作用是将一根 4 芯或 3 芯的 CD 音频线连接到声卡上，这样可以直接按光驱面板上的播放按钮来播放音乐 CD；在音频线接口的右边是光驱的跳线接口，通常光驱出厂时已被设置为从盘。当只有一个硬盘和一个光驱时，建议将光驱连接在主板的第二个 IDE 接口上，并将光驱跳线设置到主盘位置。通过一根数据线将光驱的数据线接口与主板的 IDE 插座相连。电源线接口是 4 芯接口，用来给光驱供电，与 IDE 硬盘的电源线接口完全相同。

SATA 光驱的接口主要有电源线接口和 SATA 数据线接口，如图 4-4 所示。

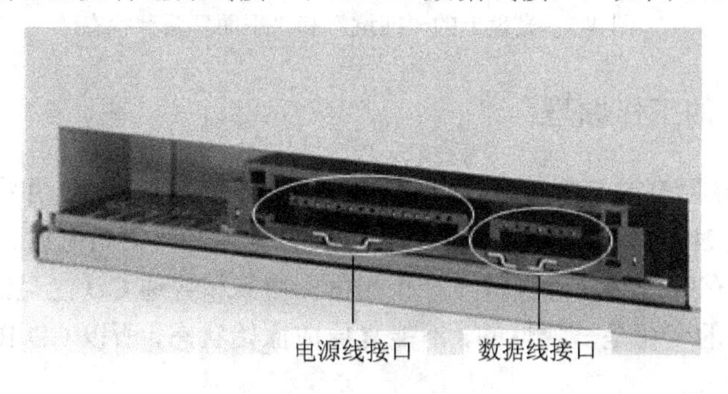

图 4-4 SATA 光驱背板

SATA 光驱的电源线接口采用 15 芯，与 SATA 硬盘的电源线接口完全相同；数据线接口采用 7 芯，同样与 SATA 硬盘的数据线接口完全相同。SATA 光驱不再设置主从跳线了，连接更加简单。

3. 光驱内部结构

光驱的内部结构主要包括激光头、PCB 板和机械部分。激光头负责实现对光盘信息的读写，PCB 电路板上则是各种控制光驱信息读写的电路。另外，光盘在光驱内通过主轴电机带动其转动，通过进出舱门电机打开和关闭舱门，通过驱动激光头电机移动激光头，这些都是光驱的机械部分。除了这几个主要部分，在光驱中还有一个类似主板 BIOS 的固件——Firmware，通过刷新 Firmware 可以改善光驱的性能，对于 DVD-ROM 光驱还可以解决区码的限制等。

4.3 光驱的工作原理

4.3.1 读取数据的工作原理

在光驱中读取普通 CD 光盘的数据时，光驱中的激光光束照射在光盘上，由光盘的反射层将光束反射回来，光盘上排列有凹坑(Pit)和平面(Land)两种状态(如图 4-5 所示)，凹坑不反射，而平面反射，利用光驱的光检测器很容易捕获到这些光信号，并将其识别成 0 或 1，处理后会在电脑上得到光盘上的数据。

读取 DVD 光盘与读取 CD 光盘类似，只是采用了更短的波长。

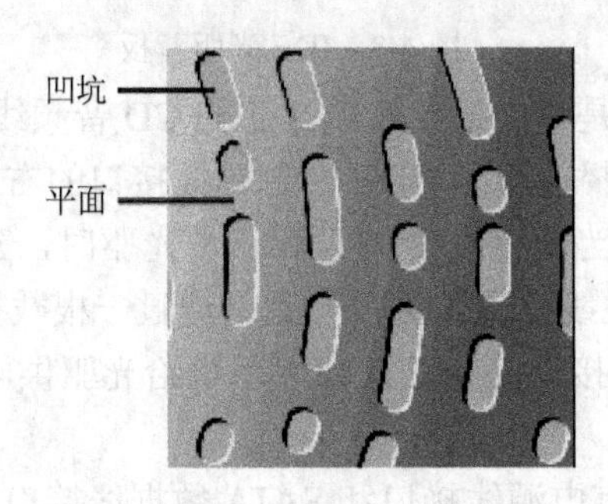

图 4-5　光盘上的“凹坑”和“平面”两种状态

4.3.2 刻录盘片的工作原理

CD-R 盘片是在原有的 CD 盘片基础上加入了一层有机染料层，并将原来用来反射的铝层改用黄金层或纯银层。当刻录机的大功率激光照射到有机染料层时，在有机染料层上形成一个个凹坑，没有照射的地方保持一个个平面，使其和普通 CD 光盘的读取方式相同。但是由于有机染料层的变化是一次性的，不能复原成原始状态，所以 CD-R 盘片只能一次写入而不能重复多次写入。

DVD±R 盘片的刻录原理与 CD-R 盘片类似。

CD-RW 盘片是在原有的 CD 盘片基础上镀了一层很薄的薄膜，这种薄膜的材质多为铟、硒、银或碲的结晶层，能够呈现结晶和非结晶两种状态，类似于 CD-R 的平面和凹坑。通过激光光束的照射，可以使结晶层在这两种状态间相互转换，因此，CD-RW 盘片可以重复写入，其可重复擦写次数大于 1000 次。

DVD±RW 盘片的刻录原理与 CD-RW 盘片类似。

4.3.3　光驱的工作模式

1．CLV 模式

由于光盘内外光道的数据记录密度相同，因此可以充分利用盘片空间，增加存储容量。光驱在 CLV(Constant Linear Velocity，恒定线速度)工作模式下，每旋转一圈时，激光头所读取的数据量是不一样的，内圈数据少，外圈数据多。所以，在 CLV 模式下，当激光头移动到不同的光轨时，为了保持恒定的数据传输率，主轴电机的转速也会相应变化。早期的光驱几乎都采用 CLV 方式，但随着光驱转速的大幅提升，采用这种方式的缺陷越来越明显。对于高速光驱来说，在内、外圈时的主轴电机的速度变化范围非常大，致使主轴电机的负载过重，使光驱耐用性严重下降。

2．CAV 模式

在 CAV(Constant Angular Velocity，恒定角速度)模式下，激光头始终以恒定角速度读取光盘的数据。由于不需在寻道时经常改变电机转速，因此读取性能也会得到大大改善。但在这种方式下，光盘内外圈的数据传输率是不相等的，读取光盘外圈时，数据传输率要高一些。

3．P-CAV 模式

P-CAV(Partial-CAV，局部恒定角速度)模式是将 CAV 与 CLV 合二为一：理论上是在读内圈时采用 CAV 模式，转速不变后读取速度逐渐提高，当读取半径超过一定范围后则采用 CLV 方式；而在实际工作中，在随机读取时采用 CLV，一旦激光无法正常读取数据时，立即转换成 CAV。P-CAV 模式具有更大的灵活性和平滑性。

4．Z-CLV 模式

在 Z-CLV(Zoned-CLV，区域恒定线速度)模式下，光驱将光盘的内圈到外圈分成多个区域，在每一个区域用稳定的 CLV 方式进行读取，在区域与区域之间采用 CAV 方式过渡，这样做的好处是缩短了读取时间，并能确保读取的品质。只是在此模式下，每一次切换速度时，读取过程都会有明显的中断，出现速度的突然下降。

现在的光驱很少采用 CLV 方式，普遍采用 CAV 或 P-CAV 方式，而对于高倍速刻录机来说，越来越多地开始采用 P-CAV 和 Z-CLV 方式。

随着光驱新技术的不断产生，不管是现在的主流光驱还是未来的新型产品，人们只希望光盘的存储容量更大，光驱的读取和刻录速度更快、兼容性更好。

4.3.4　光驱的指标

1．数据传输率(Data Transfer Rate)

在 CD 光驱上，通常可以看到以 40×、52× 等来标注光驱的速度，其读法为“40 倍速”、

“52倍速”。“倍速”实际上就指的是“数据传输率”，它是光驱最基本的性能指标参数，指光驱每秒能读取的最大数据量。

最早的CD光驱的数据传输率不高，每秒只能传输150 KB(即150 KB/s)，这就是常说的单速光驱。现在的光驱速度便以此为基准来衡量，即倍速为150 KB/s，如数据传输率为300 KB/s被称为“2倍速光驱”，传输率为600 KB/s被称为“4倍速光驱”，等等。

目前，市面上的主流CD光驱已经达到52倍速甚至56倍速，其数据传输率为7800 KB/s(150 KB/s × 52)或8400 KB/s(150 KB/s × 56)。

DVD光驱的倍速是1350 KB/s。目前，DVD±R/RW刻录机刻录DVD±R盘片的速度已经到了24×，数据传输率为32 400 KB/s(1350 KB/s × 24)，显然要比CD光驱的数据传输率高得多。

2. 平均寻道时间(Average Access Time)

平均寻道时间又称平均访问时间，它是指光驱的激光头从初始位置移到指定数据扇区，并把该扇区上的第一块数据读入高速缓存时所用的时间。现在40～56倍速CD光驱的寻道时间为100～80 ms。刻录机的平均寻道时间一般都比CD光驱的要长。平均寻道时间越短，代表光驱所能提供的数据传输速度越快，连续传输表现也会更好。

3. 数据传输模式(Data Transfer Mode)

光驱的数据传输模式主要有早期的PIO和现在的UDMA模式。UDMA模式可以通过Windows中的设备管理器将DMA打开，以提高光驱性能。

4. 缓存容量(Buffer Memory Size)

对于光盘驱动器来说，缓存越大，光驱连续读取数据的性能越好，在播放视频影像时的效果就越明显，也能够保证成功的刻录性能。目前，一般CD-ROM的缓存为128 KB，DVD-ROM的缓存为512 KB，刻录机的缓存普遍为2～4 MB，个别为8 MB。

4.4 刻录基础知识

4.4.1 CD/DVD规格书

20世纪70年代，荷兰Philips(飞利浦)公司的研究人员开始研究用激光束来记录信息，光存储技术的研究自此开始。从1978年开始，历时4年，Philips公司和SONY(索尼)公司终于在1982年把这种记录有数字声音的盘片推向了市场，并用CD(Compact Disc，小巧的碟片或盘片)来命名。

1980年，人们为这种规格的盘片制定了标准，称为红皮书(Red Book)标准，也就是现在的CD-DA(Compact Disc-Digital Audio)盘片，中文名字是“数字激光唱盘”，简称CD。

1985年，出现了CD-ROM，并制定了相应的物理格式标准，称为黄皮书(Yellow Book)标准。

1986年，出现了CD-I(CD-Interactive，交互式CD)，并制定了相应的物理格式标准，称为绿皮书(Green Book)标准。

1990 年，出现了 Photo CD(照片 CD)。

1992 年，出现了 CD-R，可分为 CD-MO(part Ⅰ)、CD-R(part Ⅱ)、CD-RW(part Ⅲ)三类，并制定了相应的物理格式标准，称为橘色书(Orange Book)标准。

1993 年，出现了 Video CD(VCD)，并制定了相应的物理格式标准，称为白皮书(White Book)标准。

红皮书、黄皮书、绿皮书、白皮书、橘色书等组成了 CD 的主要标准。

1994 年，出现了 DVD(Digital Video Disc)，并成立了 DVD 论坛。DVD 论坛制订了第一本 DVD 规格书，并在规格书中更进一步将 DVD 分成五大部分，以 Book A/B/C/D/E 来区分：

Book A：DVD-ROM，用于取代 CD-ROM，定义了 DVD 光盘的单面存储容量为 4.7 GB。

Book B：DVD-Video，用于取代 Video CD(VCD)。

Book C：DVD-Audio，用于取代 CD-DA。

Book D：DVD-R 用于取代 CD-R；DVD-RW，用于取代 CD-RW。相应地，DVD 联盟推出了 DVD+R、DVD+RW 标准。

Book E：DVD-RAM，由 Panasonic(松下)、TOSHIBA(东芝)与 HITACHI(日立)等厂商所共同推出，其所定义的光盘容量有 2.6 GB、4.7 GB、5.2 GB 和 9.4 GB 等。

2008 年 2 月，随着 TOSHIBA 的 HD DVD 退出竞争，SONY 的 Blu-ray DVD 成为下一代高清 DVD 的标准。

4.4.2 光盘类型

可以从不同角度对光盘进行分类，其中最常见的有：按照物理格式分类，按照应用格式分类，按照读写限制分类，按照介质面/层分类等。

1. 按照物理格式分类

该类光盘大致可分为以下三类：

(1) CD 系列：CD-ROM 是这种系列中最基本的保持数据的格式。CD-ROM 包括可记录的多种变种类型，如 CD-R、CD-RW 等。

(2) DVD 系列：DVD-ROM 是这种系列中最基本的保持数据的格式。DVD-ROM 包括可记录的多种变种类型，如 DVD±R、DVD±RW、DVD-RAM 等。

(3) 蓝光(Blu-ray)DVD 系列：BD-ROM 是这种系列中最基本的保持数据的格式。BD-ROM 包括可记录的多种变种类型，目前有 BD-R、BD-RE 两种类型的刻录光盘。

2. 按照应用格式分类

该类光盘大致可分为以下四类：

(1) 音频(Audio)：CD-DA，DVD-Audio。

(2) 视频(Video)：CD+G、Photo CD、VCD、DVD-Video。

(3) 文档：可以是计算机数据(Data)或文本(Text)。

(4) 混合(Mixed)：音频、视频、文档等混合在一个盘上。

3. 按照读写限制分类

该类光盘大致可分为以下三类：

(1) 只读式：CD-DA、CD-ROM、VCD、DVD-ROM、BD-ROM。

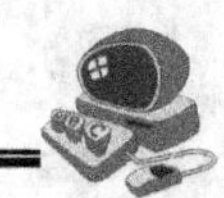

(2) 一次性写入，多次读出式：目前这种光盘以 CD-R 和 DVD±R 为主，还有最新的蓝光光盘 BD-R。

(3) 可读写式：目前这种光盘以 CD-RW、DVD±RW 和 DVD-RAM 为主，还有最新的蓝光光盘 BD-RE(Re-Erasable，可再次擦除)。

4．按照介质面/层分类

该类光盘大致可分为以下三类：

(1) CD：目前这种光盘均是单面单层，容量为 650 MB(基本已淘汰)、700 MB。

(2) DVD：目前这种光盘以单面单层的 D5 为主，容量为 4.7 GB；单面双层的 D9，容量为 8.5 GB；双面单层的 D10，容量为 9.4 GB；双面双层的 D18，容量为 17 GB，等等。

(3) 蓝光(Blu-ray)DVD：目前这种光盘有单面单层，容量为 23.3 GB、25 GB 和 27 GB，以及单面双层，容量为 50 GB，共四种规格。

4.4.3 刻录方式

光盘的刻录方式有五种：TAO、DAO、SAO、MS、PW。

(1) TAO：即 Track-At-Once，是指在一个刻录过程中逐个刻录所有轨道，如果多于一个轨道，则在上一轨道刻录结束后再刻录下一轨道，且上一轨道刻录结束后不关闭区段。

因为是用这种方式刻录各个轨道的，也就是说刻录前一轨道结束后，激光头要关闭，刻录下一轨道时再将其打开。因此，以 TAO 方式刻录的轨道之间有间隔缝隙。如果是数据轨道和音轨之间，则间隔为 2～3 s；如果是音轨之间，则间隔为 2 s。这一点对于刻录数据光盘没有影响。

以 TAO 方式刻录时，可以选择不关闭区段，以后还可以添加轨道到光盘的这一区段，一般用于音乐 CD 的刻录，而对数据光盘无效。没有关闭区段的音乐 CD 不能在 CD 或 VCD 播放机上播放，没有关闭的区段可以在刻录软件中进行关闭，关闭后就可以在 CD 或 VCD 播放机上播放了。

以 TAO 方式刻录时，除选择是否关闭区段外还可以选择是否关闭光盘。如果不关闭光盘，以后还可以继续追加刻录下一区段；如果选择关闭光盘，则无论光盘是否还有剩余空间，以后都不能再进行追加刻录，相当于给光盘进行了写保护。

(2) DAO：即 Disc-At-Once，是指在一个刻录过程中在一片光盘中刻入全部数据的方式，无论有多少轨道都可一气呵成。整张光盘可以刻满数据，也可以不刻满。

DAO 模式在刻录结束时自动关闭光盘，即使还有剩余空间也不能再进行追加刻录。DAO 方式在刻录多轨道时，在转换轨道之间不打开和关闭写激光头，可以清除轨道间的 2 秒间隔，这是与 TAO 方式的不同之处。

(3) SAO：即 Session-At-Once，是指在一个刻录过程中只刻录一个区段，且关闭区段并保持光盘不关闭，以后还可以继续追加刻录下一区段。

(4) MS：即 Multi-Session，这是多区段刻录方式。每个刻录过程只刻录并且关闭一个区段，剩余空间下次可以继续刻录下一区段。因此，往往光盘上存在多个区段，称为多区段光盘。如果光盘中只有一个区段，但光盘没有关闭，也可成为多区段光盘。这种方式多用于数据光盘的刻录，方便之处在于不必一次刻满整张光盘。

(5) PW：即 Packet Writing，CD-RW 盘片的刻录方式，是增量包写方式，是以 64 KB 的数据包为写入单位进行写操作，这也是 CD-RW 刻录类型所采取的唯一刻录方式。

4.5 刻录机的选购

随着刻录机和刻录盘片价格的大幅下降，刻录机已经成为电脑的标准配置。相比硬盘和 U 盘而言，虽然刻录盘片的容量没有可比性，但盘片的只读特性却能很好地防范病毒对数据的侵害，是重要数据理想的备份方式。正常情况下，盘片上的数据可以保存 100 年不变。而硬盘和 U 盘在使用时，由于其可读可写的特性，数据极易被病毒感染，一般只存放临时使用的数据。

目前，刻录机分为 CD 刻录机、DVD 刻录机和 BD 刻录机三大类，CD 刻录机已经趋于淘汰，BD 刻录机的价格还太高，现在应首选 DVD 刻录机。

现在，刻录机的主要生产厂家有十几家，如先锋、索尼、华硕、飞利浦、LG、三星、明基等。

4.5.1 选购刻录机时应注意的问题

1. 刻录速度

刻录速度是用户选购刻录机首先要关注的指标，因为刻录速度越快，刻录的时间就越短，工作效率越高。

DVD 刻录机能支持的刻录盘片种类很多，对应的刻录速度也很多。索尼 AD-7200S 刻录机的刻录速度如表 4-1 所示。

表 4-1 索尼 AD-7200S 刻录机的刻录速度

DVD±R 最大刻录倍速	20×
DVD+R DL 最大刻录倍速	8×
DVD-R DL 最大刻录倍速	12×
DVD-RW 最大刻录倍速	6×
DVD+RW 最大刻录倍速	8×
DVD-RAM 擦写倍速	12×
CD-R 最大刻录倍速	48×
CD-RW 擦写倍速	32×

DL 是 Dual/Double Layer 的缩写，即双层，也就是 D9 的盘片规格。

目前，建议首选主流的双 18× 或双 20× 的 DVD 刻录机，“双”是指刻录 DVD-R 的盘片和 DVD+R 盘片的速度相同。18× 或 20× 的 DVD±R 刻录光盘是目前主流的光盘，因为 DVD±R 刻录光盘是用户用得最多的刻录光盘。

48×及以上的 CD 刻录和 16× 及以上的 DVD 刻录称为高速刻录。高速刻录对系统环境有较高的要求，例如 CPU 速度、系统资源等，任何环节出错都可能导致刻录失败。因此，降速刻录是提高刻录成功率的方法之一。

2．缓存容量

刻录机的缓存具有重要意义，在刻录的过程中，所有数据都要首先从硬盘读取到缓存中，然后再刻录到光盘上。而这一过程必须是连续的，否则就会出现“Buffer Under Run”(运行欠载)错误，导致刻录失败。

目前，主流刻录机都采用 2 MB 的缓存容量，但部分刻录机还是采用了 8 MB 的大容量缓存，这让人更加放心。

3．防刻坏技术

根据刻录标准，光盘扇区之间的空隙不能大于 100 μm，一旦出现数据传输中断，就必须在 100 μm 内将数据接续并继续刻录，否则就会出现“Buffer Under Run”错误。

显然，单纯增大缓存容量并不是最好的解决方法，而采用先进的防刻坏技术才是解决之道，目前主要的防刻坏技术有 BURN-Proof、Just Link、Seamless Link、Power-Burn、Exact Link、Safe Burn 等。

BURN-Proof(Buffer Under Run-Proof)技术由三洋(SANYO)公司开发，可将刻录中断而导致的扇区空隙控制在 40～45 μm(12 倍速刻录)，虽然可以满足要求，但空隙还是过大。

Just Link 技术由理光(RICOH)公司开发，可将扇区空隙限制在 2 μm 左右，缺点是计算和同步化的过程需浪费 2 MB 左右的光盘容量。

Seamless Link 技术由明基(BenQ)公司和飞利浦(Philips)公司共同开发，所形成的扇区空隙不到 1 μm。另外，在重新开始刻录时不会浪费光盘容量。

SONY 公司的 Power-Burn 技术，空隙可以限制在 2～5 μm，并具备了自动降速的功能。

采用 Oak Technology 公司的 Exact Link 技术，空隙可降低到 1 μm。

采用 YAMAHA 公司的 Safe Burn 技术，可使空隙小于 1 μm，而且可以自动监测所要刻录的盘片，自动设定最佳的刻录速度。

4．盘片兼容性

要进行高速的刻录，仅仅有刻录机的支持还是不够的，使用的盘片还必须支持高速刻录。以目前主流的 18× 或 20× 的 DVD 刻录机为例，所使用盘片必须标明等于或大于刻录机的最大刻录倍速。如果盘片标明的最大刻录速度比刻录机的最大速度低，就只能使用盘片的最大刻录速度进行刻录，即就低不就高。

目前，流行的光盘格式和光盘品牌非常多，要保证刻录成功，就要求刻录机能够使用不同厂家的刻录盘片成功刻录不同格式的光盘。而检测盘片兼容性并没有最佳方法，一般来说，名牌大厂生产的刻录机由于经过了严格的质量检测，兼容能力会好一些；用户也可以先广泛进行试用对比，再决定购买方向。

5．刻录稳定性

高速的刻录必然会导致稳定性下降，而具有良好稳定性的刻录机能够在长时间的使用过程中保持稳定的、良好的刻录能力，毕竟刻坏一张盘就意味着浪费时间和金钱。为保证刻录稳定性，在选购过程中可以考虑刻录机所采用的机芯材料和减震技术。

1) 机芯材料

很多优秀的 CD-ROM 使用了全钢机芯，刻录机也是如此，对比普通的塑料机芯，全钢机芯无论是稳定性还是耐用性都有较大的优势。

2) 减震技术

高速刻录之所以会导致稳定性下降，主要的原因就是光盘高速旋转引起的震动，为此厂商开发了各种抗震系统，较为常用的有DDS(动态减震系统)、DDSS(双动态减震双悬吊系统)、DPSS(双悬浮动态减震系统)、WSS(游丝悬挂系统)、DTDS(四悬浮八角抗震系统)等，用户在购买的时候要注意这方面的介绍。

6．纠错能力

纠错能力通常是用户在购买CD-ROM时考虑的要点，其实刻录机有同样的要求，首先的原因是刻录机在一定程度上已经取代了CD-ROM的位置，另外进行整盘复制的时候也需要刻录机有较强的纠错能力。目前提高刻录机纠错能力的方法主要有以下一些。

1) AIEC技术

AIEC是Artificial Intelligence Error Correction(智能纠错)的缩写。其技术核心是厂商技术人员收集各种盘片的缺陷情况，并对这些缺陷进行研究、处理和计算，分别针对不同的缺陷开发相应的处理方法，再将这些处理方法存储在光驱的Firmware中。这样光驱在读盘的过程中，遇到缺陷就可以使用相应的解决方法，从而大大提高产品的纠错能力。该技术是目前最为有效的提高纠错能力的技术。

2) ADAAS技术

ADAAS是Auto Detect，Analyse，Adapt System(自动检测、分析及适应系统)的缩写。使用该技术的刻录机可以根据盘片的情况自动调整转速和激光头功率，除了可提高纠错能力之外，也可以有效降低工作时的震动和噪音。

3) 自动调节激光头发射功率

所谓自动调节激光头发射功率，就是指刻录机在使用过程中会根据光盘的情况，自动提高或者降低激光头的激光发射功率，这样读取数据的准确性会得到提高。

4) ABS

这里的ABS不是汽车上的防抱死系统，刻录机的ABS是Auto Balance System(自动平衡系统)的缩写。使用该技术的光驱在托盘下配置有一具钢珠轴承，主要针对那些偏心的光盘。光盘在旋转过程中因为偏心而难以保持平衡的时候，ABS系统可以保持光盘的稳定旋转，使得光驱的纠错能力得以提高。

用户在购买刻录机的时候，要正确理解所谓的超强纠错。出于目前国内的实际情况，很多光驱产品都号称自己具有“超强纠错”的能力，用户也对光驱产品的纠错能力特别关注。很多杂牌厂家就利用用户的这种心态，将自己的光驱的激光头功率调高，然后以“超强纠错”、“读盘王”等名义吸引用户购买。这些光驱虽然在使用初期有很好的读盘效果，但其使用寿命却非常短，因为把激光头功率调高后，会使激光头的使用寿命大大缩短。

7．其它方面

除了上面介绍的问题之外，还有一些容易令人忽视的地方。

1) Firmware(固件)能否升级

刻录机的Firmware就像主板的BIOS，通过升级Firmware可以有效提升性能和解决兼容性问题。优秀的刻录机产品都应该支持Firmware升级。

2) 刻录机接口

刻录机接口有 IDE 接口和 SATA 接口，但 SATA 接口已经在逐步取代 IDE 接口，因为现在的主板都带有多个 SATA 接口，不用进行跳线设置，是最佳选择。但是 USB 接口刻录机由于其外置性和易装卸性，也开始从笔记本电脑用户中渗透到普通桌面用户中，如图 4-6 所示。

图 4-6　USB 接口的外置刻录机

3) 噪音、防尘和散热

刻录机的噪音和热量同其速度是密切相关的，速度越高，噪音和热量就越大。噪音和热量也可以从另一方面体现稳定性，为提高稳定性所采取的措施对减少噪音和发热都很有帮助。灰尘的侵入会严重影响激光头等重要部件的灵敏度，而且有可能造成漏电、短路等故障。

同时，也有很多技术可以降低光驱的噪音和发热，例如明基光驱采用的气流导航系统，这种降温降噪技术可以在光驱高倍速运转时，将无法排除的气流因势利导，顺着切线方向前进，从而与外界充分隔开，达到降温降噪的功能。

8. 售后服务

刻录机属于“易耗品”，需要非常妥善的售后服务。过去厂家大多只提供三个月质保，现在，各著名品牌均延长了服务期限，不少著名大厂家都承诺三个月更换，一年保修的售后服务。由于刻录机可能存在与刻录软件及某些硬件的兼容问题，所以即使是在商家那里测试无误，拿回家里也可能出现无法顺利使用的情况。因此，周到的服务和技术支持，对用户是非常重要的。所以，广大用户在购买刻录机的时候，还需要看厂商是否提供完善的售后服务，不过各知名品牌刻录机的售后服务应该是可以让人放心的。

对于刻录机产品的选购，用户在购买时如果能够注意以上几点，相信一定能够选到自己满意的产品。

4.5.2　刻录光盘的注意事项及刻录技巧

1. 刻录过程中不运行其他程序

正常运行光驱会减慢计算机的运行速度，在使用刻录机来刻录光盘时，对系统资源消耗会更大，如果此时再运行其它程序，就有可能造成数据传输不顺畅，严重的甚至有可能导致系统繁忙，响应迟钝或者死机。因此，在刻录的过程中，尽量不要执行另外的程序。

2. 开始刻录时尽量先用慢速

尽管市场上流行的刻录机都支持 4 倍以上的速度来刻录光盘，但是速度太快可能造成刻录数据的不稳定，容易导致刻录的数据中断，严重的话有可能导致光盘报废。另外，较高的刻盘速度可能在数据传输的过程中产生较大的噪音，从而影响最终的光盘刻录效果和性能。因此，在开始尝试刻录时，一定要先使用比较慢的速度来刻录，看看在刻录过程中是不是有噪音出现或者其他不稳定的因素存在，一旦出现意外情况我们可以及时采取措施来补救，而不会毁坏光盘。在设置刻录速度时，一般的刻录软件都会提供多种倍速供选择，用户一般可以采用降速刻录方式。

3. 要保证刻录的数据连续

由于刻录机在刻录过程中，必须要有连续不断的资料供给刻录机刻录到光盘的空片上，如果刻录机在缓冲区中的数据已空而得不到数据补充，则会出现“Buffer Under Run”错误，就会导致刻录失败(盘片报废)。所以，我们在刻录之前一定要认真做好准备工作，确保刻录的数据保持完整和连续。

(1) 把需要刻录的一些文件都存放到同一个分区中，并且把该分区中不需要的文件删除掉，以便能腾出更多的硬盘空间。

(2) 对硬盘进行碎片整理操作，使文件不再零散地分布在硬盘上，文件能被快速检索，提高数据传输能力。

(3) 为了加快刻录的速度，可以在刻录前制作一个映像文件并放在硬盘中，然后再将该映像文件刻录到光盘中。

(4) 运行硬盘修复程序，可以使用 Windows 系统内置的 Scandisk 磁盘扫描程序，也可以使用其他专业的扫描程序，使硬盘不会出现读取错误。

(5) 在刻录前，启用防刻坏(死)技术，如索尼的 Power-Burn、理光的 Just Link、明基的 Seamless Link、Oak 的 Exact Link、雅马哈的 Safe Burn 等。

4. 刻录之前要关闭省电功能

通常刻录一张 CD 光盘可能需要 2～10 min 的时间，而刻录 DVD 光盘需要 10～20 min 的时间。如果在刻录的过程前启用了省电功能，有可能在刻录中会因计算机突然失去响应而停止工作，从而损坏盘片，因此，在刻录前要关闭省电功能。

5. 尽可能在配置高的机器上刻录

在多次刻录的实践中发现，在高性能的计算机上刻录的成功率要明显高于性能低的计算机，如果电脑的配置太低，刻录过程中要传输的大量数据会使机器负荷不了，从而导致刻录失败。

6. 硬盘的速度要稳定且容量要大

现在的光盘刻录机都是从硬盘上将数据先读入到刻录机的缓存中，然后再从缓存中写到盘片中的。因此，硬盘是否能稳定地传输数据对光盘刻录能否成功有极大的影响。所以，选择一个传输速度稳定的硬盘至关重要。另外，大容量的硬盘可以提供较大空间的硬盘缓冲区，从而确保数据流的连续性。

7. 刻录前最好先进行测试

尽管很多刻录机都支持直接写入功能，但为了保险起见，建议用户最好先使用模拟方式进行一次模拟测试，因为在测试的过程中，可能会有意想不到的情况发生，一旦出现问题，我们可以及时采取调整措施，并降低刻录的速度，直到故障全部排除为止。

8. 做好刻录前的准备工作

由于刻录工作是一项要求比较严格的工作，因此在刻录之前，要认真做好准备工作，排除一切可能影响刻录不稳定的因素。

(1) 使用杀毒软件来对电脑进行全面杀毒，否则病毒会随着刻录光盘传播。

(2) 关闭光驱的自动插入通告功能。

(3) 关闭屏幕保护程序。

(4) 暂停执行计划任务程序。

(5) 终止网络共享。

9. 尽量给被刻录的信息起英文文件名

市场上出现的刻录软件种类繁多，各款刻录软件的功能和使用要求也不完全一样，某些刻录软件不支持中文文件名，一旦遇到中文文件名，刻录就会出错。为了稳妥起见，将要刻录的文件名都改成英文名称，并且英文文件名称不能太长，光盘名称也使用英文名称。

10. 最好不要长时间刻录

在刻录的过程中，刻录机内部会发热，温度升高，长时间刻录会使激光头和盘片过热而导致刻录失败，同时还会缩短刻录机的使用寿命。

11. 使用自己熟悉的刻录软件

由于市场上的刻录软件五花八门，而且它们的刻录原理也并不完全相同，一些差的软件不恰当地使用缓存，就可能会经常烧坏盘片。另外，如果我们使用了不熟悉的刻录软件，就不能完全了解该刻录软件有什么特别之处，这个特别之处有可能就会成为刻盘成功的障碍。为此，建议大家挑选一款功能强的、自己比较熟悉的刻录软件，以避免出现突发故障。

12. 可以用 CD-RW 先进行试刻

由于 CD-RW 是可以重复擦写的，而且 CD-RW 也可以当作 CD-R 来使用，所以我们可以先将数据写到 CD-RW 上进行试验，等成功以后再写到 CD-R 上，这种方法最适用于制作一些特殊盘的情况，如制作自启动光盘、复制加密轨道光盘等。

13. 要使用质量好的空盘片

市面上的刻录盘品种繁多，让人看了眼花缭乱，好的盘片必须刻录稳定、正确，读取顺畅，保存性要好。并不是刻录成功的盘片就一定是好盘片，有的虽然能刻录成功，但却无法读取，或者是过了一段时间就会读取困难。另外，某些劣质的盘片甚至可能损伤刻录机，那就更得不偿失了。

14. 让刻录机处于通风的地方

由于刻录机在工作的过程中会产生相当的热量，因此要把刻录机放在一个通风良好的地方。还可采用在机箱中加装风扇、打开机箱等措施，来保证它具有良好的散热性，以便保证刻盘的成功率。

15. 妥善保护刻录好的盘片

为了保证刻录好的盘片能长时间使用，应该采取如下措施来保护刻录好的盘片：

(1) 禁止把盘片放置在有强光照射的地方。染料层长期被强光照射会改变其性能，使其稳定性降低，从而导致读取困难。

(2) 禁止在盘片上贴标签。如果在盘片上贴标签，则当光盘在光驱中高速旋转时，会产生重心不稳的情况，从而产生噪音，影响读取的稳定性。如果标签掉入光驱中，还会影响光驱的运行。

(3) 避免盘片刮伤。刻录盘片的两面都怕刮，上层的资料面要是被刮伤了，会伤及资料

储存用的染料层，数据就有可能不能读取。

(4) 注意防水防潮。长期放在潮湿阴暗的环境中，刻录面会生出一层霉菌，如果擦不掉，也会影响数据的读取，严重的可能使盘片报废。

4.6 刻录光盘

近年来，随着宽带互联网和多媒体应用的迅速普及，人们对数据的存储和交换有了更高的要求，主流 CD 刻录机的速度在短短几年的时间里，迅速攀升到 52 倍速以上，DVD 刻录机的速度也达到了 24 倍速，而与之对应的光盘刻录软件也迅速走向成熟，光盘刻录技术和产品已经成为数据存储和交换的重要手段。

刻录离不开刻录软件，现在大部分刻录机都捆绑了 Nero 刻录软件，该软件是德国的 Ahead 公司开发的一款 ISO 类综合刻录软件，目前使用得最多的版本是 Nero 7 和 Nero 8，现在最新的版本是 Nero 9。

Nero 刻录软件支持中文长文件名刻录，同时支持 IDE 和 SATA 接口的刻录机，可刻录多种类型的光盘。使用 Nero 可以轻松地制作数据 CD、音乐 CD、VCD、SVCD 和 DVD 光盘，是一个相当不错的光盘刻录软件。从 Nero 7 开始，支持最新的 HD DVD 和 BD 刻录机。

下面以 Nero 7 Premium 为例，介绍其使用方法，本机使用 SONY DVD RW DRU-835A 刻录机。Nero 7 Premium 主界面如图 4-7 所示。

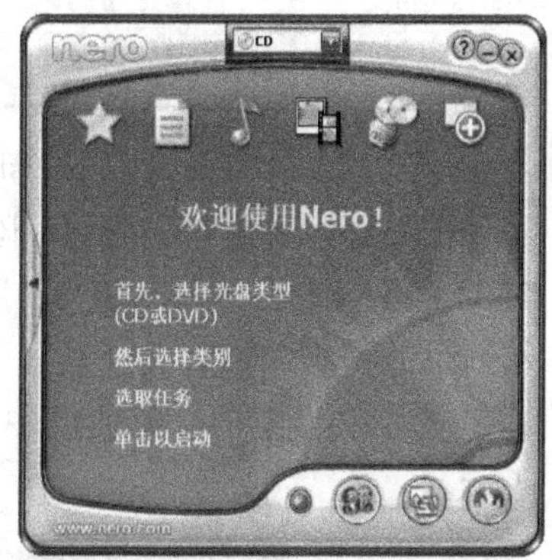

图 4-7　Nero 7 Premium 主界面

4.6.1 复制 CD 光盘

通过 Nero 复制 CD 光盘的步骤如下：

(1) 启动 Nero 7 Premium，在主界面上首先选择光盘类型。单击 Nero 7 Premium 主界面上的 CD/DVD 下拉列表，选择“CD”光盘类型，如图 4-8 所示。

(2) 将鼠标移到“备份”图标上，出现“备份”界面，如图 4-9 所示。

图 4-8　选择光盘类型

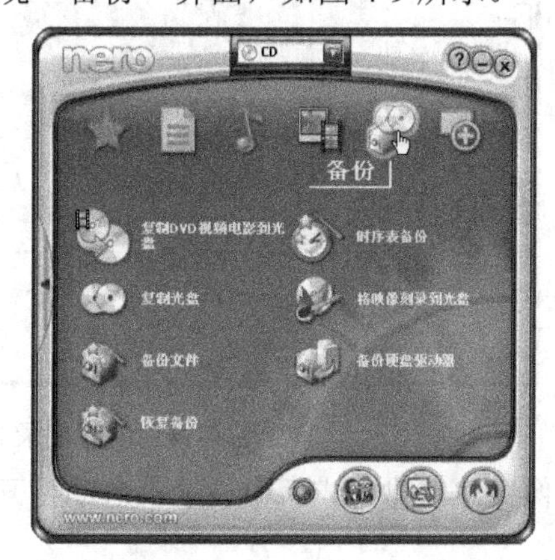

图 4-9　“备份”界面

单击“复制光盘”选项，弹出“选择来源及目的地”对话框，如图 4-10 所示。

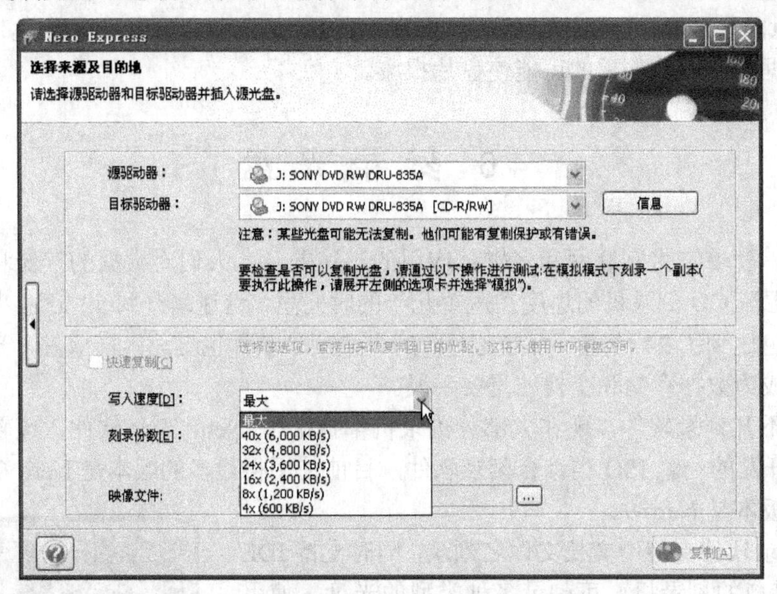

图 4-10　“选择来源及目的地”对话框

在“源驱动器”和“目标驱动器”下拉列表中，选择本机使用的刻录机“SONY DVD RW DRU-835A”；在“写入速度”下拉列表中，选择默认值“最大”；在“刻录份数”栏中，输入刻录的份数，默认为 1 份。

(3) 将母盘放入刻录机中，单击“复制”按钮，创建要刻录的映像文件，如图 4-11 所示。

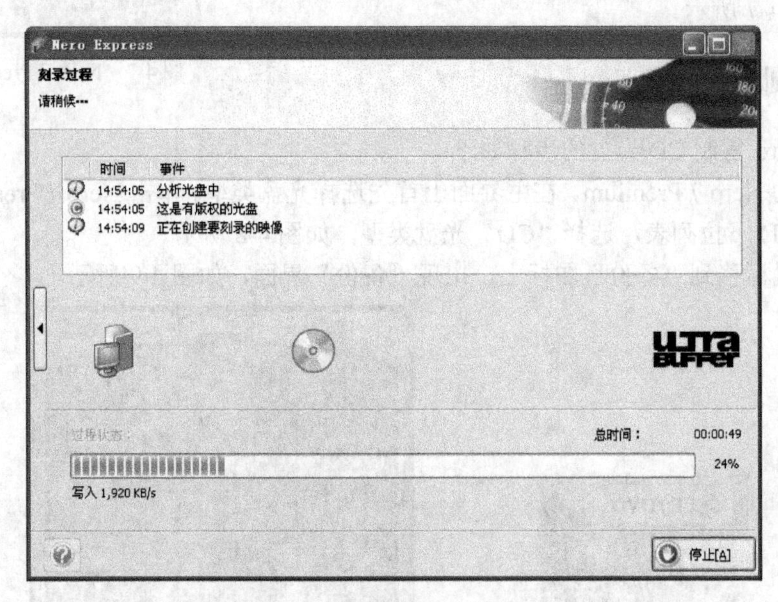

图 4-11　创建刻录的映像文件

(4) 在映像文件创建完成后，刻录机自动打开舱门，同时弹出“等待光盘”对话框，如图 4-12 所示。

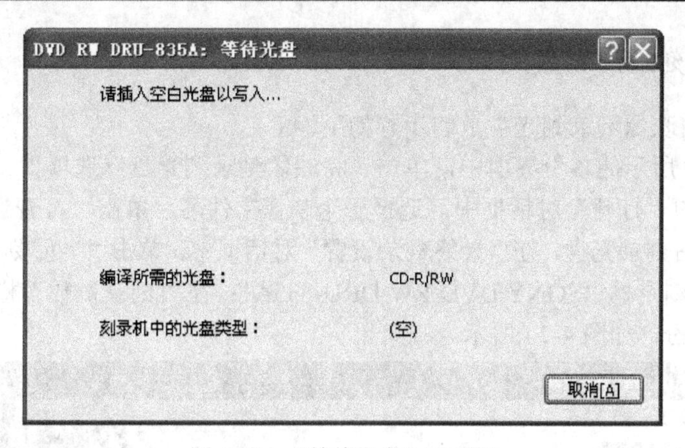

图 4-12 “等待光盘”对话框

取出母盘，放入空白光盘，可以是CD-R或CD-RW光盘，关闭光驱舱门，自动进入刻录(写入)操作。刻录结束后，弹出“刻录完毕”对话框，单击“确定”按钮。

4.6.2 制作映像文件

如果用户手上没有现成的空白刻录光盘，也可以先将母盘制作成映像文件放在硬盘中，待有空白刻录光盘时再刻录到光盘上。具体制作步骤如下：

(1) 重复“复制 CD 光盘”中的步骤(1)和(2)，在图 4-10 所示的“选择来源及目的地”对话框中单击“目标驱动器”下拉列表，选择“Image Recorder [CD-R/RW]”，如图 4-13 所示。

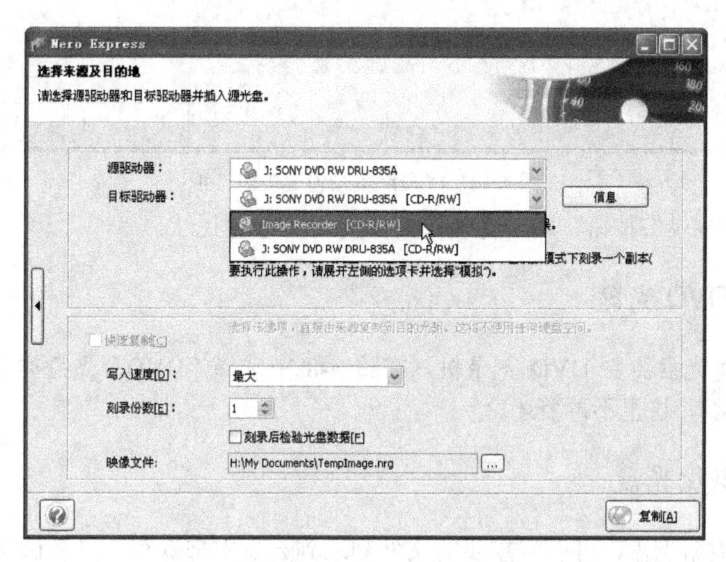

图 4-13 选择“Image Recorder [CD-R/RW]”

(2) 将母盘放入刻录机中，单击“复制”按钮，弹出“保存映像文件”对话框，选择保存位置，输入一个要创建的映像文件名，默认为“Image”，其后缀为“.nrg”，单击“保存”按钮，开始创建映像文件。刻录结束后，弹出“刻录完毕”对话框，单击“确定”按钮。

4.6.3　将映像刻录到光盘上

通过 Nero 将映像刻录到光盘上的步骤如下：

(1) 在图 4-9 所示的备份界面中，单击“将映像刻录到光盘”选项。

(2) 在弹出的“打开”对话框中，选择一个映像文件名，单击“打开”按钮。

(3) 放入空白刻录光盘，在“最终刻录设置”对话框中，单击“当前刻录机”下拉列表，选择本机使用的刻录机“SONY DVD RW DRU-835A”；在“刻录份数”栏中，输入刻录的份数，默认为 1 份，如图 4-14 所示。

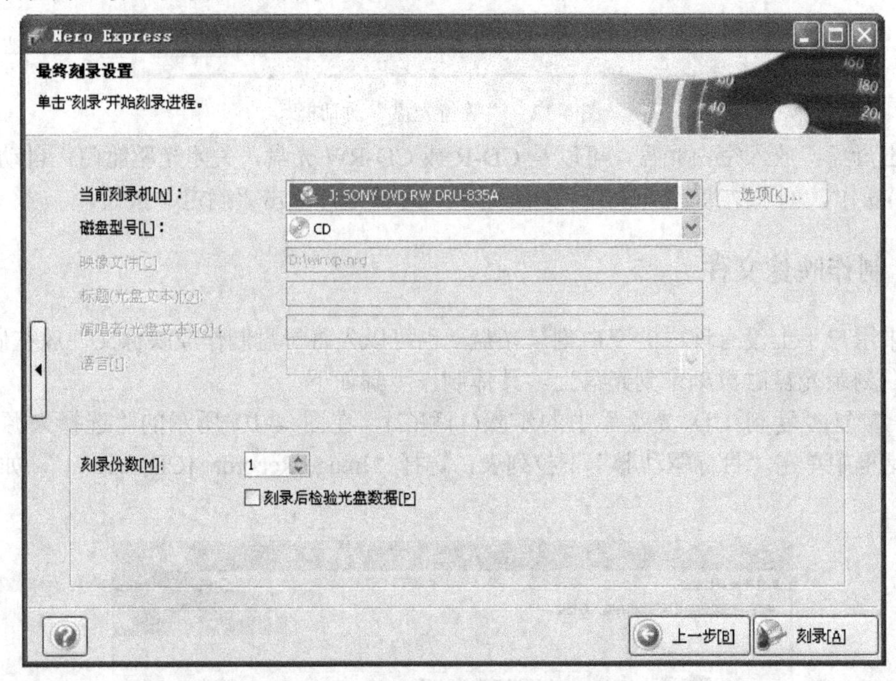

图 4-14　“最终刻录设置”对话框

(4) 单击“刻录”按钮，即可将映像文件刻录到光盘上。

4.6.4　复制 DVD 光盘

复制 DVD 光盘需要 DVD 刻录机。在图 4-8 中选择“DVD”光盘类型，其他步骤同“复制 CD 光盘”，这里不再赘述。

4.6.5　制作数据光盘

通过制作数据光盘，可以将重要的文件刻录到光盘中来保存，是备份文件的一种重要方式。同时还可以制作出可引导的光盘。

1．制作普通数据光盘

下面的操作是制作 CD 数据光盘，DVD 数据光盘的制作与之相同。

(1) 在图 4-7 所示的 Nero 7 Premium 主界面上，将鼠标移到“数据”图标上，出现“数据”界面，如图 4-15 所示。

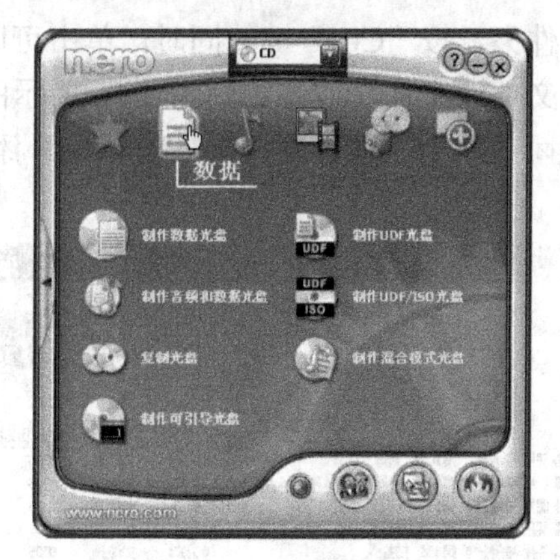

图 4-15 “数据”界面

(2) 单击“制作数据光盘”选项，弹出“光盘内容”对话框，如图 4-16 所示。

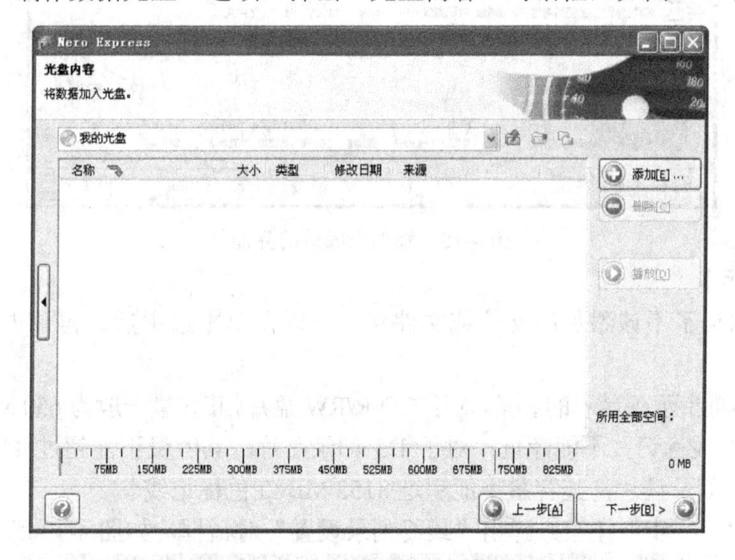

图 4-16 “光盘内容”对话框

(3) 单击“添加”按钮，弹出“添加文件和文件夹”对话框，如图 4-17 所示。

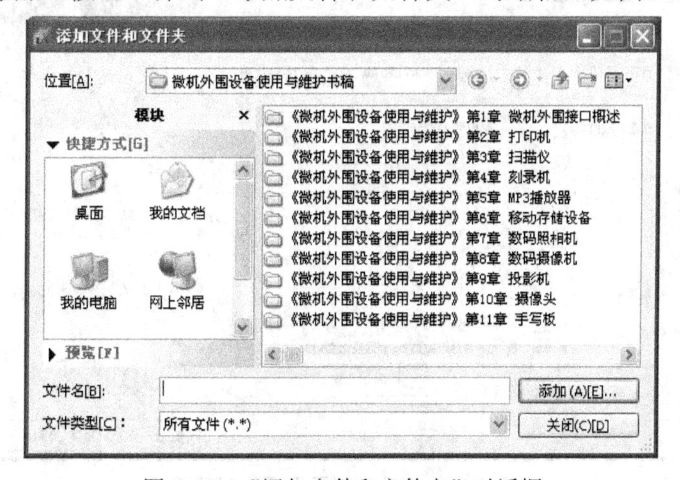

图 4-17 “添加文件和文件夹”对话框

单击要添加的文件或文件夹，按“Ctrl”键的同时，单击可以同时选中多个文件或文件夹，再单击“添加”按钮，文件或文件夹被添加到图4-16所示的“光盘内容”对话框中。然后单击“关闭”按钮，关闭“添加文件和文件夹”对话框。添加完成后的界面如图 4-18 所示。

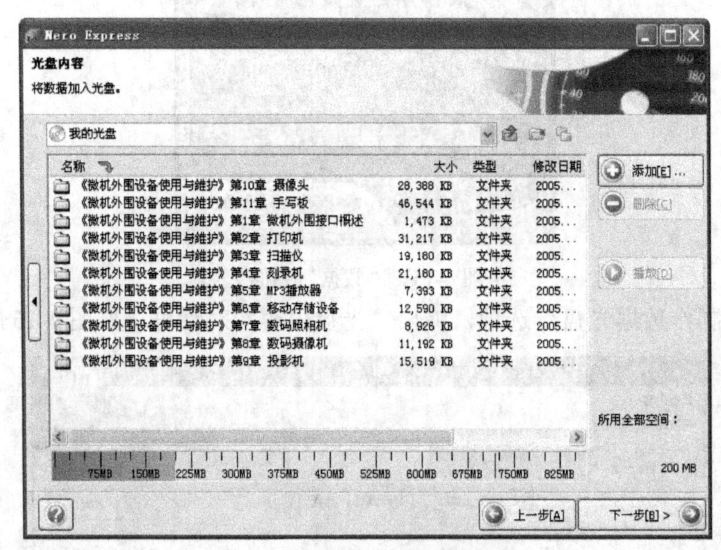

图 4-18　添加完成后的界面

【特别提示】

① 如果添加了不该添加的文件或文件夹，可以在单击选中后，再单击“删除”按钮来进行删除。

② 注意容量指示条显示的容量，对于 CD-R/RW 盘片，其容量一般为 650 MB 和 700 MB，分别用黄线和红线标记，不能超过；对于 D5 刻录盘片，其容量不能超过 4483 MB 红色标记线；对于 D9 刻录盘片，其容量不能超过 8152 MB 红色标记线。

(4) 单击“下一步”按钮，弹出“最终刻录设置”对话框，如图 4-19 所示。

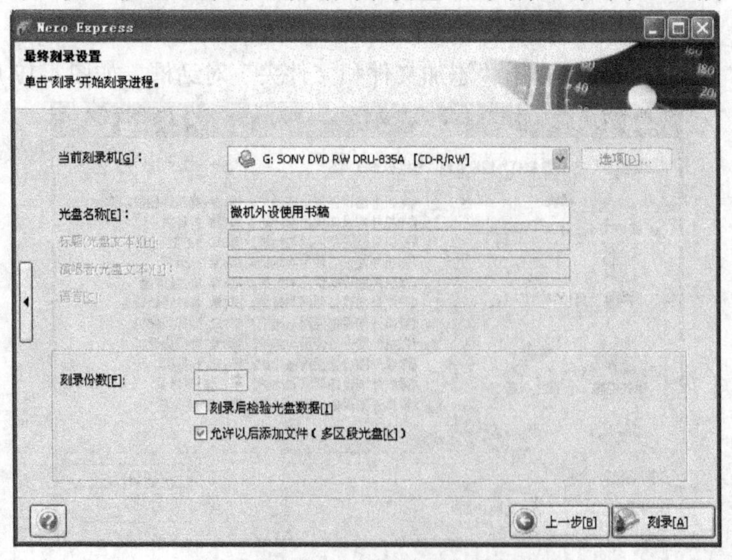

图 4-19　“最终刻录设置”对话框

选中“允许以后添加文件”复选项，以便日后追加数据刻录(在写入的数据不足光盘容量时)，若不选此项将不能再追加数据，即封口。

在“光盘名称”栏中，输入光盘名称，最多为 16 个字符或 8 个汉字，默认为“我的光盘”。

在“当前刻录机”下拉列表中，选中本机使用的刻录机。

(5) 在刻录机中放入一张空白光盘，单击“刻录”按钮，开始刻录。

2. 制作可引导光盘

如果用户想通过光驱来使用 DOS 引导系统启动，可以通过 Nero 制作可引导光盘。

在 Nero 6 及以前的版本中，制作可引导光盘前，必须先在 Windows 98 SE 中制作一张启动盘，并将该启动盘插入 A 驱动器中，现在的 Nero 7 Premium 中已经集成了 DOS 引导的映像文件，使制作可引导光盘变得非常简单。

由于 Nero 7 Premium 中 DOS 引导的映像文件只有 1.44 MB，如果只将其刻录到光盘中制成可引导光盘，显然是一种浪费，为此，可以将一些在 DOS 中使用的常用工具软件，如 DM、GHOST、PQMAGIC 等软件刻录到该引导光盘中，制作成一张可引导的 DOS 工具软件光盘，为以后的重装系统或维护电脑提供方便。具体制作步骤如下：

(1) 建立一个文件夹，将在 DOS 下使用的工具软件放在该文件夹中，如命名为“tools”，注意，该文件夹和文件夹中的软件只能用英文字符命名，不超过 8 个字符，如果使用中文名，在 DOS 中将不能显示。

(2) 在图 4-15 所示的数据界面中，单击“制作可引导光盘”选项，弹出“新编辑”对话框，如图 4-20 所示。

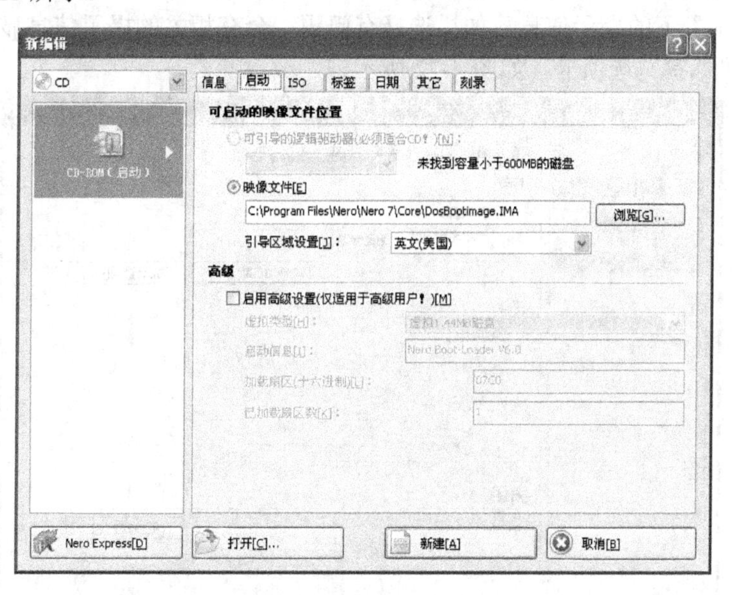

图 4-20　“新编辑”对话框—“启动”选项卡

单击“映像文件”栏后的“浏览”按钮，选择 Nero 7 Premium 中集成的 DOS 引导映像文件，如果 Nero 7 Premium 装在 C 盘中，则其路径为 C:\Program Files\Nero\Nero 7\Core。

不选“高级”下的“启用高级设置(仅适用于高级用户！)”复选框。

(3) 单击“ISO”选项卡，如图 4-21 所示。

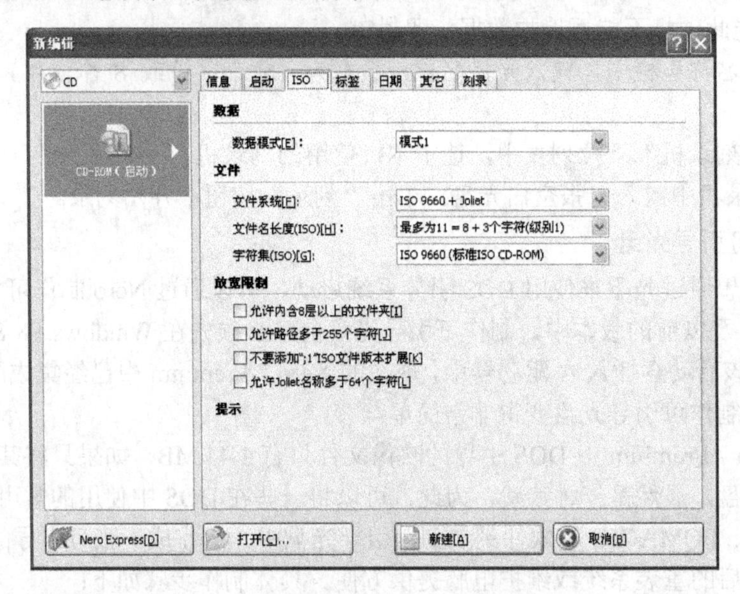

图 4-21　“新编辑”对话框—“ISO”选项卡

在“文件系统”下拉列表中，选中“ISO 9660+Joliet”。

在“文件名长度(ISO)”下拉列表中，选中“最多为 11=8+3 个字符(级别 1)”。

在“字符集(ISO)”下拉列表中，选中“ISO 9660(标准 ISO CD-ROM)”。

不选“放宽限制”下的所有复选框。

注意“提示”下的提示信息，如果选择有问题，会有相关的提示信息显示。

(4) 单击“标签”选项卡，如图 4-22 所示。

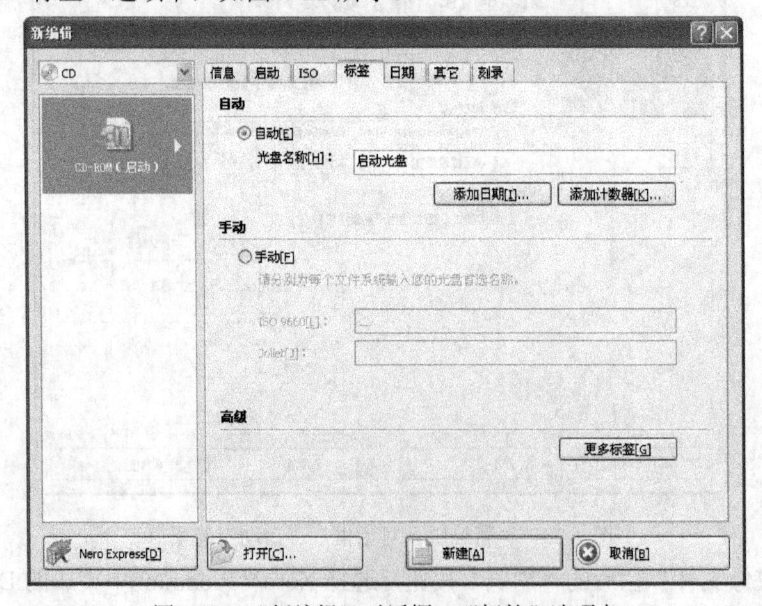

图 4-22　“新编辑”对话框—“标签”选项卡

选中“自动”单选框，在“光盘名称”栏中输入光盘名称，如“启动光盘”。

(5) 单击“新编辑”对话框中的“新建”按钮，弹出“ISO1－Nero Burning ROM”窗口，如图 4-23 所示。

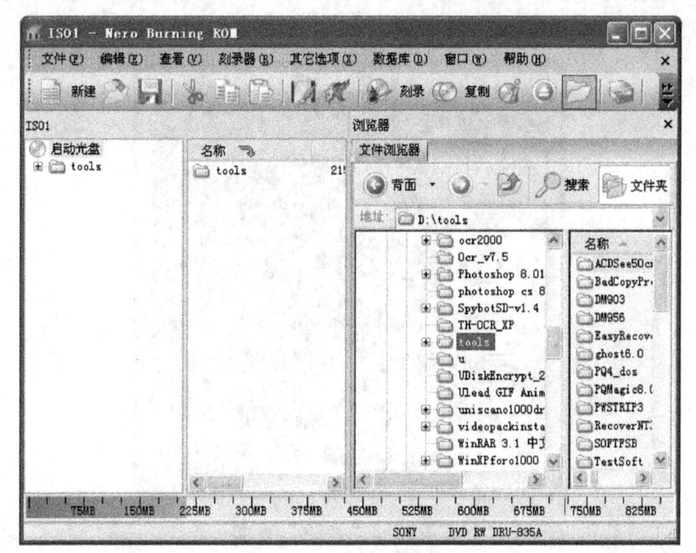

图 4-23　“ISO1－Nero Burning ROM”窗口

将 DOS 下使用的工具软件的文件夹“tools”拖放到左边的窗口中。

(6) 单击工具栏上的“刻录”按钮，弹出“刻录编译”对话框，如图 4-24 所示。

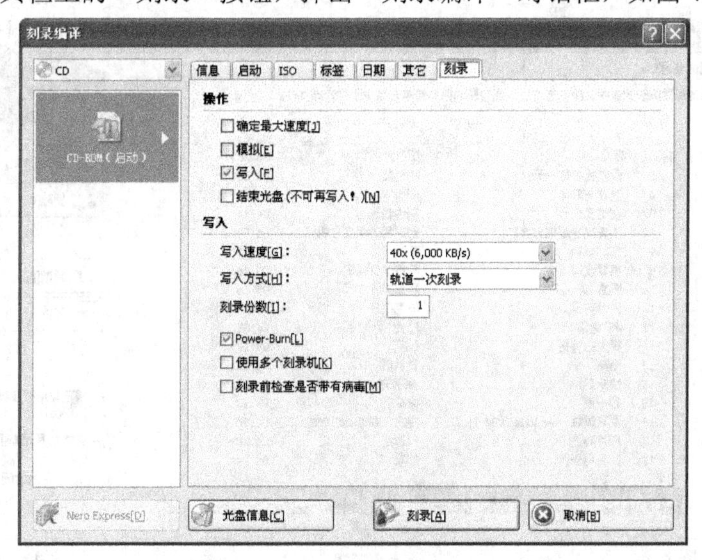

图 4-24　“刻录编译”对话框

分别切换到“启动”、“ISO”、“标签”和“刻录”选项卡，最后一次查看设置，在刻录机中放入一张空白光盘，单击“刻录”按钮，开始刻录。

4.6.6　制作音乐 CD 光盘

可以将 .MP3、.WAV、.WMA、.AAC 等音频文件刻录成音乐 CD 光盘，即音轨，在 CD 播放机、VCD/DVD 播放机中播放音乐，如同在音像商店购买的 CD 音乐光盘一样。具体制

作步骤如下：

(1) 在图 4-7 所示的 Nero 7 Premium 主界面上，将鼠标移到“音频”图标上，出现音频界面，如图 4-25 所示。

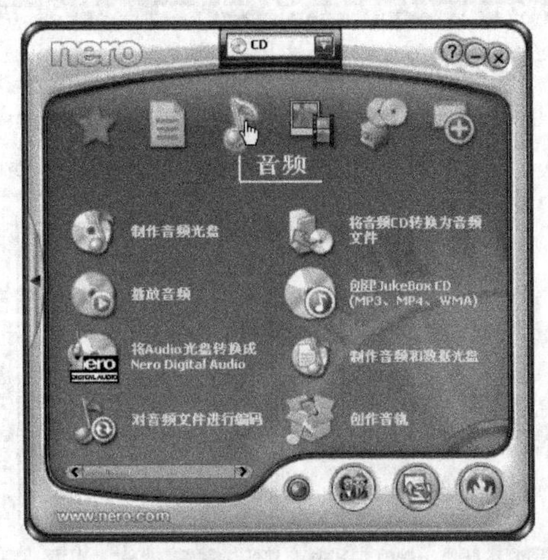

图 4-25　“音频”界面

(2) 单击“制作音频光盘”选项，弹出“我的音乐 CD”对话框。

(3) 选中“规范化所有音频文件”复选框，以保证音频质量。单击“添加”按钮，添加音频文件，如图 4-26 所示。

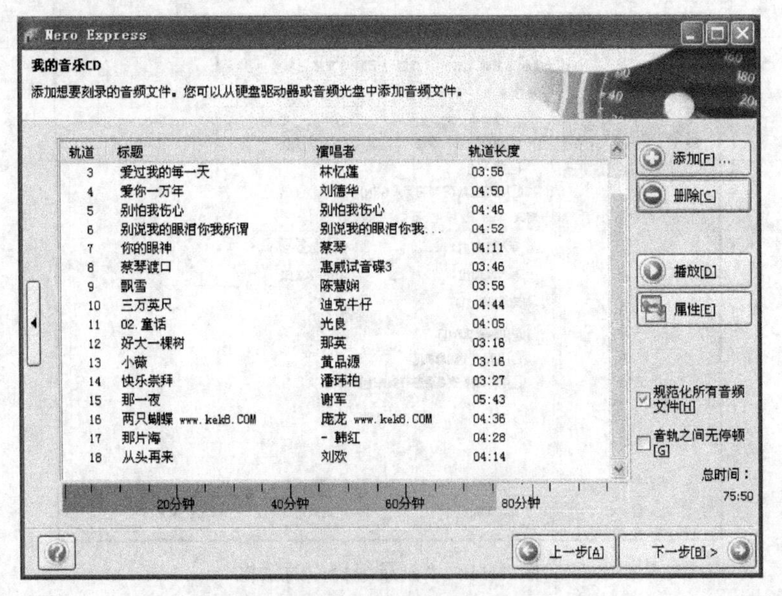

图 4-26　“我的音乐 CD”对话框

(4) 其后的步骤同“制作数据光盘”。

【特别提示】

① 制作音乐光盘时，一般只能添加 18 首左右的歌曲。

② 对于 650 MB 光盘，不能超过 74 分钟(黄线标记)；对于 700 MB 光盘，不能超过 80 分钟(红线标记)。

4.6.7 制作视频光盘

可以将 .avi、.asf、.dat、.mpg、.mp4、.vob 等视频文件刻录到光盘上，通过 VCD/DVD 播放机播放视频。

使用 Nero 不仅可以制作 VCD/SVCD 光盘，还可以制作 DVD 光盘，其制作方式类似，在这里主要介绍 VCD 光盘的制作。具体制作步骤如下：

(1) 在图 4-7 所示的 Nero 7 Premium 主界面上，将鼠标移到“照片和视频”图标上，出现“照片和视频”界面，如图 4-27 所示。

图 4-27 “照片和视频”界面

(2) 单击“制作 VCD”选项，弹出“创建和排列项目的影片”对话框，如图 4-28 所示。

图 4-28 “创建和排列项目的影片”对话框

该对话框右侧的“您想做什么？”包含以下选项：

● 捕获视频：通过 IEEE 1394 接口与摄像机将捕获的视频连接到项目中。

● 添加视频文件：将硬盘或光盘中的视频添加到项目中。

● 制作电影：使用 Nero 提供的视频、音频编辑功能，编辑视频、音频，并添加特殊效果，制作完成后添加到项目中。

- 制作新幻灯片：将图片文件组织成一段视频，如同幻灯片效果。
- 从硬盘导入 AVCHD：将硬盘、存储卡上的 AVCHD(高清 DVD 格式)添加到项目中。
- 导入光盘：选择用于导入的源驱动器，并将光盘中的视频文件导入到硬盘中，再添加到项目中。
- 编辑电影：编辑目录中选中的视频文件。
- 创建章节：添加、修改或自动检测影片的章节。

在“容量信息”下拉列表中，选择“CD(80 分钟)”或“CD(74 分钟)”。

(3) 单击“添加视频文件”选项，弹出“打开”对话框，在该对话框中添加视频文件。添加视频文件后的“创建和排列项目的影片”对话框如图 4-29 所示。

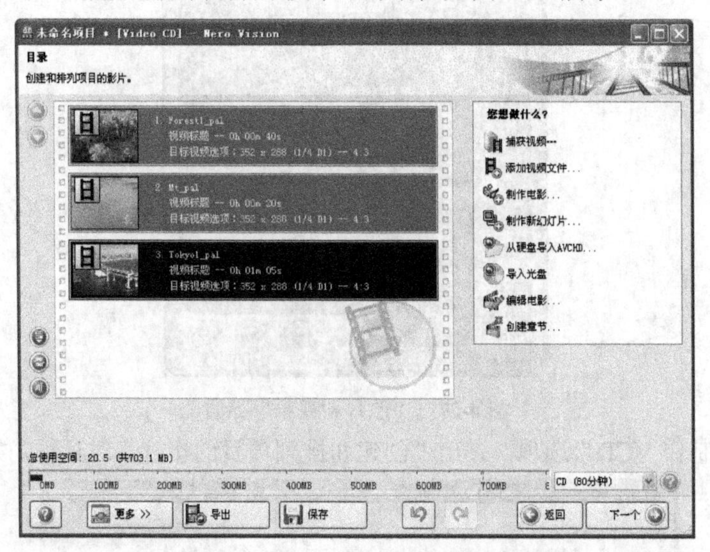

图 4-29　添加视频文件后的“创建和排列项目的影片”对话框

(4) 单击“下一个”按钮，弹出“选择菜单”对话框，如图 4-30 所示。

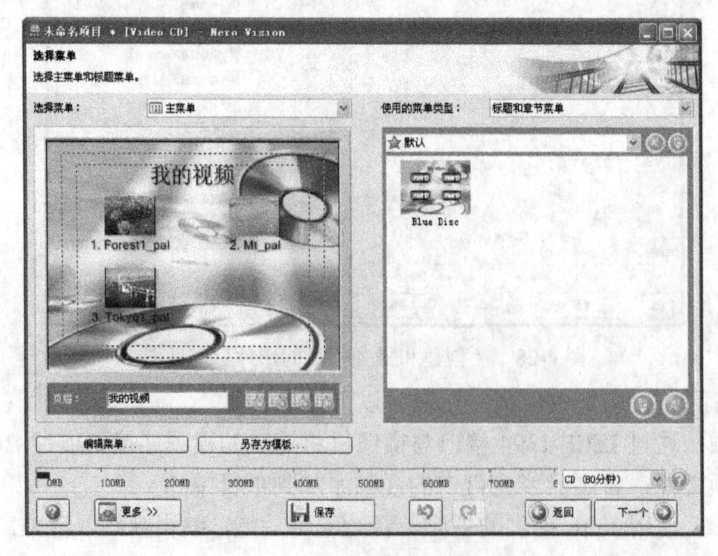

图 4-30　“选择菜单”对话框

用户可以使用 Nero 默认的模板，也可以在 Nero 的网站上下载更多的模板。

在“使用的菜单类型”下拉列表中包含以下选项：

- 标题和章节菜单：显示标题和章节菜单，通过选择标题或章节进行播放。(本例选择标题和章节菜单)。
- 仅标题菜单：只显示标题菜单，通过选择标题进行播放。
- 不创建菜单：无菜单显示，直接按影片的顺序播放。

“编辑菜单”按钮：可以对菜单的配置、背景、按钮、字体等进行修改。

“另存为模板”按钮：将自定义模板保存，以便以后调用该模板。

(5) 单击“下一个”按钮，弹出“预览”对话框，如图 4-31 所示。

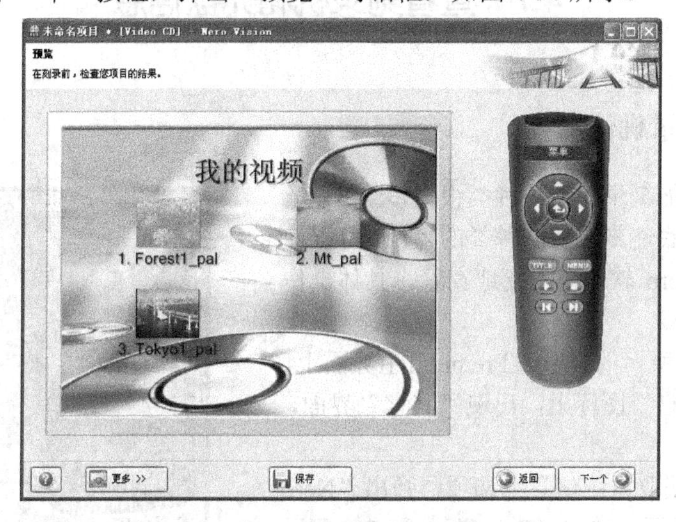

图 4-31 “预览”对话框

通过右面的控制面板，检查项目最后的结果。

(6) 单击“下一个”按钮，弹出“刻录选项”对话框，用于设置刻录参数，如图 4-32 所示。

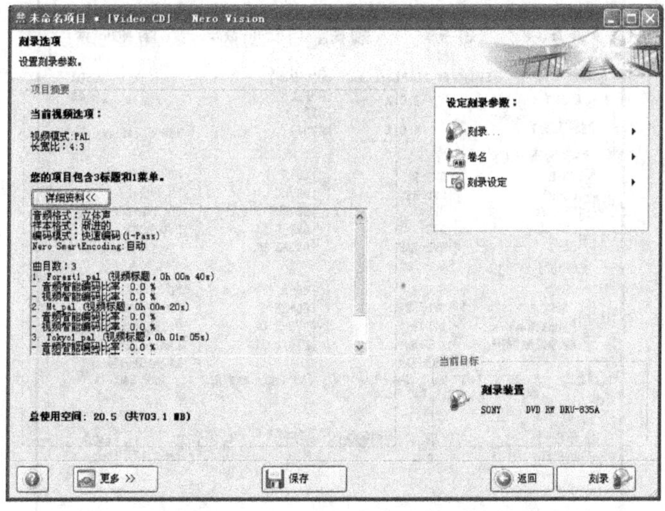

图 4-32 “刻录选项”对话框

将鼠标移到“刻录”菜单上，在弹出的子菜单中选择“使用刻录机刻录或映像文件刻录”。

将鼠标移到“卷名”菜单上，在弹出的子菜单中输入光盘名称，一般输入英文字符。

将鼠标移到“刻录设定”菜单上，在弹出的子菜单中选择“刻录速度”、“写入”、“使用缓冲欠载保护”、“模拟刻录”等选项，一般选中“写入”和“使用缓冲欠载保护”选项。

(7) 放入空白光盘，单击“刻录”按钮，开始刻录。

4.7　查看刻录机和光盘信息

4.7.1　查看刻录机信息

由于刻录机能刻录的盘片种类很多，要想知道自己的刻录机到底能刻录哪些种类的盘片，可以使用上面介绍的 Nero 软件很方便地查看。具体操作步骤如下：

(1) 在图4-7所示的Nero 7 Premium主界面上，将鼠标移到“其它”图标上，出现“其它”界面，如图 4-33 所示。

(2) 单击“获取系统信息”选项，弹出“Nero InfoTool 4”对话框，单击“Drive”选项卡，可以看到该刻录机详细的信息，如图 4-34 所示。

图 4-33　“其它”界面

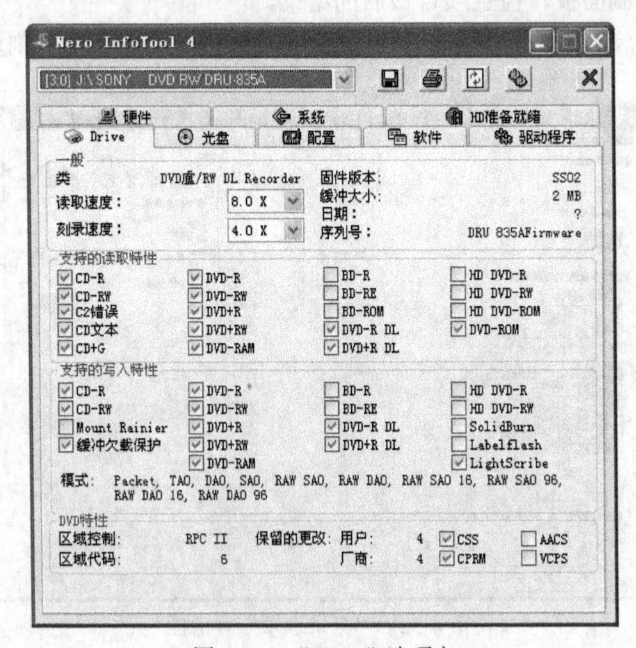

图 4-34　“Drive”选项卡

可以看到，该DVD刻录机可以刻录CD-R、CD-RW、DVD±R、DVD±RW、DVD-RAM和DVD±R DL的盘片，支持光雕，但不支持高清DVD盘片的刻录。

4.7.2 查看光盘信息

在购买刻录盘片时，不少奸商会以低倍速冒充高倍速，使用Nero同样可以查看光盘的信息。在图4-34中，单击“光盘”选项卡，就能看到放入刻录机中的刻录光盘的信息，如图4-35所示。

图4-35 “光盘”选项卡

可以看到，该光盘是一张空白DVD-RW光盘，单层，最大刻录倍速为4×，容量为4.38 GB(也就是D5的盘片)。此外，还能看到制造商的ID等信息。

在图4-33所示的“其它”界面上，单击“测试驱动器”选项，也能看到光盘的信息。

实际购买时，商家可能不会让用户安装Nero，用户可以下载DVDInfoPro这款小软件，容量只有1.5 MB左右。安装运行后，单击主界面工具栏上的“Media”按钮，即会显示光盘信息，如图4-36所示。

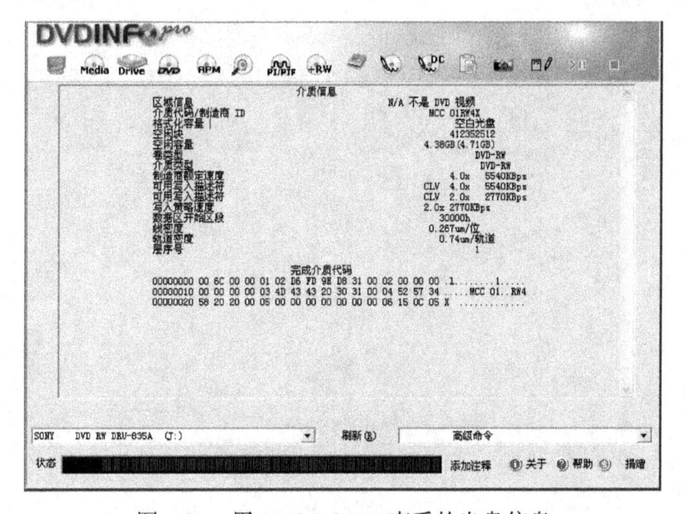

图4-36 用DVDInfoPro查看的光盘信息

思考与训练

1. 光驱的工作原理是什么？
2. 光驱有哪些种类？
3. 盘片有哪些种类？
4. 请说出你对纠错能力的理解。
5. 为什么要降速刻录？
6. 可引导光盘有什么作用？如何制作可引导光盘？
7. 按不超过 200 元的标准，选购一款刻录机，并说出购买理由。
8. 除了 Nero 刻录软件外，你还知道哪些刻录软件，各有什么特点？

第5章　数码播放器

本章要点

☑ MP3 音频格式的概念
☑ MP3 播放器的分类
☑ MP3 音频格式压缩方法简述
☑ MP3 播放器的工作原理
☑ MP3 播放器主控芯片简介
☑ MP3 播放器的选购
☑ MP3 音频文件的制作
☑ 视频 MP3 与 MP4 的区别
☑ MP3 播放器的使用
☑ MP3 播放器常见故障诊断
☑ MP4 播放器的概念
☑ MP4 播放器的分类
☑ MP4 播放器主控芯片简介
☑ MP4 播放器的选购

人们对在户外聆听美妙的音乐的追求是无止境的。早在 20 世纪 80 年代出现 CD(数字激光唱盘)时，就有了 CD 随身听。在磁带开始流行后，又出现了磁带随身听和 MD 随身听。由于当时随身听的体积和重量都比较大，电池工作的时间比较短，特别是音源(CD、磁带、MD)要购买，使用的成本比较高，只有部分有实力的用户能够拥有。90 年代，在电脑开始逐渐普及后，出现了 MP3 播放器，这种体积小、重量轻、电池使用长的播放器一经出现，就受到了用户的追捧。特别是互联网普及后，喜欢的歌曲可以在网上随意地、免费地下载，MP3 播放器出现了空前的繁荣，2003～2004 年达到了最高潮(当时有几千家公司在生产，包括数不清的生产作坊)。但当用户已不再满足 MP3 播放器只能听的单一功能后，又出现了能播放视频的 MP4 播放器。由于 MP4 播放器不仅能播放视频，而且同样能播放音频，MP3 播放器的市场占有率受到了挑战。从 2007 年开始，MP3 播放器的销量逐步下滑，为了能再度吸引用户，一些厂家又推出了视频 MP3 播放器，MP4 播放器的生产厂家随后也推出了高清 MP4 播放器。竞争还在继续，但受益的是用户，因为用户有了更多的选择余地。

本章讲述的数码播放器包括 MP3 和 MP4 播放器。

5.1　MP3 播放器

MP3 音频格式是网上最为流行的音频格式之一，用户通过网络可以非常方便地将 MP3 歌曲下载到 MP3 播放器中，然后就可以在户外聆听美妙的音乐。随着 MP3 播放器价格的不断下降，性能不断提高，功能不断增强，拥有一部 MP3 播放器对于普通用户已不再是一件难事。

5.1.1　MP3 音频格式的概念

MP3 音频格式诞生于 20 世纪 80 年代，全名是 MPEG Audio Layer 3，是 MPEG 当初和影像压缩格式同时开发的音频压缩格式。MPEG 是 Moving Pictures Expert Group(运动图像专家组)的缩写。

MPEG Audio Layer 1 主要用于数字卡座。

MPEG Audio Layer 2 主要用于数字音频广播、数字演播室和 VCD 影像的音频压缩等数字音频专业的制作、交流、存储和传送。

MPEG Audio Layer 3 是综合了 MPEG Audio Layer 2 和 ASPEC 的优点而提出的混合压缩技术，其音频质量最好，主要用于 MP3 音频压缩，其典型的码流为每通道 64 kb/s。编码虽不利于实时传送，但能在低编码速率下有高品质的音质，所以成为网上音乐的宠儿。

除了常见的 MP3 音频格式外，还有 WMA 音频格式。WMA 的全称是 Windows Media Audio，它是微软公司推出的与 MP3 格式齐名的一种新的音频格式。由于 WMA 在压缩比和音质方面都超过了 MP3，即使在较低的采样频率下也能产生较好的音质，同时，微软的 Windows Media Player 可以支持该格式的播放，所以，WMA 一经推出就赢得了音乐爱好者的好评，已经成为网上音乐的主要格式之一。

5.1.2　MP3 播放器的分类

按屏幕颜色分，MP3 播放器可以分成单色屏、双色屏和彩色屏，单色屏的已经被淘汰。

按功能分，MP3 播放器可以分成只能播放音频的普通 MP3 和带视频播放功能的视频 MP3。视频 MP3 都是彩色屏的。

5.1.3　MP3 音频格式压缩方法简述

MP3 采用了有损压缩算法，其压缩比大约在 10～12 倍之间，1 分钟的 CD 音乐经 MP3 压缩后，只需要 1 MB 左右的存储空间。一张 700 MB 的光盘可以存储 700～840 分钟的音乐。虽然压缩比如此之高，但音乐的品质依然有较好的表现，这主要是利用了人类听觉掩蔽效应(Masking Effect)的缘故。

MP3 压缩编码是一个国际性全开放的编码方案，该方案有多种。

MP3 音频格式的压缩过程比较复杂，下面以 MP3 单声道编码制作过程流程图(见图 5-1)为例，对其压缩方法进行简述。

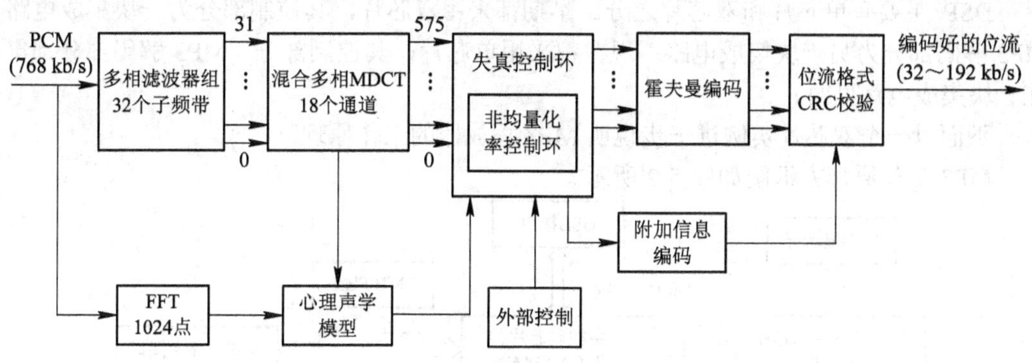

图 5-1 MP3 单声道编码制作过程流程图

PCM(脉冲编码调制)信号首先经过多相滤波器组，将声音信号分成 32 个频宽大小相同的子频带；PCM 信号的另一路经过 FFT(快速傅立叶转换)，将信号从时间轴转换到频率轴后，信号进入心理声学模型中，为其提供频率电平信息作为参考；32 个子频带信号进入混合多相滤波器组中进一步细分，混合多相滤波器组中有 18 个通道，产生 32×18=576 点的输出，其输出信号同时进入心理声学模型和量化器中；心理声学模型根据掩蔽效应，将人类听觉系统较不敏感的或听不到的声音去掉，将较敏感的如中频的 2～5 kHz 的信号保留，同时，每个临界频带的样值与 FFT 输出的同频电平同步计算，得到每个临界频带的掩蔽阈值，最后计算每个子频带的最大信号/掩蔽阈值率(即信号掩蔽比)，输入给量化器；在量化器中，对人耳最敏感的 2～5 kHz 范围，使用较高的比特数，其余不敏感频率使用较低的比特数，从而达到压缩的目的，而解压后的声音不至于与原始声音听起来有太大的出入，信号进入编码器中编码；在编码器中，将量化好的一连串的系数，由霍夫曼编码(Huffman Code)做最后的压缩处理，最后经过位流格式化(Bit-stream Formatting)及 CRC(Cyclic Redundancy Code)循环冗余码校验生成编码好的位流，即 MP3。

通过上面的压缩方法简述可以发现，MP3 在中低频段的失真较小，在高频段的失真较大，这是 MP3 先天的缺陷。

5.1.4 MP3 播放器的工作原理

MP3 播放器实际上就是将 MP3 音频格式文件进行解码(解压)，并转换成模拟信号的设备。

MP3 播放器利用 DSP(Digital Signal Processing，数字信号处理器)来完成处理传输和对 MP3 文件进行解码的任务。

DSP 掌管 MP3 播放器的数据传输、设备接口控制、文件解压回放等活动。DSP 能够在非常短的时间里完成多种处理任务，而且此过程所消耗的能量极少，这也就是 MP3 播放器适合长时间工作的一个显著特点。

首先将 MP3 歌曲文件从内存中取出并读取存储器上的信号，然后到解码芯片对信号进行解码，通过数/模转换器将解出来的数字信号转换成模拟信号，再把转换后的模拟音频放大，低通滤波后送到耳机输出口，输出后就是用户所听到的音乐了。

DSP 主要有单芯片和双芯片之分。早期都采用双芯片，其控制部分为一块集成电路，MP3 解码部分为另一块集成电路；现在都采用单芯片，其控制部分、MP3 解码部分都集成在一块集成电路里面。

下面以一个双芯片实例进一步说明 MP3 播放器的工作原理。

MP3 工作原理方框图如图 5-2 所示。

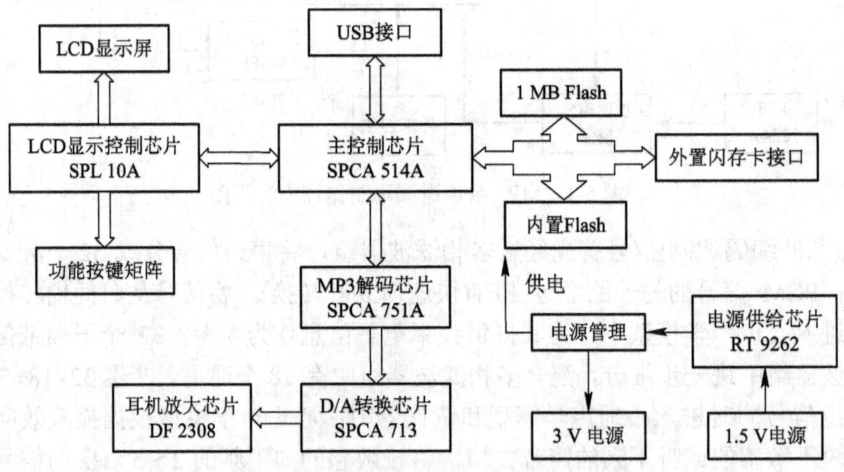

图 5-2　MP3 工作原理方框图

电源供给芯片 RT 9262 通过将 1.5 V 的电压升到 3 V 供各 IC 正常工作；LCD 显示控制芯片 SPL 10A 负责 LCD 显示屏和功能键正常工作；主控制芯片 SPCA 514A 的功能较多：通过 USB 的接口与外界(PC)联系、控制 LCD 显示、读取内置闪存器、扩展 SMC 和 MMC 卡中的信息、自录音的处理、把可播放的数据传送给 MP3 解码芯片 SPCA 751A 处理；16 bit D/A 转换芯片 SPCA 713 负责将 SPCA 751A 处理后的数据进行数/模转换，转换后的模拟音频信号由耳机放大芯片 DF 2308 放大，推动耳机发出声音。

5.1.5　MP3 播放器主控芯片简介

现在，MP3 播放器中的 DSP 都采用单芯片，其控制部分、MP3 解码部分都集成在一块集成电路里面，统称主控芯片。

由于 MP3 是一种有损压缩的编码格式，因此优秀的主控芯片能够更好地还原音频信号，可以在很大程度上减少音频信号的损失，而低端的主控芯片会在解码时使音频信号进一步损失。

随着芯片技术的发展，新一代的主控芯片除了 MP3 解码功能外，还将 Line In、USB 2.0 高速传输接口等都集成在芯片内部，降低了 MP3 外围电路的复杂性，给 MP3 的小型化提供了可能，同时给 MP3 带来了越来越齐全的功能。

主控芯片是 MP3 的处理核心，其解码性能的好坏，很大程度上影响了音质的最终表现，在选购 MP3 播放器时不可小视。

1. 普通 MP3 主控芯片

(1) 飞利浦的 SAA775X 系列、PNX010x 系列：业界反映最好的主控芯片，其以“功能全，音质好，价格高”而著称。

(2) 韩国的 Telechips TCC730/TCC731 系列：比 Sigmatel 要好，但与 SAA7750/7751 相比还有一定差距。

(3) 美国的 Sigmatel 3410、3420/1342、3510/3520、3550/3560、3502：市场占有率最高，音质中规中矩，比飞利浦和 Telechips 要差。

(4) 韩国的 SKYLARK 芯片：功耗低，音质清晰悦耳，不支持 WMA 格式。

(5) 美国的 ATMEL 芯片：嵌入式、低功耗。

(6) 中国台湾的华矽 MOSART 芯片：功能简单，双芯片结构，低音不错，中高音一般，一般用于低端产品。

(7) 中国大陆的炬力 ATJ2085 芯片：芯片价格较便宜，音质一般，勉强可听。

2. 视频 MP3 主控芯片

(1) 韩国的三星 SA58700X07(低功耗版为 S5L8700A02)：支持 AVI 视频格式和 MP3、WMA、WAV、OGG、FLAC、APE 音频格式。优点：硬件基础较好，成本较低，方案成熟；缺点：视频及扩展能力不足。

(2) 韩国的 Telechips TCC7800(低成本版为 TCC8200)：支持 MPEG4、WMV 视频格式和 MP3、WMA、WAV、OGG、FLAC、APE 音频格式。优点：支持视频硬件加速，扩展性较好；缺点：成本稍高，局限性强。

(3) 中国大陆的瑞芯微 RK26 系列：支持 MPEG4、AVI、FLV 视频格式和 MP3、WMA、WAV、FLAC、APE 音频格式。优点：视频功能较强，成本低廉，增值服务较好；缺点：音质不佳，扩展性弱，细节设计稍逊。

(4) 奥地利的奥芯 AS3525：支持 FLV、SWF、RM7、3GP、AVI 视频格式和 MP3、WMA、WAV、OGG、FLAC、APE 音频格式。优点：支持多种格式，性能均衡；缺点：RM 格式支持较弱，厂商支持度和市场接纳度偏低。

(5) 美中联合的 ADI Blackfin BF533：支持 RM/RMVB、AVI、FLV 视频格式和 MP3、WMA、WAV、FLAC、APE 音频格式。优点：支持格式齐全，性能强大；缺点：价格较高。

5.1.6 MP3 播放器的选购

1. MP3 播放器选购要点

(1) 音质。对于普通 MP3 播放器来说，音质的好坏主要由普通 MP3 使用的主控芯片的性能来决定。另外，耳机的质量也很关键，因为原厂配的耳机质量一般都不好，可以考虑更换一副质量好的耳机，如原装索尼、飞利浦、森海塞尔、铁三角等，价格从上百元到上千元不等。

对于视频 MP3 播放器来说，由于关注的是视频播放的流畅性，对音质的要求也就不可能太高，没有必要更换好耳机了。

(2) 存储器。MP3 播放器的存储器大都采用内建闪存的方式，不能扩充，少量机型带有外置闪存卡接口，一般采用 SD/SDHC 和 MMC 的 TF 卡。

(3) 其它功能。MP3 播放器的其它功能主要有三个：录音、FM 收音机和作为 U 盘使用。

一般录音通常是单声道的，录音采样频率不必调得很高，如采样频率为 8 kHz，所以录音的时间比较长，足够供学生课堂作笔记和记者新闻采访录音用。

绝大多数MP3播放器都支持其它文件格式的存储，可以用作USB电子磁盘使用。

(4) 音量。MP3播放器一般用于在户外嘈杂的地方使用，音量不能太小，其输出功率不能小于10 mW×2，最好在20 mW×2左右。但在正常使用时，不能长时间开大音量，否则会伤害耳膜，严重的会失聪。

(5) 重量。现在的MP3播放器一般以胸挂式居多，重量在50 g以内为宜。

2．如何选购MP3播放器

(1) 看价格。MP3播放器的价格从百元到几千元不等，200元以内的属于低档机，200～800元的属于中低档机，800元以上的是中高档机。

在网上多看几家报价，多看测评结果，找几种性价比高的机器，做到心中有数。

(2) 看使用功能。普通MP3只能播放音频；视频MP3既能播放音频，也能播放视频(只能支持少数几种格式)。

(3) 看性能。普通MP3播放器都支持两种及以上的音频格式，如MP3、WMA、WAV、OGG、FLAC、APE中的2～4种格式；菜单是不可缺少的，中文菜单更好，支持的语言至少有中文和英文；具备录音(必备)、FM收音(可选)功能；响应频率为20 Hz～20 kHz，信噪比大于85 dB，EQ(均衡器)模式至少4种；支持文件夹存取等。

(4) 看按键操控性。功能键应清晰突出，便于操作；液晶显示屏的面积要足够大，以显示完整丰富的信息；最好有“线控”功能，“线控”是指可以通过耳机连接线上的按钮操作MP3播放器，但在国内生产的MP3播放机上还不多见。如果在性能、价格等相差不大的情况下，具有“线控”功能的机型当然是首选；要了解是否支持ID3，支持ID3格式的机型可以将一首歌的相关信息，例如歌曲名称、歌手名称、专辑名称、歌曲年份等内容显示在播放机的液晶显示屏上，这样一来就可以对所听歌曲的相关信息一目了然，而不至于听歌时只闻其声而不知其名。

(5) 看外观。MP3播放器的外观多种多样，颜色也有多种选择，外观材料一般是ABS塑料，也有铝合金外壳的，选择一款自己喜欢的、体积小的即可。

(6) 看电池。早期的MP3播放器以AAA(7号)和AA(5号)电池为主，现在的一般都内置了可充电锂电池。内置可充电锂电池的MP3播放器机身更薄，充一次电可以使用10小时左右(与音量大小有关)，反复充电可达500次。和手机锂电池一样，越到后来其电量越小，工作时间越短，最后需要更换。

(7) 看连接方式。早期的MP3有采用标准USB接口的，现在的MP3一般都采用Micro USB接口，但要注意，USB接口有USB 1.1和USB 2.0的区分，首选SUB 2.0的。

(8) 看耳机。大部分原厂配置的耳机质量较差，影响效果，少数采用的是高质量的耳机，如森海塞尔的耳机，当然MP3的整体价格也上去了。建议对音质有较高要求的用户，更换一副质量好的耳机。

(9) 试听。找几首自己熟悉的歌曲(高、中、低音较为丰满的)，如蔡琴的《渡口》、老鹰乐队的《加州旅馆》等，实际感受一下是否满意，多换几款耳机来比较效果，注意在音量较大时是否有失真出现。

(10) 购买地点及售后。对于电脑行家来说，购买MP3播放器当然首选电脑市场。这里各种机型种类齐全而且价格相对便宜，但质量和售后服务可能没有保障，建议到各大品牌

的指定专卖店去购买，虽贵一点，但可以买个放心，记得要开正规发票。

笔者建议，听音乐就买普通 MP3，看视频就买 MP4。

5.1.7 MP3 音频文件的制作

有了 MP3 播放器后，用户很自然地会从网上下载 MP3 歌曲，其实，网上的 MP3 歌曲都是由其他网友自己制作并上传到网上从而使我们能共享资源的。自己制作 MP3 音频文件其实并不复杂，一般使用 CD 作音源，再加上制作软件。

数字激光唱盘(CD)是一种音质极佳、效果极好的音频素材，然而，我们不能直接采用复制、粘贴的方式将其存放到硬盘中，因为 CD 以音轨(Sound Track)方式存放在光盘中，必须采用“抓轨”的方式来获取音轨上的数据。现在可用于抓轨的软件比较多，如著名的 EAC(Exact Audio Copy)软件和 RealPlayer、Windows Media Player、超级解霸等播放软件都内置了抓轨功能，并能很方便地将其转换成 MP3 或 WMA 格式存放到硬盘或 MP3/MP4 播放器中。

下面以 Windows Media Player 10 为例，介绍其转换的方法。

(1) 将 CD 光盘放入光驱，运行 Windows Media Player，单击“任务栏”上的“翻录”标签，勾选要转换的曲目，如图 5-3 所示。

(2) 单击“工具”→“选项”命令，单击“翻录音乐”选项卡，在“格式”下拉列表中选“mp3”，如图 5-4 所示。

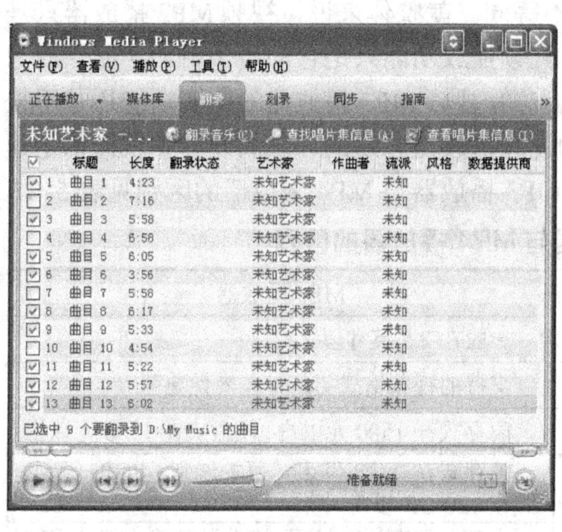

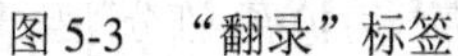
图 5-3 “翻录”标签

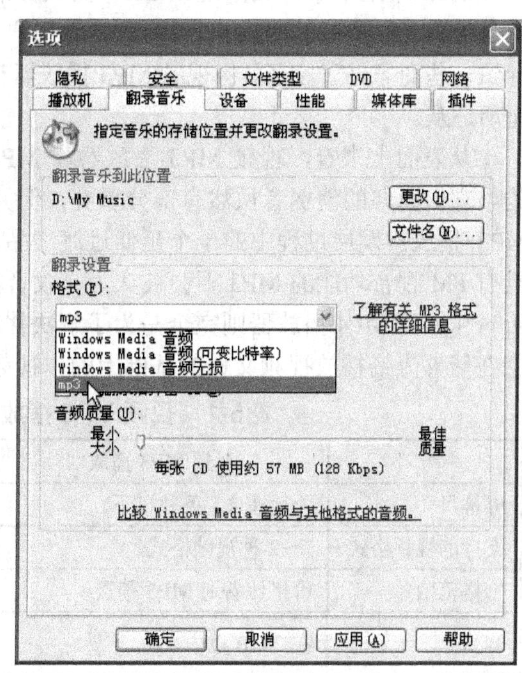

图 5-4 “翻录音乐”选项卡

(3) 在“翻录音乐到此位置”栏下，单击“更改”按钮，确定转换后文件存放的文件夹，如 D:\My Music(文件夹要事先新建好)。

(4) 在“音频质量”下，拖动码流(比特率)指示器，MP3 的码流有 128 Kbps、192 Kbps、

256 Kbps 和 320 Kbps 共 4 挡。选择的码流越大，转换后的音质越好，但文件占用的空间越大。一般选择 128 Kbps，对音质要求较高的用户可以选择 256 Kbps 或 320 Kbps。单击“确定”按钮，保存设置，并关闭“选项”对话框。

(5) 单击图 5-3 中的“翻录音乐”按钮，开始转换，并存放到指定的文件夹中。

将 CD 转换成 WMA 文件的方法与转换成 MP3 类似，在图 5-4 中的“格式”下拉列表中有“Windows Media 音频”和“Windows Media 音频(可变比特率)”两个选项，一般摇滚类等节奏感比较强的音乐采用可变比特率的转换效果较好，但文件占用的空间较大，用户可以根据音乐的性质灵活选择。

“Windows Media 音频”有 48 Kbps、64 Kbps、96 Kbps、128 Kbps、160 Kbps 和 192 Kbps 共 6 挡，一般选 128 Kbps，对音质要求较高的用户可以选择 160 Kbps 或 192 Kbps。

“Windows Media 音频(可变比特率)”有 40～75 Kbps、50～95 Kbps、85～145 Kbps、135～215 Kbps 和 240～355 Kbps 共 5 挡，一般选 85～145 Kbps，对音质要求较高的用户可以选择 135～215 Kbps 或 240～355 Kbps。

注：使用 Windows Media Player 将 CD 转换成 MP3 只能采用固定比特率，使用 LAME 等专用软件可以采用可变比特率。

5.1.8　视频 MP3 与 MP4 的区别

2006 年上半年，大量视频 MP3 播放器涌入市场。一些用户想当然地认为，视频 MP3 就是 MP4 的一种。正是由于目前大多数用户对视频 MP3 与 MP4 播放器在认识上的模糊，导致一些商家钻了空子，将视频 MP3 播放器充当 MP4 播放器来叫卖，其手段之多让消费者无所适从。

从表面上来看，视频 MP3 播放器和 MP4 播放器的功能相同，其实它们是有天壤之别的。它们面向的消费者虽然有部分重叠，但并不等同。就整体来说，视频 MP3 播放器只是 MP3 播放器发展过程中的一个延伸过渡产品，视频播放功能只是它的一个附加功能，就像具有 FM 收音功能的 MP3 不会被认为是收音机一样，视频 MP3 播放器的主要功能还是用来听音乐。而 MP4 播放器则完全是为了解决移动视频播放而开发的，它的硬件和软件都是建立在能够流畅播放视频文件的基础上的。视频 MP3 播放器与 MP4 播放器的区别见表 5-1。

表 5-1　视频 MP3 播放器与 MP4 播放器的区别

	视频 MP3 播放器	MP4 播放器
屏幕尺寸	一般在 2.5 英寸以下	一般在 2.5 英寸以上
支持的视频格式	1～2 种视频格式	支持的视频格式更广，兼容性更强
价格范围	价格比普通 MP3 稍贵	闪存式在 1500 元以内，硬盘式在 1500 元以上
容量	在 2 GB 以内	闪存式在 2 GB 以上，可扩展到 64 GB；硬盘式在 120 GB 以上
容量扩展性	一般不可扩展	大部分闪存式可扩展，部分硬盘式也能使用闪存卡进行扩展
特殊功能	电子书、游戏、校园广播等	除具有视频 MP3 的功能外，一般还可能有视频输出、视频录制和数码伴侣功能
适用人群	喜欢听音乐、偶尔看视频的用户	经常在户外看视频的用户

5.1.9 MP3播放器的使用

下面以三星YP-T10视频MP3播放器为例，介绍MP3播放器的使用。

1. 三星YP-T10视频MP3播放器主要性能指标

三星YP-T10视频MP3播放器的主要性能指标见表5-2。

表5-2 三星YP-T10视频MP3播放器的主要性能指标

MP3类型	视频MP3
屏幕尺寸	2 in
屏幕色彩	26万色(18 bit)
屏幕分辨率	320×240
视频格式	MPEG4、SVI(三星专用)
图片浏览格式	JPEG
电子书阅读	TXT格式
音频格式	MP3(8～320 Kbps)、WMA(8～320 Kbps)、OGG、AAC
EQ模式	用户均衡器设置：7段
录音	支持，生成MP3格式
FM收音机	支持
输出功率	20 mW×2
歌词同步	支持LRC格式歌词同步
信噪比	90 dB
输出频率范围	40 Hz～20 kHz
电池类型	锂电池，550 mA·h
播放时间	音频：30小时(MP3 128 Kbps，音量15，正常声音模式为基准)；视频：4小时
存储介质	闪存式
存储容量	2 GB
接口类型	USB 2.0
操作系统	Windows 2000/XP
外形尺寸(宽×高×深)	41.5 mm×96 mm×7.9 mm
重量	43 g
其它性能特点	触摸键，具备蓝牙2.0传输功能，两台具备此功能的MP3放在一起时可以互传文件

2. 三星YP-T10视频MP3播放器各功能部件及功能

三星YP-T10视频MP3播放器的各功能部件及功能如图5-5～图5-7所示。

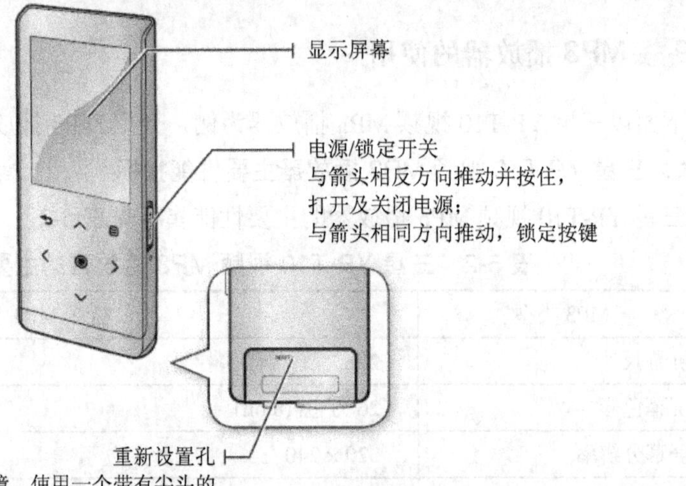

图 5-5　电源/锁定开关及复位孔

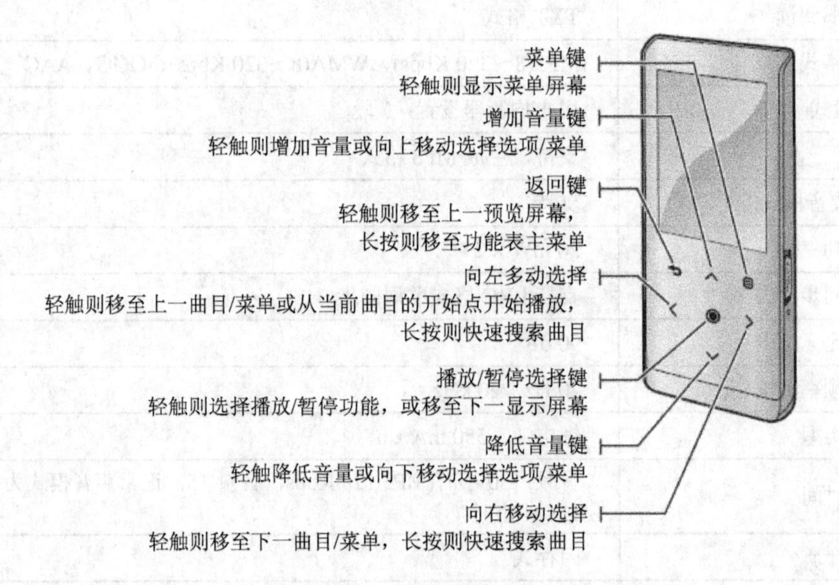

图 5-6　各触摸键功能

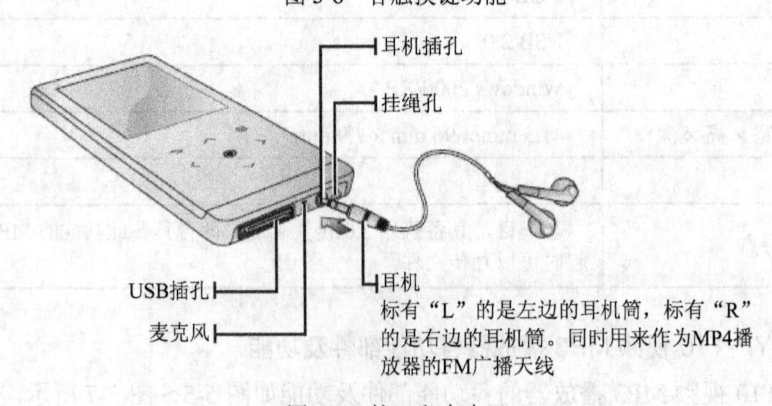

图 5-7　接口和麦克风

3．充电

MP3 播放器第一次使用或长期不用时，需先充电，充电时间大约 3 小时，但不要超过 12 小时，如图 5-8 所示。具体操作为：

(1) 将 USB 连接线的一端(大头)连接至 MP3 播放器底部的 USB 连接孔。

(2) 将 USB 连接线的另一端连接至计算机的 USB 插孔上。

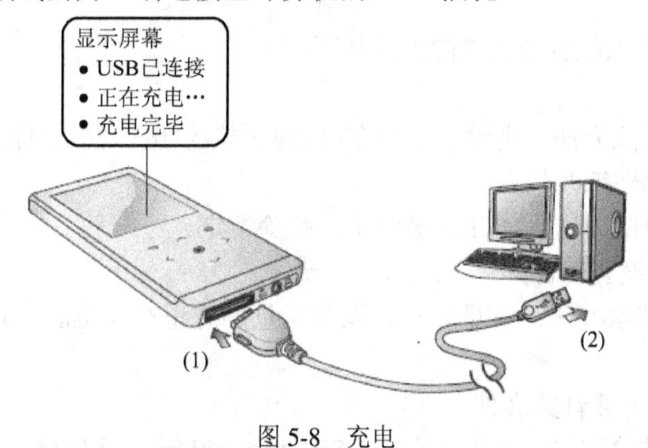

图 5-8　充电

4．播放音乐

(1) 按箭头反方向长推⏻ HOLD 电源/锁定开关开机，再次长推时关机。

(2) 长按↶键，使屏幕显示功能表主菜单，轻触‹或›键选择“MUSIC”，然后轻触◉键确定，进入播放音乐功能界面。

(3) 轻触∧或∨键选择一个音频文件，轻触◉键，开始播放音乐。

(4) 轻触∧或∨键调整音量。播放过程中，轻触◉键可以暂停/继续播放。

5．播放视频

(1) 长按↶键，使屏幕显示功能表主菜单，轻触‹或›键选择“VIDEO”，然后轻触◉键确定，进入播放视频功能界面。

(2) 轻触∧或∨键选择一个音频文件，轻触◉键，开始播放音乐。

(3) 轻触∧或∨键调整音量。播放过程中，轻触◉键可以暂停/继续播放。

注意：播放视频时，应将 MP3 播放器横向放置。

6．录音

(1) 长按↶键，使屏幕显示功能表主菜单，轻触‹或›键选择“Prime Pack”，然后轻触◉键确定，进入主包列表。

(2) 轻触∧或∨键选择“语音录音”，轻触◉键。

(3) 轻触◉键，开始录音。

使用 1 GB 闪存、96 Kbps(12 kHz 采样频率，单声道，8 位量化)流量时，一个文件最长可以录制 23 小时。

不管闪存容量大小，最多可以存储 999 个录音文件。

(4) 再次轻触◉键，停止录音，屏幕显示“是否播放录音文件?”，轻触‹或›键选择“是”，将马上播放刚才录制的文件；选择“否”，可以在“MUSIC”播放音乐功能界面中播放。

7．下载歌曲

按充电方式与电脑连接，下载音乐文件并保存到对应的文件夹中即可。注意，下载的文件格式是该播放器支持的格式。其它使用与 U 盘相同。

5.1.10　常见故障诊断

MP3 播放器的常见故意及其排除方法如下：

(1) 不能开机。

故障原因及其排除方法：电池仓中没有电池或电池没电，更换电池，锂电池要先充电。

(2) 开机后按键没有动作。

故障原因及其排除方法：HOLD 键锁定，解除锁定。

(3) 播放文件时没有声音。

故障原因及其排除方法：音量太小，调节音量，或正在与电脑相连，或播放器内没有文件。

(4) 连接后不能下载音频文件。

故障原因及其排除方法：主板不支持 USB 接口，升级主板 BIOS。

(5) 有的歌曲/视频不能播放。

故障原因及其排除方法：格式不支持，或视频文件的分辨率太高。下载支持的格式和合适分辨率的视频文件，或使用原机附带的转换软件将视频文件进行转换。

(6) 有的歌曲在播放时显示的时间比较乱。

故障原因及其排除方法：采用 VBR(可变速率)格式的 MP3 在播放时由于速率的变化而引起时间显示的变化，用 CBR(固定速率)再压缩一次，就可以解决时间显示问题。

(7) 在拔插播放器时引起电脑异常。

故障原因：主要是由于文件还在传输过程中拔插 USB 造成的。

(8) 播放器中的总容量与实际标称的不一致。

故障原因：主要是播放器需要部分内存来存放程序和中文显示汉字字库，因此总内存比实际标称要小一些。这种故障是系统设计所决定的，无法解决。

5.2　MP4 播放器

5.2.1　MP4 播放器的概念

MP4 播放器是一个能够播放 MPEG-4 视频文件格式的设备，也可以叫做 PVP(Personal Video Player，个人视频播放器)、PMP(Portable Media Player，便携式媒体播放器)或 PMC(Portable Media Center，便携式媒体中心)等。现在对 MP4 播放器的功能没有具体界定，虽然不少厂商都将它定义为多媒体影音播放器，但它除了听看电影的基本功能外，还支持音频播放、浏览图片，甚至部分产品还可以上网。但为了强调便携的特征，我们在这里所讨论的 MP4 播放器都将以便携、播放视频为准则，可通过 USB 或 IEEE 1394 接口传输文件，很方便地将视频文件下载到设备中进行播放，而且应当自带LCD屏幕，以满足随时播放视频的需要。

由于对MP4播放器的硬件平台没有一个统一的标准，且软件系统由各厂商自行设计，因此MP4播放器所支持的编码格式非常混乱。由MPEG-4编码体系衍生出来的格式有很多，常见的视频文件格式有AVI、ASF、MPG、WMV，除了采用MPEG-1、MPEG-2、MPEG-4三种编码算法之外，还有多种由此衍生出来的编码算法，如DivX、XviD、H.264、MS MPEG-4、Microsoft Video 1、Microsoft RLE等。因此，MP4播放器的解码兼容性和稳定性参差不齐。

有部分商家将支持RM/RMVB视频文件格式的MP4播放器称为MP5播放器，将直接播放(直播，不用转换)RM/RMVB视频文件格式的MP4播放器称为MP6播放器，这些都是商家为了吸引用户而故意制造的“噱头”，是一种炒作，其实它们就是MP4播放器。

MP4播放器还处在一个没有统一标准的时代，新的MP5、MP6播放器又出现了(与上述“噱头”中所说的MP5/MP6不同)，这些新的MP5、MP6播放器的加入会让用户在选购时面临更多的问题，我们期待MP4、MP5、MP6播放器的标准能早日统一。

5.2.2 MP4播放器的分类

按存储介质分，MP4播放器可以分为闪存式和硬盘式。

按播放的视频分辨率分，MP4 播放器可以分成标清和高清。高清 MP4 播放器支持1920×1080P、1920×1080i、1280×720P的视频分辨率，当然也支持标清的视频分辨率。其中，P表示逐行，i表示隔行。

按接口分，MP4播放器可以分成USB1.1/2.0接口和IEEE 1394接口。

5.2.3 MP4播放器主控芯片简介

MP4播放器主控芯片是MP4播放器的心脏，主要用于对视频文件的解码，其好坏将直接影响视频播放的流畅性、支持的视频格式、视频码流、视频分辨率和续航能力等。

1. 标清MP4播放器主控芯片

(1) 美国的TI DM320方案：全面兼容标清视频格式，主打高端产品，价格很高。

(2) 美国的AMD AU1200方案：不支持RM/RMVB标清视频格式，主打高端产品，价格高。

(3) 美国的飞思卡尔i.MX31/i.MX21方案：i.MX31为高端方案，i.MX21为中低端方案，全面兼容标清视频格式，价格高。

(4) 中国大陆的SigmaDesigns EM851X方案：不支持RM/RMVB标清视频格式。

(5) 中国台湾的Sunplus方案：只能支持ASF格式。

2. 高清MP4播放器主控芯片

(1) 中国大陆的华芯飞CC1600：高清主控芯片的鼻祖，高清MP4播放器中使用得最多，但缺少对视频格式的全面兼容，固件升级发展并不理想。

(2) 美国的TI DM6441方案：全面兼容视频格式，但价格太高，续航能力低。

(3) 中国大陆的瑞芯微RK2806：主打中高端产品，续航能力比索智SC8600强，但对1080P的解码能力尚需加强。

(4) 中国大陆的索智 SC8600：第二代高清芯片，是 CC1600 方案的一个升级，价格低廉，倾向于中低端市场。

(5) 中国大陆的君正 JZ4755：第三代高清芯片，性能如能达到官方给出的资料，其前景还是相当乐观的。

5.2.4 MP4 播放器的选购

随着 MP4 播放器由标清全面转向高清，高清 MP4 播放器成为主流选择。在选购高清 MP4 播放器时，应注意以下几个方面。

1．视频格式、码流及分辨率

高清 MP4 播放器支持的视频格式与主控芯片的方案有关。现在，标清视频格式加上高清视频格式有二十几种之多，如 AVI、WMV、ASF、DAT、VOB、MPG、MP4、3GP、RM、RMVB、FLV、TS、TP、EVO、M2TS、MKV、OGM、MOV、SCM、CSF 等。其中，主流的高清视频格式有 RMVB、FLV(H.263、H.264)、AVI(DivX、XviD)、VOB、MP4、MKV(H.264)、WMV(VC-1)、TS、MOV、MP4(H.264)、PMP 等。在选购时，支持的高清视频格式越多越好，至少要支持主流的高清视频格式。

高清的视频码流有 10 Mb/s、20 Mb/s、30 Mb/s、40 Mb/s、50 Mb/s 等，至少要支持 20 Mb/s 码流的。

高清的视频分辨率有 1920 × 1080P、1920 × 1080i、1280 × 720P，至少要支持 1280 × 720P 的。

2．屏幕

1) 屏幕材质

目前，高清 MP4 播放器的屏幕材质主要有 TFT 和 LTPS 两种。

TFT(Thin Film Transistor，薄膜晶体管)是有源矩阵型液晶显示屏幕(AM-LCD)中的一种。TFT-LCD 屏幕在基板的背部设置特殊光源，可以“主动地”对屏幕上的各个独立像素进行控制，提高显示响应时间，一般小于 80 ms，同时又改善了模糊闪烁(水波纹)的现象，有效地提高了播放动态画面的能力。其优点是画面鲜艳、清晰，亮度高，色彩表现力强，响应时间快；缺点是成本较贵，耗电量大，待机时间较短。

LTPS(Low Temperature Polycrystalline Silicon，低温多晶硅)通过对传统非晶硅(a-Si)TFT-LCD 面板增加激光处理过程来制造，是由 TFT 衍生的新一代技术产品。LTPS 提供了比其他 LCD 技术更大的设计灵活性，最大限度地减少了屏幕外围电路所占用的空间，与 a-Si TFT 相比，它可以在晶体管中实现快得多的电子流速度，从而获得更高的分辨率和更丰富的色彩。其优点是材质更轻薄，功耗更低，响应时间更快，亮度、对比度更高，画质更清晰亮丽；缺点是成本昂贵。

TFT 色彩鲜艳，画质出色，是理想的彩色平台，只是成本较贵；TFT 本身比较耗电，也影响了产品的电源续航时间。LTPS 可以简单理解为 TFT 的升级版，更加出色的特性更有利于色彩的表现和性能的发挥，只是成本更高，在 MP4 播放器中采用得不多。

在选购时，最好是 LTPS 屏，其次是 TFT 屏。

2) 屏幕大小

屏幕大小有3、3.2、3.5、3.6、4、4.3、5、7英寸等，屏幕和可视面积大，但更耗电，在选购时以4～5英寸为宜。

3) 屏幕分辨率

屏幕分辨率有320×240 dpi、400×240 dpi、432×240 dpi、480×272 dpi、640×360 dpi、720×480 dpi、800×480 dpi、1024×600 dpi、1280×720 dpi等，屏幕分辨率越高，画面越清晰。在选购时，最好是1280×720 dpi，其次是800×480 dpi。

4) 屏幕色彩

目前，高清的屏幕色彩数一般都是1600万(24 bit)，没有可选余地，但已经足够了。

3. 操控性

MP4高清播放器内置的功能越来越多，用户通过各种功能菜单的操控来选择需要进入的界面。这些功能菜单的操控可以通过按键(键控)、轻触键(触控)、滑动区域(滑控)和触摸屏来实现。目前，键控已趋于淘汰，最方便的操控是触摸屏，这是发展的趋势，其次是滑控或触控。

4. 存储介质和容量

MP4的存储介质有闪存卡和硬盘两种。目前，闪存卡是主流，有1～64 GB可选，但随着高清片源的日益丰富，一部120分钟的高清电影，按20 Mb/s码流计算，要占用18 GB的存储空间，即使是32 GB的闪存，也只能存放一部，64 GB可以存放三部。而硬盘的容量目前最高可以达到320 GB，可以存放17部电影，所以，硬盘存储介质的MP4播放器是今后发展的主流。

5. 续航能力

续航能力主要与电池的容量有关，同时与屏幕尺寸、屏幕材质、存储介质和音量密不可分。屏幕尺寸越大越耗电，TFT比LTPS耗电，硬盘比闪存耗电，音量越大越耗电。续航能力至少要达到4小时，最好能达到8小时以上。

思考与训练

1. 什么是MP3音频格式？
2. MP3播放器的工作原理是什么？
3. 如何选购MP3播放器？
4. 视频MP3播放器与MP4播放器有什么区别？
5. 主控芯片有什么作用？
6. 按不超过200元的标准，选购一款MP3播放器，并说出购买理由。
7. 按不超过500元的标准，选购一款MP4播放器，并说出购买理由。
8. 除了Windows Media Player软件外，你还知道哪些软件可以制作MP3，各有什么特点？

第6章　移动存储设备

本章要点

☑ 常用移动存储设备一览
☑ U盘的选购、分类及使用
☑ 移动硬盘的组成、选购及使用

随着计算机技术的发展，多媒体技术和网络进一步普及，移动存储设备从过去单一的软盘，发展到今天琳琅满目、各种各样的移动外设，为用户提供了较多的选择，从而大大方便了用户对大容量数据的交流。

面对众多的移动外设，如何选择？如何使用？哪一款适合自己？这都是用户关心的问题，让我们带着这些问题一起走进移动存储的世界吧。

6.1　常用移动存储设备一览

下面介绍一些常见的移动存储设备。

6.1.1　软盘

软盘是我们最早使用的移动存储设备，从上世纪80年代起就一直在使用它。软盘从最初的5.25英寸，容量为360 KB，发展到后来的3.5英寸，容量为1.44 MB。由于出道时间较长，软盘的概念早已深入人心。如图6-1所示是3.5英寸软盘。

图6-1　3.5英寸软盘

6.1.2　U盘

U盘也称闪存盘或USB电子磁盘，能即插即用，其体积小，携带方便，容量从最初的16 MB，发展到目前的16 GB甚至32 GB。U盘一出现，便为用户所青睐，软盘也由此被彻底淘汰了。如图 6-2 所示为 U 盘。

图 6-2　U 盘

6.1.3　移动硬盘

移动硬盘在移动存储设备中，其容量是最大的。移动硬盘从最初的 1 GB 开始，已发展到现在的 500 GB 的容量了。现在，市场上的移动硬盘大多是 USB 2.0 接口的，也有 IEEE 1394、eSATA 接口的，同样支持即插即用。其实，移动硬盘使用的就是笔记本电脑的硬盘。如图 6-3 所示是 USB 接口的移动硬盘。

图 6-3　USB 接口的移动硬盘

6.1.4　刻录光盘

刻录光盘有 CD-R、CD-RW(容量为 650/700 MB)和 DVD±R、DVD±RW(容量为 4.7 GB、8.5 GB)等。光驱的容量、性能和所用盘片与其它移动存储设备都不太一样；在工作原理、存储介质和存取速度方面都有着较大的区别。不过由于光驱的广泛使用，使得物美价廉的 CD-R、CD-RW 和 DVD±R、DVD±RW 占有着很大的市场。如图 6-4 所示为 CD-R 盘片。

图 6-4　CD-R 盘片

6.1.5　MO

MO 的全称是 Magneto Optical(磁光盘)，它结合了电磁学与光学的技术，是一种可以重

复擦写的存储设备。市场上的 MO 驱动器主要有 3 英寸和 5 英寸两种，容量从 128 MB 到 2.6 GB 不等，比较常见的是 3 英寸 640 MB 的 MO。由于这种 MO 已经具备国际标准，各大厂家的不同容量的产品可以相互兼容。MO 体积小、抗震性好、读取速度快，而且在安装时不需要任何驱动程序。MO 驱动器的性能和容量成正比，到了 2.6 GB 左右的 MO，其运行速度已经非常接近硬盘了。由于 MO 的容量远不及移动硬盘的容量，且驱动器较贵，因此现在已经被淘汰了。如图 6-5 所示是 MO。

图 6-5　MO

6.1.6　Clik!

Immega(艾美加)公司的 Clik!盘片尺寸为 5 cm×5 cm，容量为 40 MB，通过并口和计算机相连，现在已经被淘汰了。如图 6-6 所示为 Clik!。

图 6-6　Clik!

6.1.7　闪存卡

1．SM 卡

Smart Media 卡俗称 SM 卡。SM 卡是日本东芝公司推出的，当时是数码相机主流的闪存卡，现在已经被淘汰了。它的读写速度略胜于 CF 卡，价位只比 CF 卡稍微贵一点，容量也相当。如图 6-7 所示为 SM 卡。

图 6-7　SM 卡

2．CF 卡

Compact Flash 卡俗称 CF 卡，推出的时间最早。尼康、佳能等专业数码相机多采用此卡。

CF 卡自身带有记忆口和控制器，其插槽向下兼容，也就是说仅有 CF Type Ⅰ插槽的数码相机不能使用 TypeⅡ卡，TypeⅡ插槽的却可以使用 Type Ⅰ卡。

CF 卡最大的缺点便是读写速度慢，体积大，且比其他的闪存卡耗电。如图 6-8 所示是 CF 卡。

图 6-8　CF 卡

3．MS 卡

Memory Stick 卡俗称 MS 卡或记忆棒，是索尼公司于 1999 年推出的。MS 卡又分为长棒(MS、MS PRO)、短棒(MS PRO Duo、MS PRO-HG Duo)和微型 MS M2 等，长棒 MS 卡在市场上已很难看到。MS 卡的价格也是各种闪存卡中最贵的，索尼数码相机和索尼的信息产品采用此卡。如图 6-9 所示是 MS PRO Duo 卡。

图 6-9　MS PRO Duo 卡

在购买短棒卡时，一般都配有一个 Memory Stick 转接卡，装上转接卡后，就和长棒卡一样大，以方便装在长棒卡的机器上。

4．MMC 卡

Multi Memory Card 俗称 MMC 卡。为了改善 CF 闪存卡体积较大的缺点，美国的 SanDisk 公司与德国西门子存储器部门共同推出了体积比 SM 闪存卡还小，但厚度稍厚的 MMC 卡；日本的日立(Hitachi)公司也改良 MMC 卡，推出了具备资料保密功能的 Security MMC 卡。

MMC 卡分为 MMC mobile 和 MMC PLUS 两种。

MMC 卡在一定程度上改善了 CF 卡读写速度较慢的缺点，并且又轻又小，当时在 MP3、手机中地位很高，不过由于后起之秀 SD、MS 卡异军突起，使它的定位很尴尬，目前已趋于淘汰。柯达、松下、美能达、三星、理光、卡西欧等数码相机曾经采用此卡。如图 6-10 所示是 MMC mobile 卡。

图 6-10　MMC mobile 卡

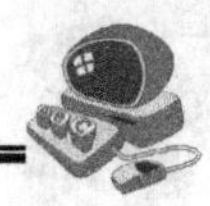

5. SD卡

Secure Digital卡俗称SD卡。随着数字版权保护的呼声高涨，日本的松下、东芝和SanDisk公司共同推出具备资料加密功能且大小与MMC卡类似的SD卡。这种卡的最大优点是高速资料读写与传输能力，具备资料加密技术与低耗电功率，可以使数码设备使用的时间更长一些。

SD卡分为普通SD卡、micro SD(TF)卡、SDHC卡、micro SDHC(TF)卡和新出现的SDXC卡。SDHC卡是一种高容量卡，其中HC是“High Capacity”(高容量)的缩写，其容量通常为2～32 GB。

按SD卡V2.0规范，其速度有以下几种：

Class2速度为2 MB/s，能满足观看普通MPEG4、MPEG2电影，进行SDTV、DV的拍摄；

Class4速度为4 MB/s，可以流畅播放高清电视(HDTV)，能满足数码相机连拍等需求；

Class6速度为6 MB/s，能满足单反相机连拍和专业设备的使用要求。

按最新的SD卡V3.0规范，SDHC卡甚至已经达到了Class10(10 MB/s)的速度。

SDXC卡是最新推出，用于取代SDHC卡的。SDXC卡是一种扩展容量卡，其中XC是“eXtended Capacity”(扩展容量)的缩写，其容量通常为32 GB～2 TB，理论上的速度有望达到300 MB/s，足以说明SDXC卡的发展前景。

由于是采取开放式架构让业界生产这种闪存卡，并让支持SD闪存的硬件产品也同时兼具相容MMC卡的功能，使得SD获得了Palm公司的采用，其市场占有率在节节攀高。目前，SDHC卡已经成为主流闪存卡，已经成为闪存卡中的霸主，几乎所有的数码相机都支持此卡。如图6-11是SDHC Class6卡。

图6-11 SDHC Class6卡

6. xD卡

xD Picture Card俗称xD卡，是富士胶卷和奥林巴斯光学工业为SM卡的后续产品开发的。这种专为数码相机开发的新型介质的特点是体积小、容量大。外观尺寸在现有的小型闪存卡中是最小的，仅为20 mm(长)×25 mm(宽)×1.7 mm(厚)。由于xD卡比同容量的SD卡贵许多，且容量最高目前只有8 GB，仅有奥林巴斯、富士等部分数码相机还采用此卡，因此目前已经趋于淘汰。如图6-12所示是xD卡。

图6-12 xD卡

7. MicroDrive

MicroDrive 为 IBM 所推出的微小型硬盘，其采用与硬盘相同的格式，盘片直径为 1 英寸，外观上与 CF TypeⅡ相同，只是比后者稍厚一点，使用上大多也是与数码相机 CF TypeⅡ的插槽共享。但由于 MicroDrive 在一些数码相机上会出现过热和耗电过大的情况，因此目前很少在数码相机上使用。如图 6-13 所示是 MicroDrive。

图 6-13　MicroDrive

6.1.8　读卡器

目前，许多用户手中都拥有多种不同类型的闪存卡，它们之间的数据传输一直是困扰消费者的一道难题。读卡器可以读取各种闪存卡，方便地与计算机连接，轻松地实现它们之间的数据传输。

读卡器又分为单一读卡器(如图 6-14 所示)和多合一读卡器(如图 6-15 所示)。读卡器一般通过 USB 接口与计算机连接，现在的读卡器都是 USB 2.0 接口的，和 U 盘一样，可即插即用。

图 6-14　SD/MMC 单一读卡器

图 6-15　多合一读卡器

1．读卡器的使用

下面以 SSK 飚王 MINI ALL IN 1 读卡器为例，简要介绍其使用方法。如图 6-16 所示是读卡器前面板图。

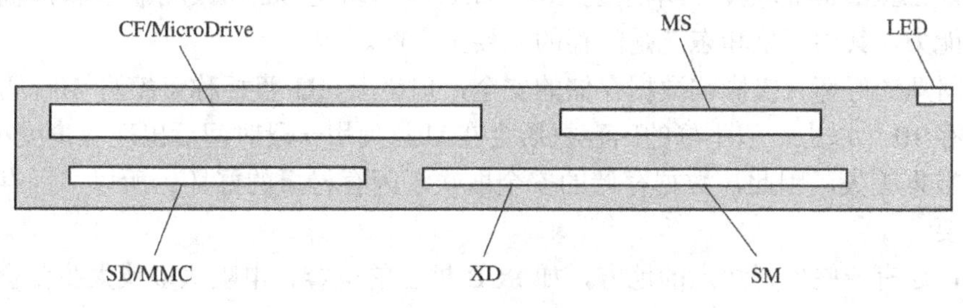

图 6-16　读卡器前面板图

(1) 将闪存卡正确插入相应插口，注意方向，方向反了插不进去，更不能用蛮力。使用SM、xD、SD/MMC卡时，应将金属接触面向上插入。

(2) 将读卡器的USB口与计算机的USB口相连。

其他操作同U盘使用。

2. 注意事项

(1) 读卡器与计算机相连接后，若系统无法找到新硬件，请在BIOS中将USB控制打开。

(2) 不同的闪存卡不能插错位置，否则会损坏闪存卡。

(3) 每次只能插入一张闪存卡。

(4) 当读卡器正在进行读写时，请勿取出闪存卡，否则会破坏和丢失资料，并可能导致系统瘫痪。

6.2 U盘

在众多的闪存存储器当中，USB Flash盘(简称U盘)是最好的选择。这种存储器采用的也是Flash技术，只要计算机上有USB接口就可以相互传递数据。它速度快，而且也不用驱动器，体积超小，重量极轻，一般只有大拇指大小，非常适合随身携带。由于这种存储器设有机械装置，因此不怕震动，与USB移动硬盘比起来有着先天优势。目前USB Flash移动盘技术大同小异，市场上的牌子比较多，随着技术的发展，功能更强大的如密型、可引导系统型产品也已经出现。

6.2.1 U盘的选购

U盘由硬件部分和软件部分组成。硬件部分主要有闪存(Flash Memory)芯片、控制芯片、USB端口、PCB板、外壳、电容、电阻和LED等；软件部分主要有嵌入式软件和应用软件，其中嵌入式软件被写入在控制芯片中，是U盘的核心技术，它决定了U盘的功能，如是否支持双启动功能、是否支持USB 2.0标准、是否有在Vista系统中的加速功能等，因此，U盘的功能取决于控制芯片中嵌入式软件的功能。

目前，国内只有少数厂商(如爱国者、联想、金邦、朗科等)有能力在控制芯片的基础上自主研发控制软件，其他很多厂商采用的都是OEM通用型控制芯片，这也是造成国内许多U盘“千盘一面”的主要原因。

闪存芯片是用来存放数据的地方，材料是二氧化硅，通过改变其形状来记忆数据，全球只有韩国三星(Samsung)、日本东芝(Toshiba)、美国闪迪(SanDisk)等极少数厂商具备大规模生产的能力，其中三星和东芝是闪存的主要生产商。

闪存材质的好坏直接影响数据存储的安全，理论上，U盘标称可擦写100万次以上，数据可保存10年以上，但不好的闪存材质会在U盘使用一段时间后出现容量变小的情况，从而导致数据丢失，因此，数据存储的安全取决于闪存材质的好坏。所以，闪存芯片的质量至关重要。

另外，还有一些值得注意的地方，如PCB板上的电容、电阻太多或太少都会影响到U盘的抗电流冲击性能，从而影响U盘的寿命；电容、电阻的质量好坏也会影响到U盘品质的稳定性。优质 U 盘无论在电路的优化设计方面，还是元器件采购的质量方面，都会比一般的 U 盘要好(稳定、耐久)，其价格也要高出一些，但是物有所值。

选择有自主研发能力的大品牌厂商，其 U 盘的功能、闪存材质有最可靠的保障。

6.2.2 U 盘的分类

1. 无驱型

无驱动型产品可在 Windows 98/Me/2000/XP 及支持 USB Mass Storage 协议的 Linux、Mac OS 等系统下正常使用，且仅在 Windows 98 系统下需要安装驱动程序，在 Windows Me 以上的操作系统中均不需要安装驱动程序即可被系统正确识别并使用，真正体现了 USB 设备“即插即用”的方便之处。目前市场上大多数 U 盘都是无驱动型，用户有很大的选择余地，爱国者、联想、金邦、朗科等公司的 U 盘都是不错的选择。

2. 加密型

加密型 U 盘除了可以对存储的内容进行加密之外，也可以当作普通 U 盘使用。目前来讲大体有两种类型：一种是硬件加密，如指纹识别加密 U 盘，这种 U 盘价格较高，针对特殊部门的用户，一般来说，采用硬件加密方式的安全性更好；另一种是软件加密，软件加密可以在 U 盘中专门划分一个隐藏分区(加密分区)来存放要加密的文件，也可以不划分区只对单个文件加密，没有密码就不能打开加密分区或加密的单个文件，从而起到保密的作用。

普通的无驱型 U 盘均可使用软件加密的方式，这里以“优易 U 盘加密软件”为例简述其使用方法。

优易 U 盘加密软件(U 盘加密精灵)是一款免费下载软件，主文件 ue.exe 只有 768 KB，主要功能是划分加密分区加密和解密，该软件既可以对 U 盘进行加密，也可以对移动硬盘进行加密。其具体使用方法如下：

(1) 将主文件 ue.exe 复制到要加密的 U 盘根目录，双击 ue.exe，打开软件主界面，如图 6-17 所示。

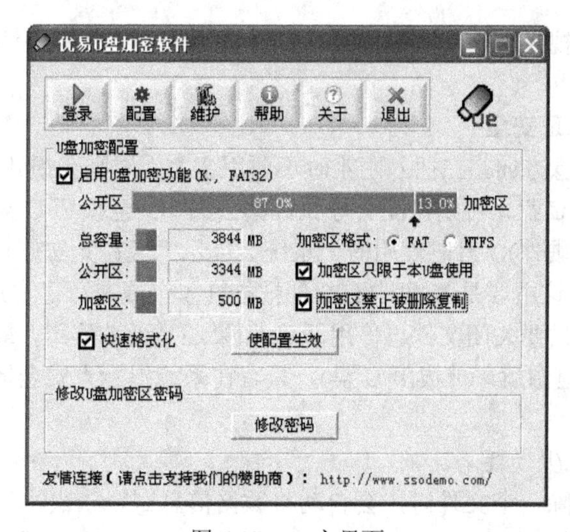

图 6-17 ue 主界面

(2) 勾选“启用 U 盘加密功能(K:, FAT32)”，在公开区上，用鼠标向右拖动小箭头设置加密区的大小。

(3) 勾选“快速格式化”、“加密区只限于本 U 盘使用”和“加密区禁止被删除复制”。

(4) 单击“使配置生效”，输入密码后，将格式化加密区。

(5) 单击“登录”按钮，输入密码后，在“我的电脑”中会多出一个加密分区盘符。

(6) 将重要文件或隐私文件放入该盘符中。

(7) 双击“任务栏”上的“ue”图标，单击“登出加密区”，单击“退出”按钮，加密分区盘符消失。

(8) 双击 U 盘上的 ue.exe，输入密码后，单击“登录加密区”，即可对加密区的文件进行操作。

3. 启动型

启动型 U 盘的出现更使人们对这种便携产品刮目相看。顾名思义，启动型 U 盘加入了引导系统的功能，弥补了加密型及无驱型 U 盘不可启动系统的缺陷。正是这种产品的出现，加速了软驱被淘汰的进程。要进行系统引导，U 盘必须模拟一种 USB 外设来实现。如现在市场上的可启动型 U 盘主要是靠模拟 USB_HDD 方式来实现系统引导的。通过模拟 USB_HDD 方式引导系统有一个好处：在系统启动之后，U 盘就被认作一个硬盘，用户可以最大限度地使用 U 盘的空间。这也将 U 盘大容量的特点体现得十分充分。这种具备多重启动功能的 U 盘除了可用于台式机之外，也可以广泛地应用在具备外置 USB 软驱的笔记本电脑上，有了这种 U 盘，笔记本也就可以彻底淘汰掉软驱甚至光驱了。

市场上有启动型 U 盘供选购，但比普通的无驱型 U 盘要贵，用户其实可以将普通的无驱型 U 盘制作成启动型 U 盘，一般有两种方法：

(1) 从网上免费下载 USboot 制作工具，几分钟即可制作成功，只是启动后是纯 DOS 界面。

(2) 从网上免费下载 UltraISO 制作工具和 WinPE.iso 文件，将 U 盘制作成 WinPE(一个精简过的 Windows XP 操作系统)启动盘，制作时间稍长点，启动后是 Windows 图形界面。

6.2.3 U 盘的使用

U 盘现在被用户视为首选的移动设备，如果使用不当，保存不注意，可能随时威胁用户的数据安全。

1. 正确卸载，保证安全

插入 U 盘时要注意方向，在插入困难时不要用蛮力，否则会损坏电脑上的 USB 口；在读写 U 盘时不能拔出 U 盘，否则可能会导致数据丢失，甚至损坏 U 盘；要拔出 U 盘，首先要将其停用(安全删除硬件)，有时停用时，系统会提示“现在无法停止‘通用卷’设备。请稍候再停止该设备”，这主要是 U 盘中有文件被打开了，或有程序在运行(带毒 U 盘会自动运行病毒程序)，一般只要关闭文件再停用即可(如果还是无法停用，最直接的方法是在正常关闭电脑、拔掉主机电源后，再拔出 U 盘)，只有在系统提示“安全地删除硬件”后，才能拔出 U 盘。

2. 正确保存，减少损耗

U 盘在增加或删除一个文件时，会自动将数据信息刷新一次，如果逐个增加或删除文件，U 盘就会不断地自动刷新，这样会加快 U 盘的损耗，减少使用寿命。为此，应一次性选中要增加或删除的文件，单击右键\添加到压缩文件，经 WinRAR 打包成一个文件后，再进行粘贴或删除操作，以确保刷新的次数最少，延长使用寿命，同时还能加快写入速度。

3．合理保存，使用延长线

U 盘的 USB 接口在不使用时应戴上帽子，以防止接口的金属片氧化和进入灰尘而导致接触不良；多次插拔也会使金属片磨损而造成接触不良，最好使用配送的 USB 延长线以保护 U 盘的 USB 接口。

4．启用后写高速缓存，提高读写速度

插入 U 盘，在 Windows XP 中，单击右键“我的电脑”→选“属性”→单击“硬件”→双击“设备管理器”→双击“磁盘驱动器”→双击“可移动磁盘”→单击“策略”→选中“为提高性能而优化”→单击“确定”，系统将启用后写高速缓存来提高该 U 盘的读写速度。

移动硬盘同样可以采用此方法。

5．不要整理 U 盘碎片，少进行格式化处理

硬盘在使用一段时间后，会产生磁盘碎片，U 盘特别是大容量 U 盘也会有同样问题。硬盘的磁盘碎片可以用系统中的磁盘碎片整理程序来整理，而 U 盘的闪存在保存数据方式上很特别，其中的碎片不适宜用专业的磁盘碎片整理工具来整理，如果“强行”整理的话，反而会影响其使用寿命。频繁的格式化及改变分区格式(FAT、FAT32、NTFS)也会影响其工作性能。

6．U 盘的格式化

由于误操作或掉电等原因，引起 U 盘无法正常使用或容量不正确，可以对 U 盘进行格式化处理来恢复到默认值，但同时会使 U 盘中的所有数据丢失。格式化 U 盘的操作步骤如下：

(1) 右键单击 U 盘图标，选“格式化”，弹出“格式化”对话框，如图 6-18 所示。

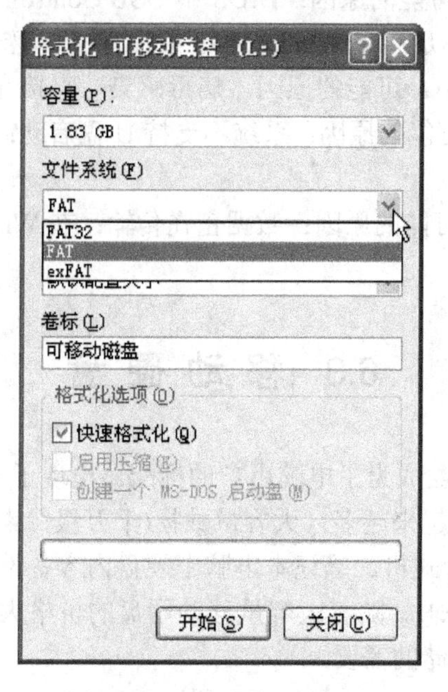

图 6-18　“格式化”对话框

(2) 单击“文件系统”下拉列表，选择分区格式，建议 2 GB 以下的 U 盘使用 FAT，2 GB 以上的 U 盘使用 FAT32，32 GB 以上的使用 NTFS。

(3) 勾选“快速格式化”，单击“开始”按钮，进行格式化操作，直到出现“格式化完成”提示。

7．关闭 U 盘自动播放功能

自动播放功能是 Windows 系统提供给用户打开 U 盘或光盘中文件的快速方式，在插入 U 盘后，系统会自动扫描 U 盘中的文件，弹出打开窗口，提示用户选择打开方式，一些 U 盘会自动运行类病毒(非常常见)，利用自动播放功能肆意转播，具有一定程度的危害，被感染后，U 盘无法打开和停用。

为了保护数据的安全，应关闭 U 盘自动播放功能，其关闭方法很多。

(1) 通过组策略关闭：单击“开始”→单击“运行”→键入 gpedit.msc→双击“计算机配置”→双击“管理模板”→单击“系统”→在右边的窗口中双击“关闭自动播放”→选“已启用”→单击“确定”。

(2) 通过瑞星卡卡上网安全助手关闭：运行瑞星卡卡上网安全助手→单击“防护中心”→在“U 盘病毒免疫”后单击“启用”。

(3) 通过奇虎 360 安全卫士关闭：运行奇虎 360 安全卫士→单击“保护”→单击“开启实时保护”→在“U 盘病毒免疫”后单击“开启”。

关闭移动硬盘自动播放功能的方法同上。

6.2.4　U 盘常见故障诊断

U 盘的常见故障及其原因如下：

(1) 系统找不到 U 盘。可能的原因：BIOS 中 USB Controller 选项没有打开；USB 接口损坏；前置 USB 接口供电不足；在 Windows 98 中没有安装驱动程序。

(2) 可使用容量大大变小：可能的原因：病毒感染；直接在系统中对其进行了格式化。

(3) 不能制作启动盘。可能的原因：系统不支持 U 盘启动；制作软件的版本不对，或不支持大容量 U 盘。

(4) 插拔时数据丢失。可能的原因：数据正在传输；在 Windows Me/2000/XP 中没有正确地移除设备。

6.3　移动硬盘

目前，GB 级大容量 U 盘成为了电脑用户的标配，出现了 16 GB 甚至 32 GB 的 U 盘，但随着欣赏高清视频的用户越来越多，大容量数据(千万级像素的数码相机拍摄的照片、高清视频等)的交换，以及对台式机、笔记本电脑中硬盘内容备份的需求，U 盘的容量已经远远不能满足对存储空间的要求。随着大容量移动硬盘的价格大幅下滑，不少用户开始选择移动硬盘，以满足大容量存储的需要。

6.3.1 移动硬盘的组成

移动硬盘在国外叫外置硬盘。它主要由移动硬盘盒和硬盘组合而成，目前有品牌移动硬盘和DIY移动硬盘两类，与品牌电脑和组装电脑类似。

品牌移动硬盘是由移动硬盘盒与硬盘在移动设备制造商的生产线上完成组装的，移动硬盘作为一个整体由出品厂商提供售后和技术支持。品牌移动硬盘品质有保证，但配置不够灵活，且价格较高。

DIY 移动硬盘是由用户分别购买移动硬盘盒和硬盘，在经销商处组装或自行组装的移动存储设备，硬盘盒和硬盘在售后和技术支持上都是分离的。通常来说这种方案性价比高，可选种类丰富，且价格较品牌移动硬盘便宜许多。对于稍有IT技术基础的个人用户来说，DIY移动硬盘是明智的选择，这种国内市场存在的特殊产品构成模式也确实占据了主导地位。

6.3.2 移动硬盘盒的选购

DIY 移动硬盘首先要确定移动硬盘盒，移动硬盘盒主要有芯片类型、盒体材料和 PCB板的大小等指标。

1. 芯片类型

由于硬盘有IDE和SATA两种接口，因此也就有两种对应的芯片。下面是部分芯片介绍。

1) IDE芯片

CY7C68300A/B/C：美国CYPRESS(赛普拉斯)公司最出名的芯片，用于2.5英寸和3.5英寸系列IDE设备。其兼容性好，故障率低，目前主要是68300C，该公司目前还没有支持SATA硬盘的芯片。

INITIO 1511：美国INITIO(英尼硕)公司主推的IDE控制芯片，各项技术指标都要比赛普拉斯优秀，主要是价位较高，且受产能限制，在市面上见得不多。

NECD720133GB：日本NEC(日电)的最好芯片，其性能、速度、兼容性一流，但价格也较高，国内极少数厂商的品牌移动硬盘使用。

PL-2506：深圳旺玖公司的主要产品，价位中下，兼容性不错，功耗控制较好。

NT68320BE/GP：图美自有芯片，图美是目前国内唯一能研发控制芯片的硬盘盒厂商，BE为备份型，GP为高速型，整体评价介于PL-2506和68300之间。

CS8818G：台湾世纪民生公司的产品，曾经是一款非常流行的USB 2.0控制芯片，其稳定性高，且发热量低，深受消费者欢迎。但随着时代的发展，其市场逐渐被CY7C68300芯片吞噬，主要是其速度相比CY7C68300和PL-2506有一定差距。

M110：台湾奇岩公司的得力产品，众多知名厂商选用，通用性强。

GL811/811E：台湾创惟公司的产品，杂牌厂商选用得最多的芯片，价格低廉，性能一般。

AU636X：有AU6360/6369等，深圳安国公司推出，用于读卡器的芯片。它被一些山寨工厂做进假冒的三星、日立硬盘盒里，由于先天技术缺陷，用在移动硬盘上完全就是小马拉大车，供电不足、读写速度慢等问题在使用一段时间后会逐渐显现。

2) SATA芯片

JM20336/20337/20339：JMicron(智微)公司出品，高性能SATA TO USB控制芯片，知名品牌使用较多，价格适中，功能很强。JM20336为SATA TO ESATA+USB；JM20337为

IDE+SATA TO USB；JM20339 为 SATA TO USB。配合 2 A 外接电源，可以使 1 TB 的 SATA 硬盘正常工作。

SPIF215A/225A SUNPLUS：台湾凌阳公司出品，该公司是移动硬盘盒芯片生产大厂。215A 兼容 2.5 英寸和 3.5 英寸，参数不比 JM 系列差，主要是功能单一。225A 专供 2.5 英寸系列使用，参数略低，但功耗控制更好。

INITIO 1608/1611：美国 INITIO(英尼硕)公司主推的 SATA 控制芯片，主要用于 2.5 英寸系列，兼容性优于 JM 及凌阳系列，供电稳定，速度略微逊色。

PL-3507：深圳旺玖公司出品的 SATA 芯片，小厂使用较多，供电有问题，被一些山寨工厂做进假冒的日立硬盘盒里。

GL811S/830：最便宜的 SATA 芯片，杂牌厂商选用得最多的芯片。

2．硬盘盒材质

移动硬盘盒的外壳除了起到美观的作用外，更主要的作用是保护内部的硬盘，所以一款移动硬盘的外壳对硬盘的寿命是起到关键作用的。一般我们常见的移动硬盘盒的外壳有以下五种。

(1) 拉丝金属盒。这种硬盘盒的材质是目前移动硬盘盒中最结实的，无论金属厚度还是抗压性都是最强的，当然不同硬盘盒拉丝的设计可能采用的是不同的金属，具体的韧性还是由硬盘盒厚度和金属特性决定的。

(2) 金属材质钢琴烤漆。这种硬盘盒最大的特点就是可以反射光，看起来光彩夺目，但很容易留下手印，由于工艺原因，通常使用普通钢板，受压能力较弱。

(3) 皮革材质。这种采用皮革材质的移动硬盘盒比较少见，因为成本较高，多为金属面粘贴包围设计，看起来高贵典雅，不过对硬盘盒的抗震、抗压能力意义不大，散热不好。

(4) 工程塑料外壳。塑料制成的硬盘外壳分为两种：一种为磨砂外壳设计，另一种为抛光设计。抛光设计的移动硬盘盒外壳可以在上面印刷更多更丰富的图片样式，使其看起来更加活泼，有的甚至可以更换外壳。而磨砂设计的硬盘盒看起来具有神秘感。塑料外壳设计的移动硬盘抗压能力一般，散热不好。

(5) 网状金属外壳。这种网状金属外壳可以给人一种独一无二的感觉，通过网孔可以隐约看到内部工作的硬盘，让人感觉很惬意。但由于物理原因，网状金属外壳在抗震、抗压测试中表现一般。

金属材质以铝合金为主，少数使用铝镁合金。

3．接口

移动硬盘盒的主流接口有两种：USB 2.0 接口和 IEEE 1394 接口。USB 又分为标准 USE 接口和小 USE 接口，但随着 SATA 接口的普及，用来外连使用的 eSATA 接口也在悄然流行(需外接 USB 供电)，目前的主流还是小 USB 2.0 接口。

4．PCB 板

移动硬盘盒的 PCB 板分为小板设计和全尺寸大板设计两种。

小板设计的 PCB 无需给硬盘安装固定螺钉，硬盘安装后稳定性较差，抗震能力一般，但这种方法可以有效地节约硬盘盒成本。

全尺寸大板设计的 PCB 能将硬盘完全固定、贴合在板面上，使硬盘盒在遭受撞击的时候可以让硬盘在体内更加稳定，但是相比于小板设计的硬盘盒，大板设计的 PCB 的散热性较弱，建议配金属材质的盒体。

5．制造商

移动硬盘盒的制造商主要有时钛尚、彩虹翎、金河田、瀚士威、SSK 飚王、Tt、酷冷至尊、OMATA、元谷、优群、图美等。

6.3.3　硬盘的选购

移动硬盘中的硬盘按尺寸分为 3.5 英寸(台式机硬盘)、2.5 英寸(中低端笔记本电脑硬盘)、1.8 英寸(部分型号高端笔记本电脑硬盘)和 1 英寸(微硬盘)四种。

3.5 英寸移动硬盘虽然容量大、转速高，但很笨重，而且使用的时候还需要外接电源，非常不方便。

1.8 英寸移动硬盘虽然体积小，但容量小、转速慢、价格高，目前被 U 盘压制而迟迟不能流行。

1 英寸移动硬盘虽然体积很小(只有 CFⅡ卡大小)，但容量更小、转速更慢、价格更高，基本已成淘汰趋势。

移动硬盘以 2.5 英寸硬盘为首选，下面介绍其转速、缓存、接口、容量及制造商的选择。

2.5 英寸硬盘的转速有 4200 r/min、5400 r/min、7200 r/min 三种，其中 4200 r/min 的已趋于淘汰，7200 r/min 的价格较高，5400 r/min 的价格最低，为首选。

2.5 英寸硬盘的缓存有 2 MB、8 MB、16 MB 三种，其中 2 MB 的缓存已被淘汰，16 MB 的价格较高，8 MB 的硬盘为首选。

2.5 英寸硬盘的接口有 IDE 和 SATA 两种，IDE 的型号现在比较少，同样容量的要比 SATA 接口的还要贵，不推荐用户选择，SATA 接口的硬盘为首选。

2.5 英寸硬盘的容量从最初的 10 GB、20 GB、40 GB、60 GB、80 GB，到现在的 120 GB、160 GB、250 GB、320 GB、500 GB，以 250 GB 和 320 GB 的性价比最高。

因此，目前用户应该选购 2.5 英寸、5400 r/min、8 MB 缓存、SATA 接口的 250 GB 或 320 GB 硬盘，其综合性价比最高。

硬盘的制造商有日立、希捷、三星、富士通、西部数据等几家。同样指标的价格差异不大，用户可以根据对其品牌的认同感来选择，笔者推荐使用希捷和富士通。

6.3.4　移动硬盘的使用

移动硬盘不同于台式机硬盘，要经常在恶劣的环境下工作，良好的使用习惯能延长硬盘的使用寿命。

1．新移动硬盘分区和格式化

用户选定了移动硬盘盒和移动硬盘后，一般由商家进行组装、分区和格式化，然后进行文件复制、删除等操作，以便检验移动硬盘盒和移动硬盘的质量。

新移动硬盘必须先分区和格式化，然后才能使用。分多少个逻辑驱动器可以按硬盘容量大小和使用要求由用户自己来确定，原则上不超过 4 个，逻辑驱动器太多也会影响速度。

这里以 120 GB 移动硬盘为例，在 Windows 2000/XP 下分 3 个逻辑驱动器，按 40 GB 大小划分，具体分区和格式化的步骤如下：

(1) 右键单击“我的电脑”→选“管理”→“计算机管理”→“磁盘管理”，打开“磁盘管理”对话框，如图 6-19 所示。

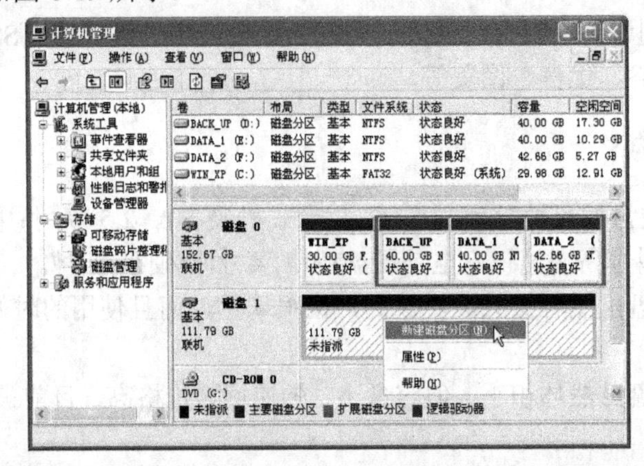

图 6-19　“磁盘管理”对话框—“未指派”区域的“黑色”状态

可以看到，磁盘 1 显示的是 120 GB(实际容量只有 111.79 GB)的移动硬盘“未指派”区域的“黑色”状态。

(2) 在“未指派”区域上单击右键→选“新建磁盘分区”，打开“新建磁盘分区向导”对话框，如图 6-20 所示。

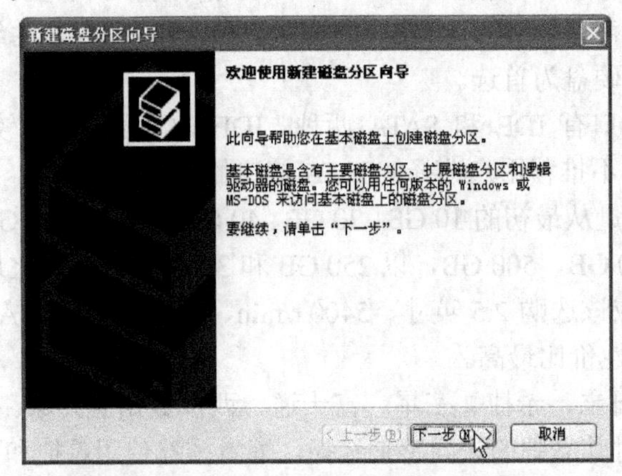

图 6-20　“新建磁盘分区向导”对话框

(3) 单击“下一步”按钮，显示“选择分区类型”对话框，如图 6-21 所示。

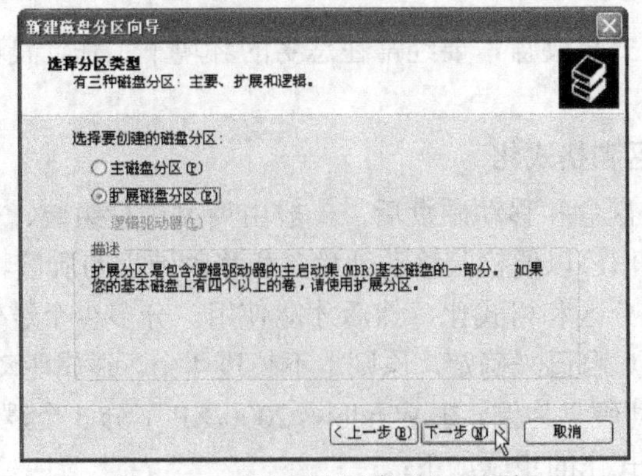

图 6-21　“选择分区类型”对话框

如果移动硬盘将来准备用来作为启动盘，则选择“主磁盘分区”，否则选择“扩展磁盘分区”。

(4) 单击“下一步”按钮，显示“指定分区大小”对话框，如图 6-22 所示。

系统默认将全部容量指派给你选择的分区类型。如果选择了“主磁盘分区”，可以重新输入一个分区容量，剩下的容量再指派给“扩展磁盘分区”；如果选择了“扩展磁盘分区”，可以默认全部容量。

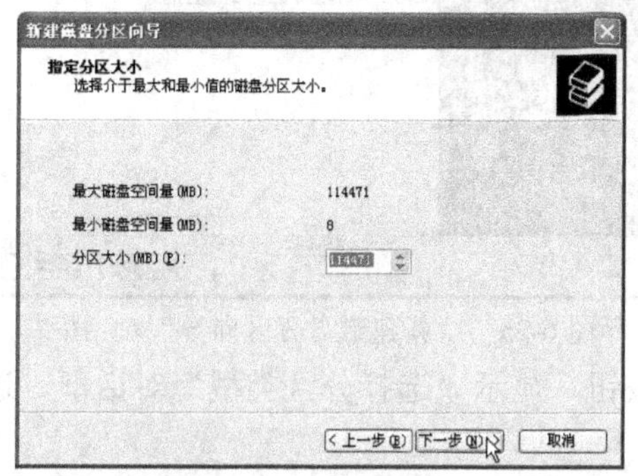

图 6-22　“指定分区大小”对话框

(5) 单击“下一步”按钮，显示“正在完成新建磁盘分区向导”对话框，如图 6-23 所示。

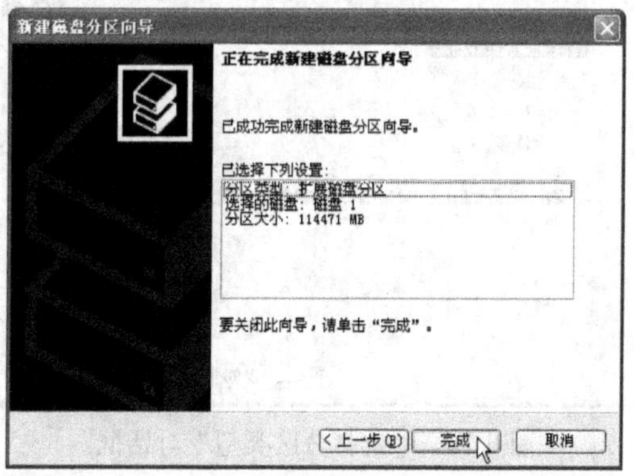

图 6-23　“正在完成新建磁盘分区向导”对话框

(6) 单击“完成”按钮，显示“磁盘管理”对话框，“未指派”区域变成“可用空间”的“绿色”状态，如图 6-24 所示。

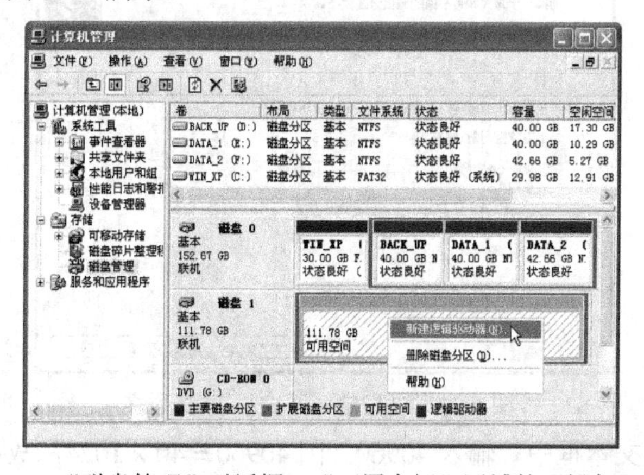

图 6-24　“磁盘管理”对话框—“可用空间”区域的“绿色”状态

(7) 在“可用空间”区域上单击右键→选“新建逻辑驱动器”，打开“新建磁盘分区向导”对话框，新建第一个逻辑驱动器，如图 6-25 所示。

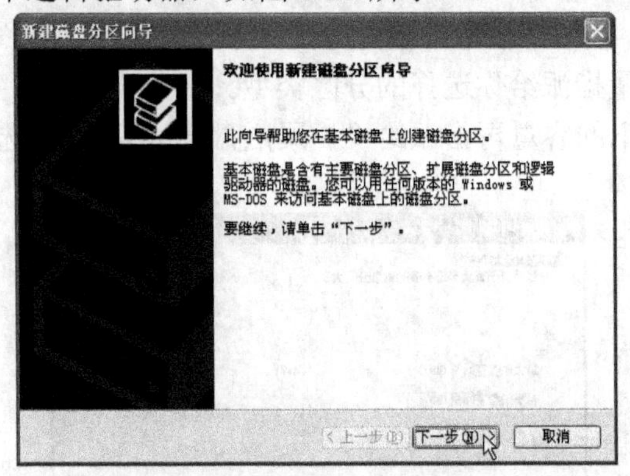

图 6-25　“新建磁盘分区向导”对话框

(8) 单击“下一步”按钮，显示“选择分区类型”对话框，选择“逻辑驱动器”，如图 6-26 所示。

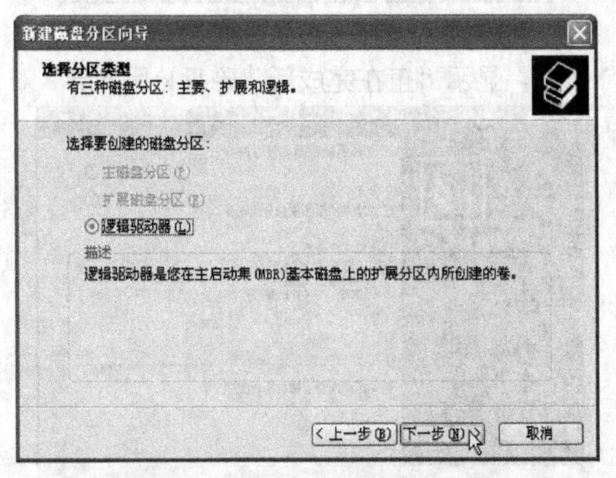

图 6-26　“选择分区类型”对话框

(9) 单击“下一步”按钮，显示“指定分区大小”对话框，如图 6-27 所示。

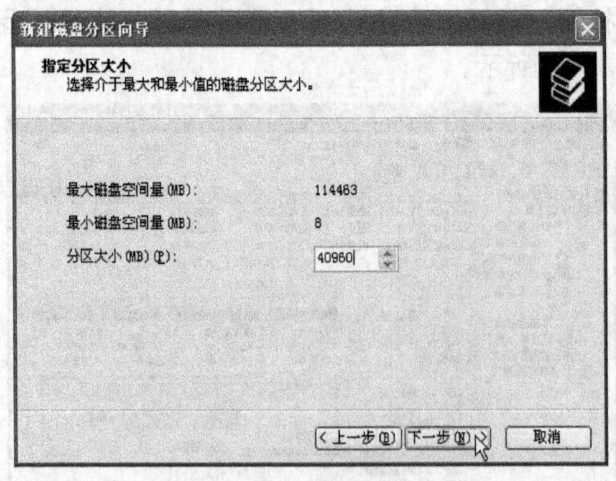

图 6-27　“指定分区大小”对话框

在“分区大小”文本框中，输入 40960。因 $40960 = 40 \times 1024$，故第一个逻辑驱动器分出来的容量正好是 40 GB。

(10) 单击“下一步”按钮，显示“指派驱动器号和路径”对话框，使用默认值，如图6-28 所示。

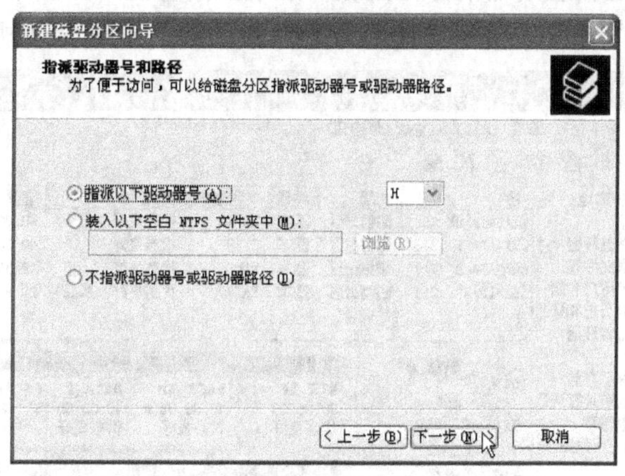

图 6-28　“指派驱动器号和路径”对话框

(11) 单击“下一步”按钮，显示“格式化分区”对话框，勾选“执行快速格式化”，其他使用默认值，如图 6-29 所示。

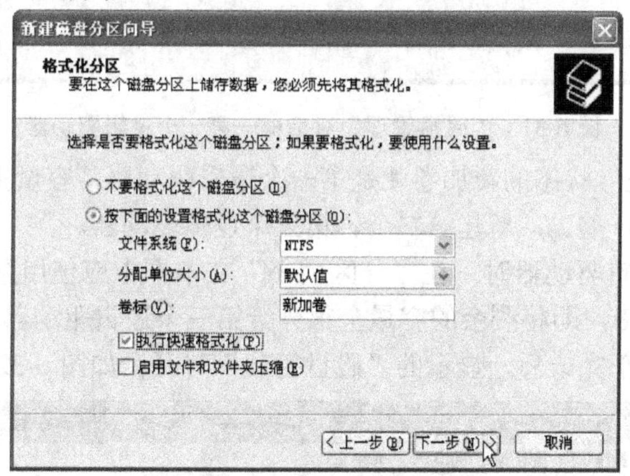

图 6-29　“格式化分区”对话框

(12) 单击“下一步”按钮，显示“正在完成新建磁盘分区向导”对话框，如图 6-30 所示。

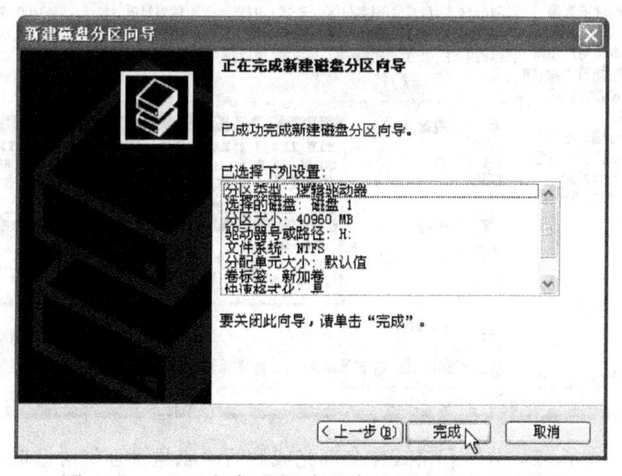

图 6-30　“正在完成新建磁盘分区向导”对话框

注意：图 6-23 和图 6-30 的区别是，前者是完成扩展磁盘的分区，后者是完成逻辑驱动器的分区和格式化。逻辑驱动器的分区是在扩展磁盘的分区中分出来的。

(13) 单击“完成”按钮，显示“磁盘管理”对话框，如图 6-31 所示。

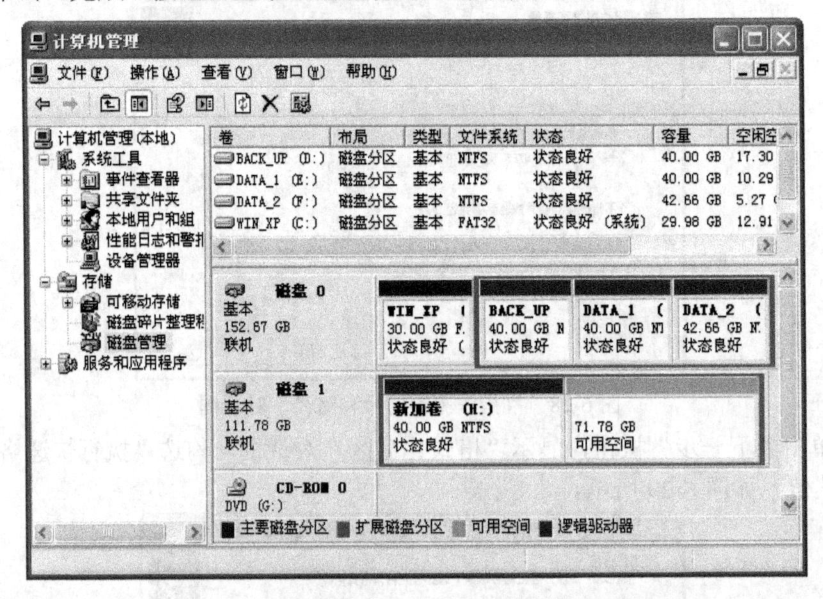

图 6-31　“磁盘管理”对话框—第一个逻辑驱动器

可以看到，“蓝色”状态的新加卷就是第一个逻辑驱动器，容量正好是 40 GB。

(14) 重复步骤(7)～(12)，新建第二个、第三个逻辑驱动器。

在新建第三个逻辑驱动器时，在“分区大小”文本框中应使用系统默认的容量，因为剩余的容量不足 40 GB，即将剩余的容量全部分给第三个逻辑驱动器。

分区和格式化全部完成后，显示的“磁盘管理”对话框如图 6-32 所示。

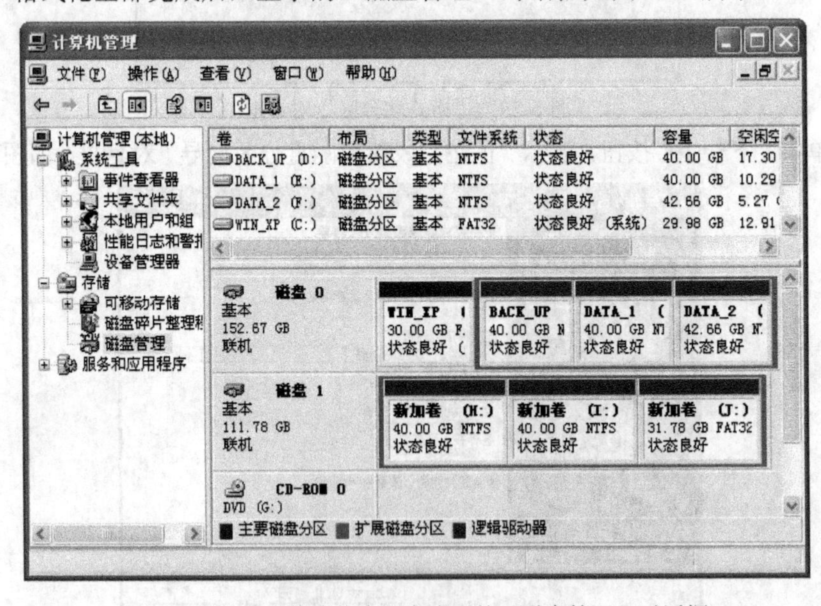

图 6-32　分区和格式化全部完成后的“磁盘管理”对话框

(15) 关闭“计算机管理”对话框。

用户在使用过程中如果觉得分区不合理或容量大小不合适，也可以自己重新分区。重新分区必须先做好数据备份工作，然后依次删除分区，按上面介绍的新移动硬盘的分区和格式化的步骤进行操作。

2. 移动硬盘的使用

(1) 正确取电，保证安全。

移动硬盘盒都配有双 USB(辅助供电)的插头，一般在使用时，只要将其中一根带双线的 USB 插头与电脑的 USB 接口相连即可使移动硬盘工作。现在的大容量移动硬盘在工作时需要更大的工作电流，建议将另一根带单线的 USB 插头也与电脑相连，保证输入电流达到 1000 mA，从而使移动硬盘能稳定地工作。

在电脑的 USB 接口不够的情况下，特别是笔记本电脑，可以使用外接电源供电。移动硬盘盒一般都设计有外接电源插座，另配一个 +5 V、1 A 的电源变压器很有必要(可能的话最好配 +5 V、2 A 的电源变压器)，但要注意正、负极不要反了。

笔记本电脑在户外使用时，只连接带双线的 USB 插头时，可能会不能识别移动硬盘，建议使用双 USB 的插头供电。

尽量不使用台式机的前置 USB 接口，因为该接口是通过机箱提供的连接线与主板上的 USB 扩展口相连，可能会出现供电不足或连接不可靠的情况。

尽量不使用 USB 延长线，因为这样会带来连接不可靠和数据衰减的情况。

(2) 正确保存，安全卸载。

大文件(视频文件等)可以直接使用复制命令，小文件(音频文件或图片文件等)建议先用 WinRAR 打包后再复制。

不要长期将移动硬盘挂接在电脑上，特别是不要将移动硬盘放在保护套中使用，避免过热；平放工作，避免震动、灰尘侵入，远离磁场；数据读取、写入完成后，先卸载再拔出。

(3) 不要整理移动硬盘碎片，少进行格式化处理。

使用台式机和笔记本电脑的用户会定期整理硬盘碎片，也就很自然地会对移动硬盘的碎片进行整理。其实，移动硬盘是通过硬盘盒中的芯片将其转换成 USB 或 IEEE 1394 接口与电脑连接，其数据传输率本来就比台式机和笔记本电脑中的硬盘要低(一般只有不到它们的 1/2)，整理碎片时，数据会频繁地上行和下行，使其数据传输率更低，整理过程非常漫长，特别是大容量移动硬盘。频繁地整理碎片有可能损伤硬盘，缩短使用寿命。正确的方法是将要整理的分区的数据全部复制出来，然后删除分区的全部数据，再复制回去。

除非万不得已，移动硬盘同样尽量少做格式化操作，频繁格式化硬盘会严重缩短使用寿命，硬盘连续格式化 30 次左右，基本上就报废了。

思考与训练

1. 常用移动存储设备有哪些？已经淘汰的有哪些？
2. 闪存卡有哪几种？主流闪存卡是哪几种？

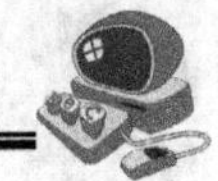

3. U 盘有哪些种类？如何选购？
4. U 盘的使用要注意哪些事项？
5. 选购移动硬盘要注意哪些方面？
6. 如何对 USB 移动硬盘进行分区和格式化？
7. USB 移动硬盘的使用要注意哪些事项？
8. 按不超过 500 元的标准，选购一款移动硬盘，并说出购买理由。

第7章　数码相机

本章要点

- ☑ 认识数码相机
- ☑ 数码相机的参数
- ☑ 选购数码相机
- ☑ 数码相机的使用
- ☑ 数码相机的维护

数码相机从诞生之日起就以独特的优势备受人们的关注，各大厂商纷纷推出个性的机型吸引消费者，人们不再怀疑数码相机的表现能力。大规模的生产使以前高昂的价格迅速下降，可选择的机型也越来越丰富。本章将介绍选购和使用数码相机的相关知识。

7.1　认识数码相机

7.1.1　数码相机概述

数码相机的光学原理与传统照相机一样，区别在于传统照相机使用碘化银作为感光化学介质(即胶片)，而数码相机采用 CCD(Charge Coupled Device，电荷藕合器)或 CMOS (Complementary Metal-Oxide Semiconductor，互补金属氧化物半导体)作为记录光线的光敏介质(即图像传感器)。所以，数码相机从诞生的时候起就具有数码特性，它可以直接将拍摄的画面输入电脑内，并且能够随时观看拍摄效果，不满意可以重拍，无需购买胶卷。

在数码相机诞生初期，拍摄的照片只能传输给电脑进行处理，随着高质量的照片打印机进入家庭和数码冲印馆的普及，数码相机拍摄的照片也能够迅速冲印成照片，就使用方便性而言，数码相机有着传统照相机无法比拟的优势。

随着数码相机性能的提升、价格的下降，以及电脑的普及和打印机技术的发展，数码相机在全世界的普及率迅猛发展增加，目前已经取代了传统照相机。

7.1.2　数码相机的工作原理

数码相机工作原理方框图如图 7-1 所示。

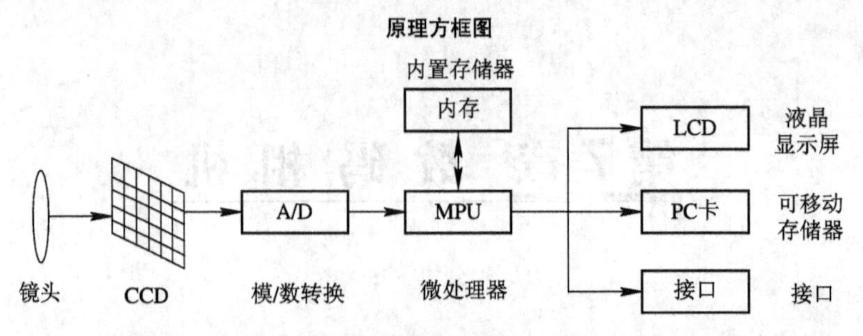

图 7-1 数码相机工作原理方框图

在光学原理上，数码相机和传统照相机是一样的，都是将被摄物体反射来的光线通过镜头在感光器上成像。数码相机使用 CCD 取代传统的胶片作为图像传感器，CCD 是由数百万个独立的光敏元件组成的，这些光敏元件通常排列成与取景器相对应的矩阵。外界景象所反射的光透过镜头照射在 CCD 上，并被转换成电荷，每个元件上的电荷量取决于它所受到的光照强度。当按动数码相机上的快门按键时，CCD 将各个光敏元件的信息传送到一个 A/D(模/数)转换器上，A/D 转换器将数据编码后送到 RAM 中，此时即可看到一张完整的数码照片。

很明显，CCD 上光敏元件的数量直接影响到最后生成数码照片的大小，用数码相机和传统照相机拍摄同一个画面，取其局部放大，当达到一定尺寸时，银盐胶片所拍摄的影像会呈现其成像的基本元素——银盐颗粒，而数码相机拍摄的影像也会呈现其成像的基本元素——像素，表现为常说的马赛克。

CCD 上的每个光敏元件都是一个小的电容，有探测光信号和记忆的能力。通常，记录的影像信号是没有颜色的，通过在图像传感器前放置 RGBG 的颜色滤镜来产生颜色，多出的一种颜色是为了生成影像的反差，CCD 将光信号转换成模拟的电信号，然后送到 A/D 转换器中。

A/D 转换器又叫做 ADC(Analog Digital Converter，模/数转换器)，它是将模拟电信号转换为数字信号的器件。A/D 转换器的主要指标是转换速度和量化精度。转换速度是指将模拟信号转换为数字信号所用的时间，由于高分辨率图像的像素数量庞大，因此对转换速度要求很高，当然高速芯片的价格也相应较高。量化精度是指可以将模拟信号分成多少个等级。如果说 CCD 是将实际景物在 X 和 Y 方向上量化为若干像素，那么 A/D 转换器则是将每一个像素的亮度或色彩值量化为若干个等级。这个等级在数码相机中叫做色彩深度。数码相机的技术指标中都给出了色彩深度值。其实色彩深度就是色彩位数，它以二进制的位(bit)为单位，用位的多少表示色彩数的多少，常见的有 24 bit、30 bit 和 36 bit。

数码相机要实观测光、运算、曝光、闪光控制、拍摄逻辑控制以及图像的压缩处理等操作，就必须有一套完整的控制体系。数码相机通过 MPU(Micro Processing Unit，微处理器)实现对各个操作的统一协调和控制。和传统照相机一样，数码相机的曝光控制也可以分为手动和自动两种。手动曝光就是让摄影者调节光圈大小和快门速度。自动曝光方式又可以分为程序式自动曝光、光圈优先式曝光和快门优先式曝光。MPU 通过对 CCD 感光强弱程度的分析调节光圈和快门，通过机械或电子控制调节曝光。

经过 A/D 转换后的数字信号，再通过 MPU 的处理，最后送给专门的闪存卡来存储。闪存卡可以多次擦写，所以节省了大量的胶卷投入，这也是数码相机的一大优点。

7.1.3　数码相机的存储装置

数码相机省去了频繁更换胶卷的烦恼，取而代之的是存储装置。存储装置是各种闪存卡的插槽，数码相机一般有对应一种闪存卡的插槽，也有部分数码相机配有可插两种闪存卡的插槽。目前，数码相机使用得最多的是 SD 卡和 MS 卡。

7.1.4　数码相机的优点

从前面的原理介绍中，已经可以初步了解到数码相机具有的各种优势。其很多优点是传统照相机无法比拟的：

(1) 无须胶卷。传统照相机因为采用胶卷作为感光器件，照相时需要购买并安装胶卷，除了胶卷本身的成本，安装和取下胶卷也是一件非常烦琐的事情。照完一张相片，还需要拨片，虽然很多传统照相机已经采用电动卷片，但消耗的电池也是一项成本。而数码相机成像后直接存储在闪存卡里，无须胶卷，可以节省下胶卷的成本，也省去了卷片的烦恼。

(2) 即拍即看。数码相机最大的优点就是拍摄完后立刻能够看到拍摄图像的情况。大多数数码相机都带有 LCD 液晶显示屏，可以随时浏览已经拍摄的照片，如果发现不好可以立即删除，不会浪费胶卷。而且在拍摄过程中，可以直接观察到所要拍摄的范围，比取景框使用起来更加方便。

(3) 可以编辑。数码相机拍摄的图像是以数字的形式记录下来的，因此，将数码相机拍摄的照片传送给电脑以后，就可以利用各种图像处理软件进行编辑加工。可以通过 E-mail 将照片传给远方的亲友，在网络上共享自己的摄影成果等，其使用更为方便。

(4) 存放容易，品质永恒。现在各种各样的存储方式既方便又可靠，数码照片拥有数字的优势，可以存储在硬盘、U 盘、CD-R 等媒体中。而且数码图像可以无数次地复制，没有普通照片保存时间上的限制，可以永久保存。

7.2　数码相机的参数

因为数码相机的光学原理和传统照相机一样，所以传统照相机所要求的各项参数在数码相机中也要采用。另外，数码相机因为采用特殊的 CCD 器件，所以还有数码影像的各项参数，如像素、分辨率等。

1．像素

数码图像最基本的单位就是像素，数码相机拍摄图像的像素数取决于照相机内 CCD 器件上光敏元件的数量，像素越多，拍摄的图像精度越高。

在数码相机中，像素分为总像素和有效像素。总像素是 CCD 器件上光敏元件的全部像素；有效像素是实际参与成像的像素。有效像素都比总像素要小，这是由于实际成像时，去掉了 CCD 器件上 4 个边缘的像素的缘故，因为这 4 个边缘的像素会使成像虚化。

在数码相机中有个非常关键的部件，即将光信号转变为模拟电信号的图像传感器。目前，有两种这样的部件：CCD 和 CMOS。CMOS 以前常被用在摄像头等设备里，佳能公司

首先将大尺寸 CMOS 传感器用于单镜头反光的数码相机中，其成像质量已经接近 CCD。

现在，像素的多少成了数码相机的卖点，数码相机的像素从最初的 130 万，发展到 200 万、300 万、400 万、500 万、600 万、700 万、800 万、900 万、1000 万、1200 万、1300 万，甚至 1500 万和 2000 万，厂家和销售人员也在不遗余力地推销高像素数码相机，似乎高像素才是购买数码相机的唯一指标。其实，这是在误导用户，对于个人用户而言，300 万像素和 1000 万像素拍出来的照片，如果放大成 5 英寸(普通用户最常用的放大尺寸)的照片，其效果没有明显的区别，只有在放大 30 英寸以上才能看到细节上的差异。

2．分辨率

数码相机的分辨率指的是感光设备 CCD 的有效图像获取像素值。只要拥有足够的像素值，在拍摄完成之后，便可以借助对图像分辨率的调整，得出足够大而精致的成品。

数码相机的分辨率是可以调整的，其中最大分辨率的乘积等于有效像素的值。例如：

1600 × 1200 = 192 万有效像素，总像素 211 万；

2048 × 1536 = 314 万有效像素，总像素 324 万；

2240 × 1680 = 376 万有效像素，总像素 400 万；

2592 × 1944 = 504 万有效像素，总像素 525 万；

3008 × 2000 = 600 万有效像素，总像素 630 万；

3072 × 2304 = 708 万有效像素，总像素 740 万；

3264 × 2448 = 799 万有效像素，总像素 830 万；

3456 × 2592 = 895 万有效像素，总像素 1030 万；

3648 × 2736 = 998 万有效像素，总像素 1060 万；

4000 × 3000 = 1200 万有效像素，总像素 1240 万。

数码相机在使用时，并不是只能使用最大分辨率，可以根据具体情况调整分辨率。如尼康 COOLPIX P6000 数码相机可使用的分辨率有：4224 × 3168(13M，最大分辨率，相当于 1340 万有效像素)，3264 × 2448 (8M，相当于 800 万有效像素)，2592 × 1944(5M，相当于 504 万有效像素)，2048 × 1536(3M，相当于 314 万有效像素)，1600 × 1200(2M，相当于 192 万有效像素)，1280 × 960(1M，相当于 123 万有效像素)，1024 × 768(PC，相当于 78 万有效像素)，640 × 480(TV，相当于 30 万有效像素)，4224 × 2816(3∶2，相当于 1189 万有效像素)，4224 × 2376(16∶9，相当于 1003 万有效像素)，3168×3168(1∶1，相当于 1003 万有效像素)等(括号内有容量的是拍摄一张照片所占用的存储空间)。

数码相机的分辨率直接反映出能够打印出的照片尺寸的大小，分辨率越高，在同样的输出质量下可打印出的照片尺寸越大。但分辨率越高，照片所占用的存储空间也越大，在闪存卡的容量不变时，所能拍摄的照片张数就越少，为了能存放更多的照片，就需要购买更大容量的闪存卡。

3．CCD 尺寸

一般来说，CCD 尺寸越大，能容纳的光敏元件的数量就越多，像素也越高，拍摄的图像精度就越清晰。

目前，CCD 尺寸一般有 1/2.7 in、1/2.5 in、1/2.3 in、1/1.8 in、1/1.7 in、2/3 in、22.5 mm × 15 mm、28.7 mm × 19.1 mm、32.5 mm × 23.9 mm 以及 36 mm × 24 mm 全尺寸(与 35 mm 胶

片尺寸相同)等。

在选购数码相机时，尽量选择 CCD 尺寸大的，即在像素相同时选 CCD 尺寸大的，在 CCD 尺寸相同时选像素少的，因为同样尺寸的 CCD，像素越多，其光敏元件之间的距离就越近，串扰越严重，对画质的影响也就越大，这是选购的原则。

4. 变焦能力

和传统照相机一样，数码相机也使用光学镜头，为了能够拍摄远方或近距离的特写，绝大多数数码相机都配置了有变焦能力的光学镜头。

在数码相机中，变焦能力分为光学变焦和数字变焦。光学变焦就是利用调节镜头的光学系统来改变镜头的焦距，这一点，数码相机和传统照相机没有区别。数字变焦则是数码相机专有的一个崭新的概念，利用照相机自身的处理能力将局部图像进行数码插值取大，看到的图像变大了，似乎呈现了更多的细节，像镜头焦距变化了一样，但实际细节并没有增加，因为多出的像素并非由镜头实际摄入记录而来，而是软件插值计算而来，这一点和扫描仪的插值分辨率道理类似。

与传统照相机的变焦表示方法不同，数码相机以简单易懂的放大倍数来表示。如尼康 COOLPIX P6000 数码相机，拥有 4 倍光学变焦镜头和 4 倍数码变焦能力。

现在的数码相机，有些机型的光学变焦倍数已经达到了 18 倍甚至 24 倍。

5. 感光度

在使用传统照相机的时候，可以根据拍摄环境的亮度选用不同的感光度(速度)的底片，例如一般阴天的环境可用 ISO200，黑暗如舞台、演唱会的环境可用 ISO400 或更高。根据国际标准 ISO 来确定的胶卷感光度叫 ISO 感光度。感光度值成倍数，感光度也成倍数(例如，200 度是 100 度的两倍)，胶卷感光度是决定曝光的基准。数码相机内也有类似的功能，它借着改变感光芯片里信号放大器的放大倍数来改变 ISO 值，但当提升 ISO 值时，放大器也会把信号中的噪声放大，产生颗粒感的影像。普通消费类数码相机或带有拍照功能的手机，在光线不好的地方，为了能正确曝光，会自动提升感光度的值，拍出来的照片有较多颗粒。

6. 曝光能力

数码相机和传统照相机一样，也需要通过快门和光圈等的设置来控制曝光过程。

快门速度与光圈值成反比例关系：快门速度快(光量少)——开大光圈(光量多)；快门速度慢(光量多)——缩小光圈(光量少)。

光圈值用光圈系数来表示，标准的光圈值有 F1.4、F2、F2.8、F4、F5.6、F8、F11、F16、F22。F 后面的光圈系数越小，表示进入的光量越多，反之进入的光量越少。

快门速度以 s 为单位表示，标准的快门速度有 30、15、8、4、2、1、1/2、1/4、1/8、1/15、1/30、1/60、1/125、1/250、1/500、1/1000、1/2000、1/4000、1/8000 s。

快门速度越慢，表示打开快门的时间越长，进入的光量越多，反之打开快门的时间越短，进入的光量越少。

对于消费类数码相机，其光圈和快门范围远远小于上面所列的光圈和快门范围，适应的场合有限；对于单反数码相机，其光圈范围和快门范围也会更宽一些，能适应更多的场合并实现正确曝光，这也是单反数码相机比消费类数码相机的价格要高出许多的原因之一。

正确曝光的快门光圈组合不是一种，不同的快门光圈组合方式会产生不同的表现。例如，如果F5.6和1/60 s是一种正确的曝光组合，那么F4和1/125 s、F2.8和1/250 s、F2和1/500 s等也同样能正确地曝光。

光圈越大，即F后面的光圈系数越小，拍摄后得到的景深越短，能突出主题，有虚化背景的效果；光圈越小，即F后面的光圈系数越大，拍摄后得到的景深越长，有突出纵深感的效果。

焦距同样也可以控制景深，焦距越短景深越长，焦距越长景深越短。光圈、焦距要结合起来使用控制景深。

快门速度越快，越能凝固快速移动的物体；反之会使快速移动的物体发虚。当快门速度比焦距的倒数还慢时，必须使用三脚架固定照相机，否则会使整个画面发虚。

正确的曝光量对成像质量非常重要，曝光不足，画面就会很暗，曝光过度，画面就会发白，即使后期修改也无法弥补。对于数码相机而言，宁可曝光不足，也不能曝光过度。

数码相机一般采用AE(Auto Expose，自动曝光)功能来侦测被拍摄对象的亮度，即测光，然后确定使用何种光圈和快门的组合。消费类数码相机一般都有矩阵测光和中央重点测光等测光方式。

7. 白平衡

在不同的光源下，因色光成分不同(色温不同)，拍摄出来的相片会偏色。例如，光源色温较低时光线中的红、黄色光含量较多，所拍出的照片色调会偏红、黄色调；相反，如光源色温较高时光线中的蓝、绿色含量较多，所拍出的照片色调会偏蓝、绿色调。正因为有了光线色温的变化才会有偏色，白平衡功能就是用来平衡色彩的，使之能在不同的光源下，不会产生偏色。

目前的数码相机都带有白平衡功能，较低档的机型一般都采用自动白平衡调整，半专业的机型都具有多种白平衡模式。在选购数码相机时，最好选择具有自动和手动两种方式、多种白平衡调整模式功能的数码相机。

8. LCD显示屏

为了能够在拍摄后立即观测拍摄的效果和方便取景，数码相机上除了传统的取景框(在卡片数码相机中已经取消了)外，还有一个LCD显示屏的取景器。使用LCD显示屏取景时，不需要把眼睛紧贴在照相机上，而要稍微离开一点距离，以使得取景一目了然。还有部分数码相机的LCD显示屏可以旋转，更加方便取景，如在拥挤的人群中，只要把照相机举过头顶，旋转LCD显示屏取景即可，也方便自拍。现在，有部分数码相机采用LCD触摸屏，如索尼的T系列和TX系列，可用手或触摸笔直接在LCD显示屏上进行菜单设置和用手滑动来翻看照片，非常方便。

在取景时，在LCD显示屏上可以显示快门速度、光圈大小、ISO值和可拍张数等信息，更加方便了解拍摄时的状态。

LCD显示屏还能够把拍摄过的照片进行回放，随时可以显示出照相机闪存卡中记录的全部照片影像。发现不满意的照片可以删除，以节省存储空间，再进行补拍。LCD显示屏的不足之处是显示精度有限，不能观察被摄体的细节；另外，在户外使用时，LCD显示屏的亮度不够等。

LCD显示屏还可以用于显示菜单，对菜单中设置的参数一目了然。LCD显示屏的大小和显示的像素也是我们关注的指标。目前，LCD显示屏的大小有1.5 in、1.8 in、2 in、2.5 in、2.7 in、3 in、3.5 in等。当然，显示屏越大则越耗电。LCD显示的像素有6.7万像素、11.8万像素、12.3万像素、13.4万像素、15万像素、21.1万像素、23万像素、46万像素、92万像素等。LCD的尺寸越大，则显示的像素越高，取景和回放效果越好，并且在回放放大观看时，能看到更多的细节。

9. 输出接口

目前的数码相机基本上都采用USB 2.0接口与电脑连接，但大多数都要安装驱动和相关软件，不是很方便，使用读卡器可以很方便地将数码相机闪存卡中的照片和视频下载到电脑中。另外，许多数码相机具有视频输出方式，可以直接将照片和视频图像输出到电视机等监视设备上观看。

10. 存储格式

数码相机拍摄的照片有三种保存格式：TIFF、RAW和JPEG。

1) TIFF格式

TIFF是Tagged Image File Format(标签图像文件格式)的缩写，由Aldus公司创建，后缀名为“.TIF”。

TIFF格式主要用于保存和编辑来自扫描仪的高分辨率、多灰度等级的图像文件格式。这种格式的文件能够完整地保存图像的信息，但是文件要占用很大的存储空间，常见的图像编辑软件都能打开和编辑这种格式的文件。

2) RAW格式

RAW是RAW Image Format(原始图像格式)的缩写，后缀名为“.RAW”。

RAW是一种十分先进的无损压缩格式，能得到最佳质量的图像，但是不能直接打开，必须使用专用的软件打开，并将其转为TIFF或JPEG格式保存。这种文件格式主要用在数码相机上。

3) JPEG/JPEG2000格式

JPEG是Joint Photographic Experts Group(联合图像专家组)的缩写，后缀名为“.JPG”或“.JPEG”。

JPEG/JPEG2000是所有数码相机都支持的、应用最为广泛的图像格式。

JPEG格式由软件开发联合会组织制定，是一种有损压缩格式，能够将图像压缩在很小的储存空间，图像中重复或不重要的资料会被丢失，因此容易造成图像数据的损伤。尤其是使用过高的压缩比例，将使最终解压缩后恢复的图像质量明显降低，但是JPEG压缩技术十分先进，它用有损压缩方式去除冗余的图像数据，在获得极高的压缩率的同时能展现十分丰富生动的图像，即可以用最少的磁盘空间得到较好的图像品质。JPEG又是一种很灵活的格式，具有调节图像质量的功能，允许用不同的压缩比例对文件进行压缩，支持多种压缩级别，压缩比率通常在10∶1到40∶1之间。压缩比越大，品质就越差；相反，压缩比越小，品质就越好。

JPEG2000作为JPEG的升级版，其压缩率比JPEG高约30%，同时支持有损和无损压缩。JPEG2000格式有一个极其重要的特征在于它能实现渐进传输，即先传输图像的轮廓，

然后逐步传输数据，不断提高图像质量，让图像由朦胧到清晰显示。此外，JPEG2000 还支持所谓的感兴趣区域特性，可以任意指定影像上感兴趣区域的压缩质量，还可以选择指定的部分先解压缩。

JPEG2000 和 JPEG 相比优势明显，且向下兼容，因此可取代传统的 JPEG 格式。JPEG2000 既可应用于传统的 JPEG 市场，如扫描仪、数码相机等，又可应用于新兴领域，如网路传输、无线通信等。

从影像品质来看，RAW 和 TIFF 最好；从文件尺寸来看，TIFF 文件最大，这在存储空间有限的条件下属于缺点；兼容性方面，RAW 文件需要由专用的软件打开，其优势在于高品质的影像品质和合理的文件尺寸，并可以调整原始数据参数，如白平衡等。

所有的数码相机都支持 JPEG/JPEG2000 格式，部分数码相机支持 JPEG/JPEG2000 加 RAW 格式或 JPEG/JPEG2000 加 TIFF 格式，只有少数单反数码照相机支持这三种格式。

RAW、TIFF 和 JPEG 三种文件格式比较见表 7-1。

表 7-1　RAW、TIFF 和 JPEG 三种文件格式比较

格式	品质	尺寸	兼容性	特　征
RAW	好	可接受	很差	可以调整参数
TIFF	好	太大	好	文件尺寸大，不能调整参数
JPEG	一般	很小	好	不能调整参数，压缩不可逆，影像品质稍差

11. 闪光灯

现在，所有的数码相机都内置有闪光灯，较高端的数码相机会提供一个闪光灯热靴，用来外接闪光灯。数码相机上的闪光灯有三种模式：

(1) 强制闪光：在任何光线情况下，当按下快门时，闪光灯都会闪光，并释放全部能量。

(2) 自动闪光：分为自动闪光和自动闪光加防红眼两种方式。光线不足时，当按下快门时，将自动开启闪光灯，并根据光线情况释放部分能量；光线充足时，将不会开启闪光灯。自动闪光加防红眼方式特别适合拍摄人脸时，防止瞳孔反射红光，避免产生红眼现象。

(3) 限制闪光：在任何光线情况下，都不会闪光。

12. 防抖技术

防抖技术是近几年数码相机新增加的一个功能。当手持数码相机使用大光学变焦倍数(光学变焦倍数在 10 倍以上)时或按下快门时动作过大，都会使拍摄的照片产生模糊，防抖技术能够比较有效地解决这个问题。

防抖技术有三种：电子防抖、光学防抖和高感光度防抖。

1) 电子防抖

电子防抖使用数字电路进行画面的处理产生防抖效果。当防抖电路工作时，拍摄画面只有实际画面的 90%左右，然后数字电路对照相机抖动方向进行模糊判断，进而用剩下的 10%左右画面进行抖动补偿。这种方式的特点是成本低，但却降低了 CCD 的利用率，对画面清晰度会带来一定的损失。也就是说，电子防抖是针对 CCD 上的图像进行分析，然后利用边缘图像进行补偿，就像光学变焦和数字变焦一样，它只是对采集到的数据进行后期处

理，治标不治本，并没有什么实际作用，相反，对于画质有一定程度的破坏。早期的数码相机采用这种防抖技术，现在已经被淘汰。

2) 光学防抖

目前，数码相机所运用的光学防抖技术分为两种：一种是镜头组光学防抖系统，它通过光学镜片偏移式原理来矫正手的抖动带来的影响，一般来说这种防抖系统是由检测部分、补偿抖动镜片组和驱动控制部分组成，并依靠补偿抖动镜片的浮动来矫正因为手的抖而引起的影像模糊；另一种是感光元件防抖系统，也就是我们常说的CCD移动防抖，一般来说它是通过内置感应器来检测机身的抖动，然后快速计算所需的补偿数据，并移动CCD来达到补偿手抖的效果。

镜头组光学防抖系统做在了镜头里，也叫镜头防抖。如果更换了不防抖镜头，就不再拥有光学防抖功能了。消费类数码相机不能更换镜头，所以不用担心，但是单反数码相机是可以更换镜头的。

感光元件防抖系统做在了机身里，也叫机身防抖。不管更换了什么镜头都能防抖，但从效果来看，镜头组光学防抖系统的效果比感光元件防抖系统要好。

拥有光学防抖的机型，可以在手持照相机拍摄的时候，将安全快门降低2～3挡，大部分情况下在广角端以慢速快门拍摄，也可以获得非常清晰的照片。

具有光学防抖功能的数码相机，在机身或镜头上都会有明显的标记，如尼康采用VR表示，佳能采用IS表示，松下采用O.S.I表示，索尼采用Optical Steady Shot表示。

3) 高感光度防抖

高感光度防抖是通过提高感光度ISO，从而提升快门速度，使照相机实际拍摄的快门速度高于安全快门来实现防抖的。但高感光度防抖好比一把双刃剑，由于提高了感光度，同时会带来噪点增多、色斑加剧、成像劣化等问题。感光度ISO在1600及以上的就称为高感光度防抖。

现在市场上出现了光学防抖加高感光度防抖的双防抖照相机，对两者进行了有机的结合，互为补充。在光线不足的情况下，光学防抖能抵消手持时产生的抖动，但对于拍摄相对运动的对象时，这项技术起不了作用，拍摄出来的画面往往是背景清楚，主角却模糊不清。而高感光度既能防止手抖，也能“凝结”运动中的被摄主体，但画面质量却会受到影响。

安全快门是指快门速度大于焦距的倒数。例如：焦距为100 mm，倒数是1/100，1/125 s就是安全快门；焦距为200 mm，倒数是1/200，1/250 s就是安全快门。可以看出，安全快门是随着焦距的变化而变化的。

13．面部识别

面部识别也是近几年数码相机新增加的一个功能，主要是为了在拍摄人的面部(正面)时使面部能正确曝光。开启面部识别功能后，在LCD显示屏上可以看到每个人的面部都有一个面部识别框，综合计算各框的亮度值，得到一个正确的曝光组合。面部识别框，如图7-2所示。

图7-2 面部识别框

7.3　选购数码相机

7.3.1　数码相机选购要素

最近几年，数码相机市场发生了很大变化，在专业和商业领域，数码相机已经有取代传统照相机的趋势，许多家庭用户和个人也已经购买或打算购买数码相机取代传统照相机。那么，在选购数码相机的时候该注意哪些问题呢？

1．根据需要选择档次

在选购数码相机之前一定要明确自己的需要，根据自己的需要去选择相应档次的机型。目前的数码相机种类很多，根据厂商达成的默契，大致可分成两大类：单反数码相机和消费类数码相机。单反是单镜头反光的简称，单反数码相机又分为专业级、准专业级和入门级；消费类数码相机又分为广角机、长焦机、卡片机和普通机。

1) 单反数码相机

● 专业级：是各厂家为专业摄影师的使用而设计生产的，主要包括佳能 EOS-1Ds Mark Ⅲ、尼康 D3X 等。它有系列镜头可以更换，有丰富的配件配套，在光学性能和曝光能力上有明显优势。

● 准专业级：具有很多专业级数码相机的功能，主要包括佳能 EOS 5D MarkⅡ、尼康 D700 等。它同样有系列镜头可以更换，有丰富的配件配套，能够满足没有能力购买专业级数码相机的摄影发烧友和商业用户的要求。

● 入门级：具有准专业级数码相机的大部分功能，主要包括佳能 50D、尼康 D90 等。它有部分系列镜头可以更换，有部分配件配套。它是在使用了消费类数码相机后，不满足其功能和性能的要求，想进入单反数码相机行列的初学者的首选。

2) 消费类数码相机

● 广角机：焦距广角端能达到 28 mm 及以内的消费类数码相机。

● 长焦机：光学变焦倍数达到 10 倍及以上的消费类数码相机。

● 卡片机：轻薄小巧，便于携带，内藏式镜头的消费类数码相机。

● 普通机：焦距在 28 mm 以上、光学变焦倍数在 10 倍以内、非轻薄小巧的消费类数码相机。

2．合适的像素

像素直接关系到最后成像的精度，随着厂家不遗余力地提高像素，似乎像素越高越好，其实，家庭使用的消费类数码相机的像素在 800～1000 万像素就足够了。如果经济条件允许，在像素相同时，要尽可能选择 CCD 尺寸大的，当然其价格也相应会高些。

3．合适的光学镜头

照相机的镜头相当于人的眼睛，尽量选择能自己生产镜头的厂家，如佳能、尼康、索尼和松下等，其镜头的成像质量能够保证；尽量选择镜头的物理口径大的数码相机，因为镜头口径越大，光通量也越大，数码相机也就能够更好地接收光线。

消费类数码相机都有光学变焦能力，在选购时是关注的重点，不用理会数码变焦的倍数。光学变焦的倍数要尽可能大点，3～6 倍即可满足日常需求了。如果追求大变焦倍数，可以选择 10 倍以上的，但其体积和重量会成倍增加，失去了消费类数码相机的便携性，价格也会更贵些。

4. 适用的曝光能力

与传统照相机一样，数码相机的快门速度和光圈范围也是一个重要指标。

目前的消费类数码相机都能自动地侦测被摄物体的光线强度，设置相应的快门速度和光圈，即全自动曝光模式和程序曝光模式。尽可能选择快门速度和光圈范围宽一些的机型，其光圈和快门的组合会更多，也就是快门速度的范围和光圈范围越大越好。另外，最好有光圈优先和快门优先的曝光模式。光圈优先是指先手动确定光圈的大小，快门速度由照相机自动设定；快门优先是指先手动确定快门速度的大小，光圈由照相机自动设定。有了这两种优先的照相机称为部分手动照相机，其适应性更强。如果光圈和快门都能分别手动设定，就称为全手动照相机，其表现手段就更为灵活了。对于有一定拍摄经验的用户来说，全手动照相机是最佳的选择，当然，全手动照相机同样有全自动曝光模式和程序曝光模式，同时还有光圈优先和快门优先的曝光模式。

5. 丰富的设定功能

现在的数码相机都配有丰富的设定选项，在拍照前，除了设定快门和光圈之外，感光度、测光方式、对焦方式、白平衡等也都可以设定。在全自动曝光模式下，这些都由照相机自动设定，用户不必操心，但对拍摄的效果可能不太满意。

一般的数码相机都支持 ISO100～800 的感光度，ISO 在 1600 及以上才能实现高感光度防抖；测光方式有矩阵测光和中央重点测光等，数码相机采用何种测光方式将影响到测光的准确性；对焦方式一般有 AF(Auto Focus，自动对焦，又分为中央 AF 和面部优先 AF)、多重(多点)对焦和手动对焦，采用何种对焦方式同样将影响到对焦的准确性；白平衡在很多照相机里都设置为自动的方式，较高档的数码相机可以采用自动/手动调整(可选晴天、多云、钨丝灯、日光灯、闪光灯)，以及自定义白平衡，在使用的时候要根据不同的环境使用不同的白平衡，以得到更好的拍摄效果。

现在的大多数数码相机都设置有场景模式，如人像模式、风景模式、运动模式、夜间人像模式、宴会/室内模式、海滩/雪景模式、夕阳模式、黄昏/黎明模式、夜景模式、近摄模式、食物模式、博物馆模式、烟花表演模式、复制模式、逆光模式、全景辅助模式等，用户只要选到对应的模式上拍摄，基本上就能拍出较满意的照片，大大方便了用户的使用。

6. 电池和存储介质

现在很多数码相机都使用了锂电池，这样可以保证拍摄时间更长，但有厂商使用常见的 2 节或 4 节 AA(5 号)电池，建议首选锂电池的照相机，另外再配一块锂电池备用。

存储介质建议选择主流的 SD 或 MS 闪存卡，至少 4 GB 一张的卡最好配两张，另外一张卡也是备用。

7. 注意配件

购买数码相机的时候一定要按包装清单清点、检查附件是否齐全，如电池、USB 线、AV 线、光盘、原厂保修卡等，仔细核对包装盒、机身和原厂保修卡上的编码是否都相同(行货机器的三码相同)；检查机身、镜头是否有损坏，特别是镜头、LCD 显示屏、取景器有没有刮痕；另外，必须当场试用一下机器，看看工作是否正常，同时可以看看 CCD 和 LCD 显示屏上有没有坏点。

7.3.2 数码相机使用技巧

1. 取景误差

使用 LCD 作为取景器进行取景时，由于 LCD 的成像能力有限，拍摄过程中的对焦不准、抖动等问题引起的图像质量问题，在 LCD 上是看不出来的。另外，数码相机 LCD 显示屏的亮度和色彩还原存在误差，不要盲目相信 LCD 的显示结果，最终的拍摄结果还是要到计算机的显示器上来确定。

2. 操作快门

数码相机的快门按钮均采用两段式设计。在快门按下一半时，数码相机进行自动对焦(AF)和自动测光(AE)操作，从 AF 和 AE 开启到完成，响应时间大约不到 1 s，中途不要松手，并能听到“嘀”的一声，然后全部按下快门，并能听到“咔”的一声，完成拍摄。在拍摄时，要用双手拿着照相机，右臂加紧，左手抬着照相机的左下方，右手食指放在快门按钮上，在按下快门以后的时间里，必须保证机身的稳定性。在光线不好时，使用三角架或其他支撑物，以保证照相机在较长时间曝光时不会晃动，也是非常重要的。

3. 选择对焦方式

现在的数码相机都具有多焦方式，如果拍摄人物，可以使用面部优先 AF 方式；如果拍摄风景，可以使用中央 AF 方式；如果拍摄的对象偏离了中心，可以使用多重(多点)对焦方式；如果拍摄的对象很杂乱，可以使用手动对焦方式。如果照相机只有中央 AF 方式，可以在半按快门之后，再重新构图和拍摄。

4. 正确使用白平衡

目前的数码相机都带有白平衡功能，有自动和手动(日光、阴天、白炽灯、荧光灯等)两种，有些高档照相机还可以自定义白平衡。不要只使用自动白平衡，应根据不同的光线手动选择不同的白平衡来平衡色彩，使色彩更加真实而不偏色。

7.4 数码相机的使用

下面以尼康 COOLPIX P6000 数码相机为例，介绍数码相机的使用。

7.4.1 尼康 COOLPIX P6000 数码相机的主要性能指标

尼康 COOLPIX P6000 数码相机的主要性能指标见表 7-2。

表 7-2 尼康 COOLPIX P6000 数码相机的主要性能指标

机身类型	消 费 类
手动操作	全手动支持
CCD 像素数	总像素 1393 万，有效像素 1350 万
CCD 尺寸	1/1.7 in
最高分辨率	4224 × 3168
图像分辨率	4224 × 3168(13M)、3264 × 2448(8M)、2592 × 1944(5M)、2048 × 1536(3M)、1600 × 1200(2M)、1280 × 960(1M)、1024 × 768(PC)、640 × 480(TV)、4224 × 2816(3∶2)、4224 × 2376(16∶9)、3168 × 3168(1∶1)
光学变焦倍数	4 倍
数字变焦倍数	4 倍
闪存卡类型	SD/SDHC 卡
内存	48 MB
存储格式	静态：JPEG/RAW；声音：WAV；短片：AVI
等效于 35 mm 焦距	28～112 mm
对焦方式	脸部优先 AF、中央 AF、自动(9 个对焦区域自动选择)、手动(99 个对焦区域)
对焦范围	50 cm 至无穷远
近拍距离	2 cm
曝光模式	程序自动、快门优先、光圈优先和手动
测光方式	256 分割矩阵测光，中央重点测光，点测光，AF 区域点测光
感光度	自动：ISO64～800；手动选择：ISO64，ISO100，ISO200，ISO400，ISO800，ISO1600，ISO3200，ISO6400
高感光度	是
快门速度	8～1/2000 s，30～1/2000 s(手动曝光)
光圈范围	F2.7～F5.9
LCD 尺寸/像素	2.7 in/23 万像素，5 挡调节宽视角 TFT 彩色液晶显示屏
取景器	光学
闪光类型	内置
闪光模式	自动闪光、减轻红眼自动模式、取消闪光、强制闪光、慢速同步闪光、后帘幕同步
外接闪光灯	支持
白平衡	自动白平衡、白平衡预设(直射阳光、白炽灯、荧光灯、阴天、闪光)
防抖性能	光学防抖
场景模式	人像模式、风景模式、运动模式、夜间人像模式、宴会/室内模式、海滩/雪景模式、夕阳模式、黄昏/黎明模式、夜景模式、近摄模式、博物馆模式、烟花表演模式、复制模式、逆光模式、全景辅助模式
自拍功能	2 s 或 10 s
连拍功能	连拍 16 张
面部识别	支持
短片拍摄	30 fps/15 fps 的电视短片(640 × 480)；15 fps 的小短片(320 × 240)；15 fps 的超小短片(160 × 120)；AVI 格式
菜单语言	中文(简体和繁体)、阿拉伯语、捷克语、丹麦语、荷兰语、英语、芬兰语、法语、德语、希腊语、匈牙利语、印度尼西亚语、意大利语、日语、韩语、挪威语、波兰语、葡萄牙语、俄语、西班牙语、瑞典语、泰语、土耳其语
接口类型	USB 2.0
电池类型/使用时间	EN-EL5 锂电池/约拍摄 260 张
随机软件	NIKON Transfer、Panorama Maker
随机附件	可充电锂电池 EN-EL5、AC 电源适配器 EH-66、USB 线 UC-E6、音频/视频线 EG-CP14、背带 AN-CP18、Software Suite CD-ROM 安装光盘
外型尺寸	约 107 mm × 65.5 mm × 42 mm(不包括机身突出部分)
产品重量	约 240 g(不包括电池与 SD 存储卡)

7.4.2　尼康 COOLPIX P6000 数码相机的各功能部件及功能

1．尼康 COOLPIX P6000 数码相机各功能部件

尼康 COOLPIX P6000 数码相机各功能部件如图 7-3 和图 7-4 所示。

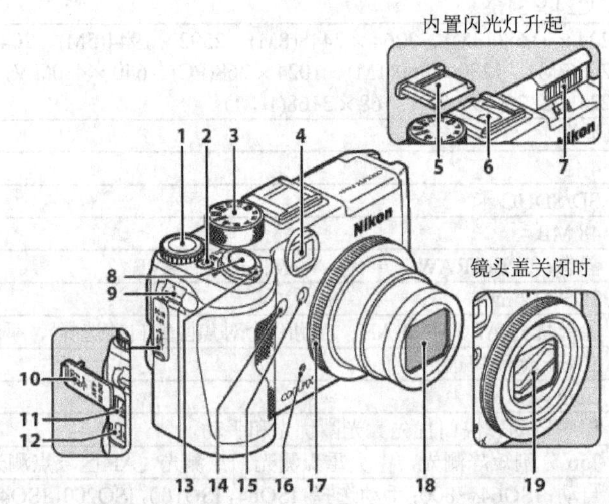

1—指令拨盘；
2—电源开关/电源指示灯；
3—模式拨盘；
4—取景器；
5—配件热靴盖；
6—配件热靴；
7—内置闪光灯；
8—快门按钮；
9—固定照相机带的金属圈；
10—接口盖；
11—电源输入接口；
12—连接线接口；
13—变焦控制钮；
14—红外线接收器；
15—自拍指示灯/自动对焦辅助照明器；
16—麦克风；
17—镜头环；
18—镜头；
19—镜头盖

图 7-3　尼康 COOLPIX P6000 数码相机各功能部件(正侧面)

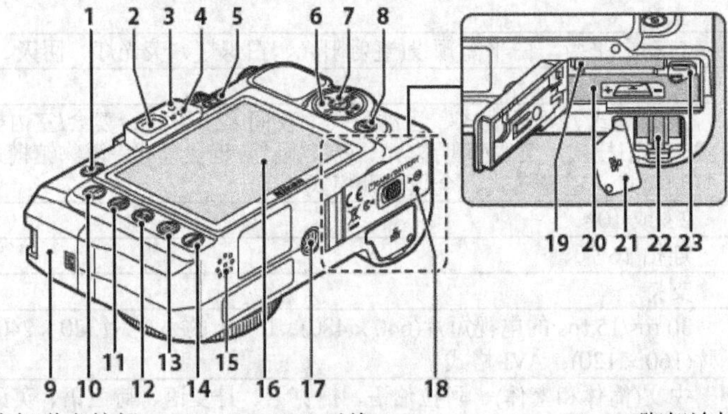

1—闪光灯弹出按钮；
2—取景器；
3—闪光灯指示灯；
4—自动对焦 AF 指示灯；
5—显示屏按钮；
6—多重选择器；
7—OK(确认)按钮；
8—删除按钮；
9—GPS 天线；
10—Fn(功能)按钮；
11—My(我的菜单)按钮；
12—MF(手动对焦)按钮；
13—回放按钮；
14—MENU(菜单)按钮；
15—扬声器；
16—显示屏；
17—三脚架连接孔；
18—电池舱/闪存卡盖；
19—闪存卡插槽；
20—电池舱；
21—局域网接口盖；
22—局域网接口；
23—电池锁门

图 7-4　尼康 COOLPIX P6000 数码相机各功能部件(背下面)

2. 模式拨盘的功能

模式拨盘用于选择不同的模式，如图 7-5 所示。

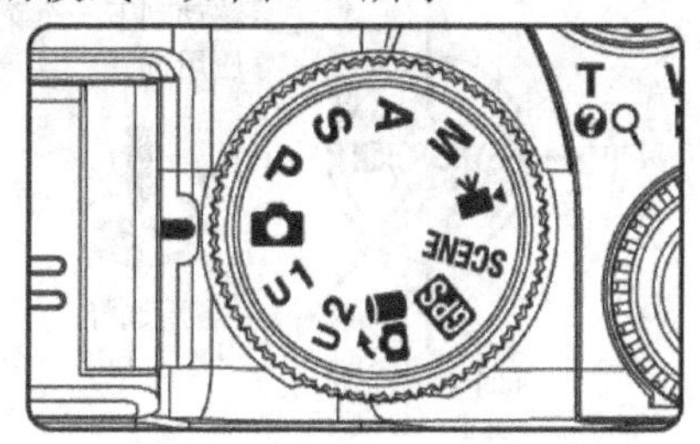

图 7-5 尼康 COOLPIX P6000 数码相机的模式拨盘

模式拨盘的具体功能见表 7-3。

表 7-3 模式拨盘的具体功能

全自动模式	M 全手动模式	网络连接模式
P 程序自动模式	短片拍摄模式	U1 用户自定义模式 1
S 快门优先模式	SCENE 场景模式	U2 用户自定义模式 2
A 光圈优先模式	GPS GPS 设定模式	

3. 多重选择器的功能

多重选择器用于选择子模式和菜单选项。

(1) 在拍摄时多重选择器的功能如图 7-6 所示

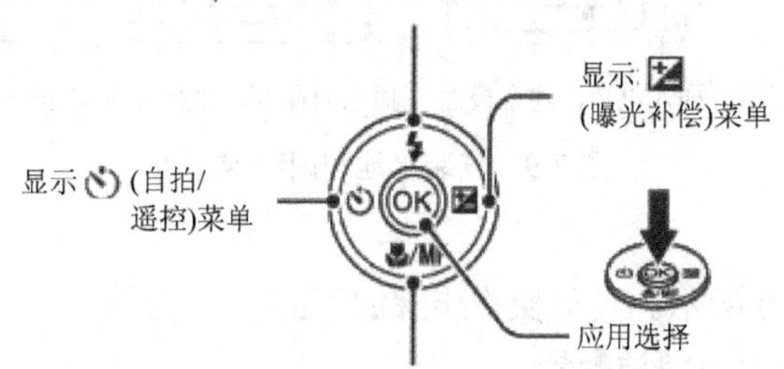

图 7-6 在拍摄时多重选择器的功能

(2) 在回放时多重选择器的功能如图 7-7 所示。

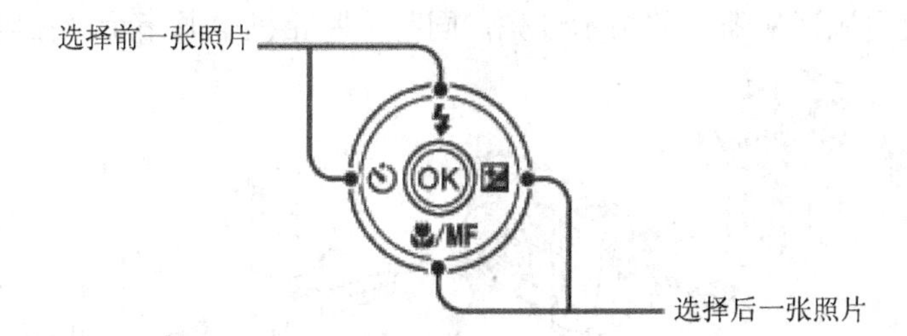

图 7-7 在回放时多重选择器的功能

(3) 在菜单画面时多重选择器的功能如图 7-8 所示。

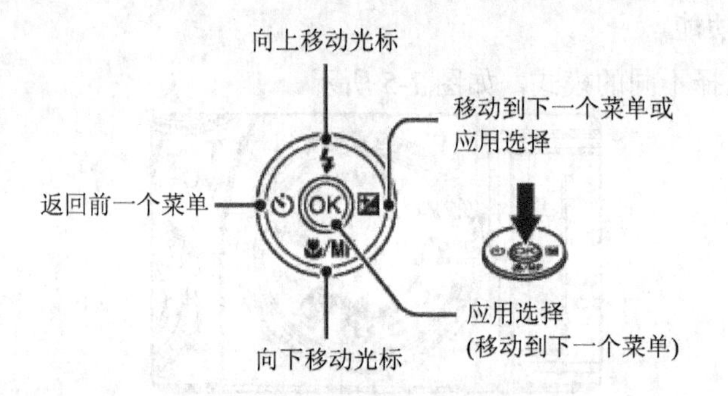

图 7-8　在菜单画面时多重选择器的功能

在菜单画面时，多重选择器的 OK 按钮相当于确认/回车，用上、下、左、右按钮可以移动光标。

7.4.3　拍摄前的准备

1．安装电池和闪存卡

安装电池和闪存卡的步骤如图 7-9 所示。

图 7-9　安装电池和闪存卡

2．充电

充电的步骤如图 7-10 所示。具体操作步骤如下：

(1) 连接电源线和交流电源适配器。

(2) 确认数码相机的电源指示灯已关闭，将交流电源适配器的输出口插入到照相机上的直流电源输入口。

(3) 将电源线插头插入接线板。

(4) 确定交流电源适配器上的指示灯亮，同时，照相机电源指示灯在闪烁。

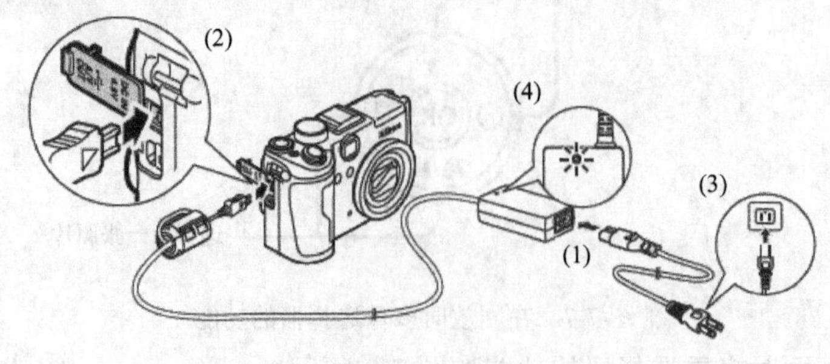

图 7-10　充电

照相机电源指示灯不再闪烁时，表示已经充好了电。

3．设定显示语言、日期和时间

首次开机时，照相机会自动显示语言选择和日期设定画面。具体操作步骤如下：

(1) 使用多重选择器的“上”、“下”、“左”、“右”按钮，选择所需的语言，然后按“OK”按钮，如图 7-11 所示。

(2) 按“下”按钮选择“是”，然后按“OK”按钮，设定日期和时间。

(3) 按“左”、“右”按钮，选择居住地所在的时区，然后按“OK”按钮，如图 7-12 所示。

(4) 按“右”按钮，在选择的“日期”和“时间”项上，按“上”、“下”按钮进行设定，当选择了“日、月、年”后，可以按“上”、“下”按钮，选择年、月、日的顺序(“日 · 月 · 年”、“月 · 日 · 年”或“年 · 月 · 日”)，选定后，按“OK”按钮退出设定，如图 7-13 所示。

图 7-11　选择所需的语言

图 7-12　选择时区

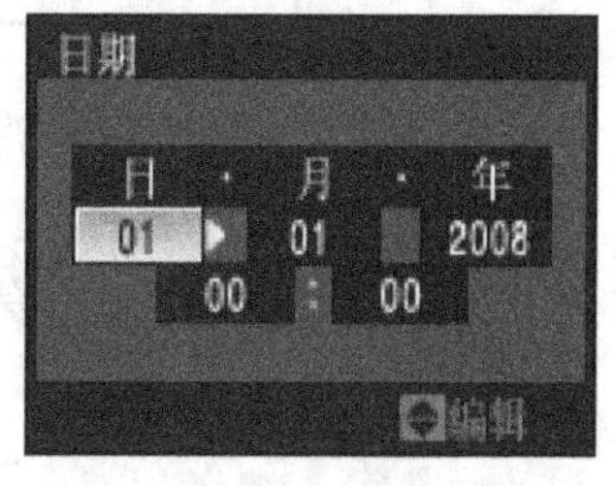

图 7-13　设定日期和时间

4．设定图像品质和图像尺寸

设定图像品质和图像尺寸的操作步骤如下：

(1) 将“模式拨盘”转到(全自动模式)，按“MENU”按钮打开菜单。

(2) 使用多重选择器，按“上”、“下”按钮选择“图像品质”，按“右”按钮进入“图像品质”的设定，有“Fine”、“Normal”、“Basic”、“NRW(RAW)”等，按“上”、“下”按钮选择，一般选择“Normal”或“Fine”，按“OK”按钮，退出“图像品质”的设定。

- Fine：图像质量比 Normal 更加精细，适合放大照片或高质量打印。
- Normal：标准图像品质，适合大多数应用程序。
- NRW(RAW)：保存图像的原始数据。

(3) 按“上”、“下”按钮选择“图像尺寸”，按“右”按钮进入“图像尺寸”的设定，根据需要按“上”、“下”按钮，选择一种图像分辨率，按“OK”按钮退出“图像尺寸”的设定。

(4) 按“MENU”按钮退出菜单设定。

5．设定短片分辨率

设定短片分辨率的操作步骤如下：

(1) 将“模式拨盘”转到(短片拍摄模式)，按“MENU”按钮打开菜单。

(2) 使用多重选择器，按“上”、“下”按钮选择“短片选项”，按“右”按钮进入“短片选项”的设定，有“电视短片 640★”、“电视短片 640”、“小短片 320”等，一般选“电视短片 640★”或“电视短片 640”，按“OK”按钮退出“短片选项”的设定。

- 电视短片 640★：640 × 480、30 fps。
- 电视短片 640：640 × 480、15 fps。

● 小短片 320：320 × 240、15 fps。

(3) 按“MENU”按钮退出菜单设定。

7.4.4　开始拍摄

1．使用全自动模式拍摄

使用全自动模式拍摄的步骤如下：

(1) 将“模式拨盘”转到![相机图标]，打开照相机电源开关。

(2) 双手平稳握住照相机，不要让头发、手指、照相机带和其它物体挡住镜头、自动对焦辅助照明器和麦克风，如图 7-14 所示。

(a) 横拍

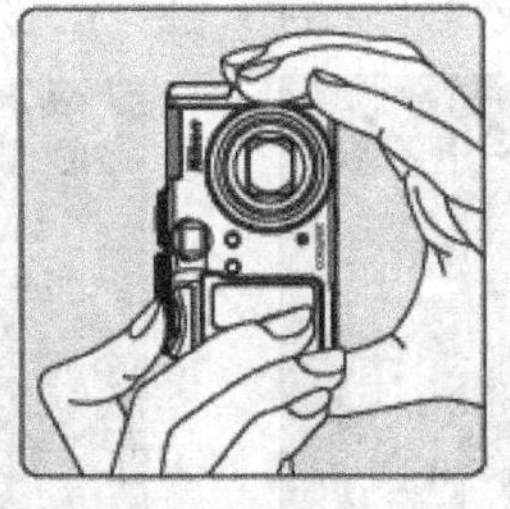

(b) 竖拍

图 7-14　双手平稳握住照相机

进行取景，将被拍摄对象置于显示器中央附近，如图 7-15 所示。

(3) 使用“变焦控制”钮调节画面大小，如图 7-16 所示。

图 7-15　进行取景

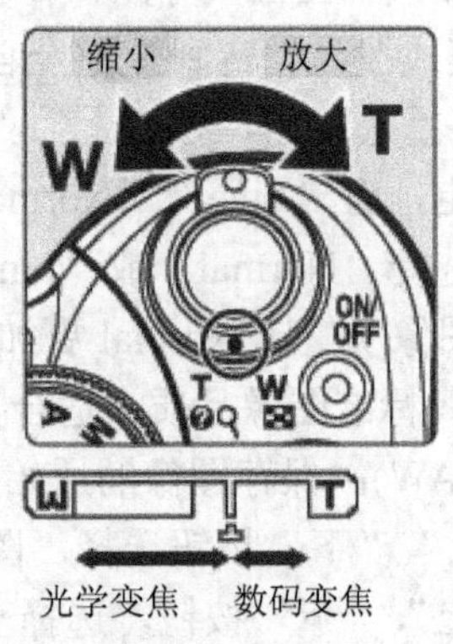

图 7-16　使用变焦控制钮调节画面大小

(4) 半按快门，直到取景器旁的 AF 指示灯变成绿色，重新构图，然后完全按下快门，完成拍摄，如图 7-17 所示。

半按快门

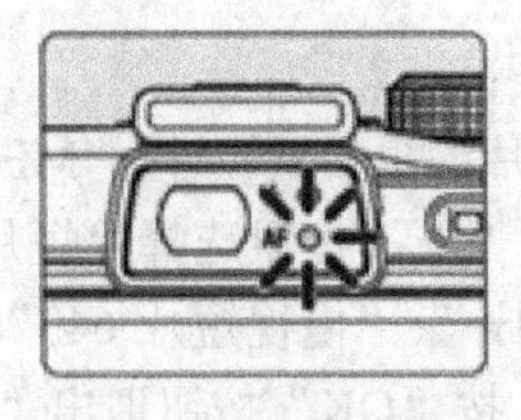

AF指示灯变成绿色

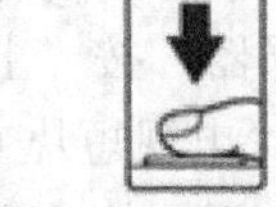

完全按下快门

图 7-17　按快门的步骤

注意：如果闪光灯已经开启，半按快门时，除了AF指示灯变成绿色，还要等待取景器旁的闪光灯指示灯变成红色。

(5) 按▶(回放)按钮，刚才拍摄的照片会显示在显示屏上，用多重选择器(见图7-7)可以查看其它照片。

(6) 看到不满意的照片，可以按🗑(删除)按钮，用多重选择器的“上”、“下”按钮，选择“是”，按“OK”按钮，删除照片。

注意：在回放照片时，使用“变焦控制”钮可以放大、缩小照片，用多重选择器的“上”、“下”、“左”、“右”按钮移动照片的位置。

2. 使用场景模式拍摄

场景模式内置了多种场景，用户只要选择对应的场景，基本上能拍到满意的照片。使用场景模式拍摄的步骤如下：

(1) 将“模式拨盘”转到SCENE(场景模式)。

(2) 按“MENU”按钮打开场景菜单，用多重选择器的“上”、“下”按钮选择对应的场景，按“OK”按钮退出，如图7-18所示。

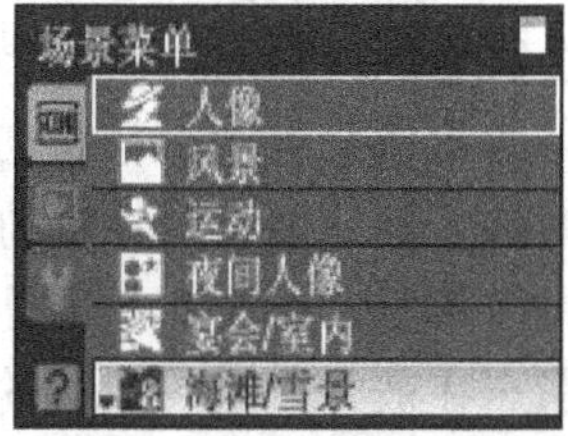

图7-18 场景菜单

注意：还可以按着“Fn”按钮，同时转动“指令拨盘”来快速选择场景模式。

(3) 其它拍摄步骤同全自动模式拍摄。

3. 使用短片拍摄模式拍摄

使用数码相机来拍摄视频，其效果不能与摄像机相比，但对于家庭拍摄来说，640×480、30 fps的效果比VCD还是要好些。使用短片拍摄模式拍摄的步骤如下：

(1) 将“模式拨盘”转到🎥。

(2) 使用“变焦控制”钮调节画面大小。

(3) 完全按下快门，开始拍摄，在拍摄过程中，可以继续使用“变焦控制”钮调节画面大小。

(4) 再次完全按下快门，停止拍摄，并以AVI格式存储在闪存卡中。

(5) 按▶按钮，再按“OK”按钮，开始播放刚才拍摄的视频，用多重选择器可以选择以前拍摄的视频。

短片拍摄的时间与短片选项和闪存卡的容量有关，设置成640×480、30 fps时，1 GB的闪存卡大约可以拍摄15分钟，单个视频最长只能使用2 GB的闪存卡容量，约30分钟。

4. 将照片和短片下载到电脑中

推荐使用读卡器下载，第6章已经介绍了，这里不再赘述。

7.5 数码相机的维护

数码相机作为摄影器材大家族中新成员，已经逐渐走入我们的生活，但是由于数码相机构造比较精密，除了传统照相机的物理、光学设备之外还增加了大量的电子部件，所以

在维护上与传统照相机有些相同也有所不同。下面详细说明数码相机几大部件在使用和维护时应该注意的地方。

1. 日常保护

首先，要注意数码相机的存放。保存照相机要远离灰尘和潮湿，在保存前，要先取出电池。如果数码相机长期不用，应取出电池，卸掉皮套，存放在有干燥剂的盒子里。有条件的情况下，应该放在能够控制温度、湿度的封闭空间中。照相机是精密的机器，放在平常的衣橱、柜子里容易受到湿气的影响，虽然不致立刻损坏，长期下来也有坏处，能够保存在防潮箱中最好。存放前应先把皮套、机身和镜头上的指纹、灰尘擦拭干净。

其次，在使用时要注意防烟避尘。数码相机应在清洁的环境中使用和保存，这样可以减少因外界的灰尘、污物和油烟等污染导致照相机产生故障。因为污染物落到照相机的镜头上会弄脏镜头，影响拍摄的清晰度，甚至还会增加照相机的开关与按钮的惰性。在户外空旷地区拍摄时，可能会有突然到来的狂风，由于风沙容易刮伤照相机的镜头或渗入对焦环等机械装置中造成损伤，因此，除了正在拍摄外，应随时用镜头盖将镜头盖住，风沙大的地区最好要将照相机的护套带上。

第三，数码相机要注意预防高温。照相机不能直接暴露于高温环境下，不要将照相机遗忘在被太阳晒得炙热的汽车里。如果照相机不得不晒在太阳下，要用一块有色而且避沙的毛巾或裱有锡箔的遮挡工具来避光，不要用黑色工具，因为黑色只会吸光，会使情况变得更糟。在室内时，不要把照相机放在高温、潮湿的地方。

预防寒冷对数码相机使用也很重要。通过将照相机藏于口袋的方法，可以让照相机保持适宜温度，而且要携带额外的电池，因为照相机在低温下可能会停止工作，这就好像在寒冷的天气下要给汽车预热一样。将照相机从寒冷区带入温暖区时，往往会有结露现象发生，因而需用报纸或塑料袋将照相机包好，直至照相机温度升至室内温度时再使用。除了结露现象，将照相机从低温处带到高温处还会使照相机出现一些压缩现象，肉眼不易看出，所以要注意不要使照相机的温度在骤然间变化。

防水防潮是最不能忽视的。但在实际使用过程中，我们不排除有突发原因或者其他方面的因素，必须在潮湿环境下工作，这时我们一定要采取严格的防护措施，确保在这种恶劣的环境下照相机不受伤害或者少受影响。可以随身带一个塑料拉锁链袋子，在非常潮湿或尘土多的环境里，我们可以在袋子的侧面挖一个小洞刚好放得下照相机镜头，然后把照相机放在袋子里，不让雾气、湿气和尘土进入照相机，会延长它的使用寿命。如果不小心喷到水、淋到咖啡、饮料，要赶快将电源关掉，然后擦拭机身上的水渍，再用橡皮吹气球将各部位仔细地吹一次，风干几个小时后，再测试照相机有无故障。注意：千万不要马上急着开机测试，否则可能造成照相机电路短路。

2. 镜头

镜头是数码相机的一个重要组成部分，它经常暴露在空气中，因此，镜头上落上一些灰尘也是很正常的，但是，如果长时间使用照相机而不注意维护镜头的话，那么镜头上的灰尘将越聚越多，这样会大大降低数码相机的工作性能。例如镜头上的灰尘会严重降低图像质量，出现斑点或减弱图像对比度等。另外，在使用过程中，手碰到镜头而在镜头上留下指纹，也是不可避免的，这些指纹同样也会使取景的效果下降。

只有在非常必要时才对镜头进行清洗，镜头上有一点儿尘土并不会影响图像质量。清洗时，用软刷和吹气球清除尘埃。而指印对镜头的色料涂层非常有害，应尽快清除。

在不使用时，最好盖上镜头盖，以减少清洗的次数。清洗镜头时，先使用软刷和吹气球去除尘埃颗粒，然后再使用镜头清洗布。滴一小滴镜头清洗液在拭纸上(注意不要将清洗液直接滴在镜头上)，并用专用棉纸反复擦拭镜头表面，然后用一块干净的棉纱布擦净镜头，直至镜头干爽为止。如果没有专用的清洗液，可以在镜头表面哈口气，虽然效果不比清洗液，但同样能使镜头干净。注意：务必使用棉纸，而且在擦洗时，不要用力挤压，因为镜头表面覆有一层比较易受损的涂层。

另外，千万不要用硬纸、纸巾或餐巾纸来清洗镜头。这些产品都包含有刮擦性的木质纸浆，会严重损害照相机镜头上的易损涂层。在清洗照相机的其他部位时，切勿使用苯溶剂、杀虫剂等挥发性物质，以免照相机变形甚至熔解。

3．电池

数码相机主要靠电池提供电源，但如果使用的是不匹配的电池或不注意节省，电池就会在你没拍摄几张照片时耗尽。当然，电池最终还是会用完的，当照相机不能开机了，就需要充电或更换电池了。

电池的保存、携带也有很多要注意的地方。刚刚买回来的充电电池一般电量很低或者无电量，在使用之前应该进行充电。充满电后的电池很热，应该待冷却后再装入照相机。为了延长拍摄时间，拍摄过程中应该尽量不使用 LCD 取景，减少光学变焦的次数，减少使用闪光灯的次数，要注意电池绝缘皮的完整性，一旦发现有破损应该用透明胶布粘牢。

对于电池的清洁，多数人并不太注意。为了避免电量流失的问题发生，请保持电池两端的接触点和电池盖子的内部干净。如有需要，请使用柔软、清洁的干布轻轻地擦拭。绝不能使用具有溶解性的清洁剂，如稀释剂或含有酒精成分的溶剂等清洁照相机、电池或充电器。除此之外，在使用充电之前，请使用柔软干布清洁电池两端的接触点，尽量让电池两端接触点保持干净，这样就可以确保电池完全地充足电量。如果电池的电极出现了氧化的情形，需将其擦掉；如果是严重的氧化或脱落的情形，应该立即更换新的电池。

充电方法是否正确对电池影响也很大，使用原厂的充电器和电池，将有助于电池寿命的延长。对于充电时间，则取决于所用充电器和电池以及使用电压是否稳定等因素。如果是第一次使用的电池(或好几个月没有用过的电池)，要记住，锂电池的充电时间一定要超过 6 小时，镍氢电池一定要超过 14 小时，否则日后电池寿命会较短。一般需经过数次充电/放电过程，才能达到最佳效果。当电池还有残余电量时，尽量不要重复充电，以确保电池寿命。

另外，如果长时间不使用数码相机，必须要将电池从数码相机或充电器内取出，并将其完全放电，然后存放在干燥、阴凉的环境，而且不要将电池与一般的金属物品存放在一起。因为电池长时间存放在数码相机或充电器内，可能会造成漏电甚至电池损坏等问题。为了避免电池发生短路问题，在电池不用时，应以保护盖将其保存。存放已充电的电池时，要特别小心，不管是哪种类型的电池都一样，一定不要放在皮包、衣袋、手提袋或其他装有金属物品的容器中。

4．闪存卡

对于数码摄影而言，数码相机的存储性能在摄影过程中扮演着相当重要的角色。闪存

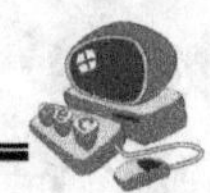

卡是数码相机上较贵的部件，必须精心保护。不正确的使用将导致闪存卡上存有的信息丢失，甚至损坏闪存卡，因此必须注意闪存卡的维护和保养。

插入或取出闪存卡时，都要在关机的情况下进行。当闪存卡正在工作时，不要取出闪存卡，要注意装入的方位。只能以指定方位插入插槽中，漫不经心地乱插，会导致卡仓和闪存卡的损坏。

在格式化闪存卡时，也要注意不同的数码相机对闪存卡的格式化方式有所不同。闪存卡在出厂时已进行过格式化，在购买后可直接使用。必须格式化闪存卡时，通常是利用数码相机的格式化功能来完成，不推荐在电脑上格式化。在格式化闪存卡之前，一定要确保所被格式化的影像文件或声音文件已经保存到电脑上了，否则会带来无法挽回的损失。

另外，尽量避免在高温、高湿环境下使用和存放闪存卡，不将闪存卡置于直射阳光下。不对闪存卡施重压，不弯曲闪存卡，避免闪存卡掉落和受撞击；要避静电、避磁场(如避开电视机、喇叭箱)，在存放和运输途中，尽可能将已存放有影像文件的闪存卡置于防静电盒中，远离液体和腐蚀性的物品。平时不要随意拆卸闪存卡，避免触及闪存卡的存储介质，而且要经常对已拍摄在闪存卡上的信息进行备份，以防不测。

5．液晶显示屏

液晶显示屏是数码相机重要的特色部件，不但价格很贵，而且容易受到损伤，因此在使用过程中需要特别注意保护。

在使用、存放中，要注意不让液晶显示屏表面受重物挤压，更要注意不要将照相机脱手掉到地上以免摔坏液晶显示屏；显示屏表面脏了，只能用干净的软布轻轻擦拭，一般不能用有机溶剂清洗；有些液晶显示屏显示的亮度会随着温度的下降而降低，一旦温度回升，亮度又将自动恢复正常，这属于正常现象，不必维修。

如果担心数码相机的液晶显示屏会被刮花或拍摄时沾上面油，可以贴上 PDA 用的透明贴纸，这也有一定的防护效果。

思考与训练

1. 数码相机的工作原理是什么？
2. 数码相机有哪些优点？
3. 数码相机有哪些重要参数？
4. 光学防抖和高感光度防抖各有什么特点？
5. 使用数码相机拍摄要注意哪些问题？
6. 按不超过2500 元的标准，选购一款数码相机，并说出购买理由。

第8章　数码摄像机

本章要点

- ☑ 认识数码摄像机
- ☑ 数码摄像机的分类
- ☑ 选购家用级数码摄像机
- ☑ 数码摄像机的使用
- ☑ 数码摄像机的维护

8.1　认识数码摄像机

8.1.1　数码摄像机概述

1998 年，第一部家用级数码摄像机横空出世，它让人们能够更加简单地进行摄像操作。日本的两大摄像机制造商松下和索尼联合全球 50 多家相关企业开发出新的 DV(Digital Video，数字视频)格式数码摄像机。它一经问世，就以其与专业水平毫无二致的图像、接近激光唱盘的音质和能够与计算机联机并进行编辑的特性受到使用者的好评。

经过了十多年的发展，家用级数码摄像机的存储介质已经从 DV 带发展到刻录光盘、硬盘、闪存卡了，而影像质量也由原来的标清正在向高清发展。

8.1.2　数码摄像机的工作原理

数码摄像机记录视频不是采用模拟信号，而是采用数字信号的方式。简单来说就是将光信号通过 CCD 转换成电信号，再经过模/数转换，以数字格式将信号存储在 DV 带、刻录光盘、硬盘、闪存卡上。

摄像机的核心部分就是将视频信号经过数码化处理成 0 和 1 信号并以数码记录的方式，通过磁鼓螺旋扫描记录在 6.35 mm 宽的 DV 带上或经过 MPEG-2 编码，即标清 DVD 编码，将视频文件直接存储在刻录光盘、硬盘、闪存卡上。由于视频信号的转换和记录都是以数码的形式存储，从而提高了录制图像的清晰度，使图像质量轻易达到 500 线以上。数字信号是以 0 和 1 两种数字排列而成的数字序列，以 bit 为单位，失真情况就大大减小了，而且数字信号也比较容易消除其中的“噪声”。相比模拟信号，数字信号的优越性相当突出，数码摄像机成为时代的新宠儿是无可厚非的。

8.1.3　数码摄像机的优点

数码摄像机主要有以下优点：

(1) 清晰度高。模拟摄像机记录的是模拟信号，所以影像清晰度(也称之为解析度、解像度或分辨率)不高，如 VHS 摄像机的水平清晰度只有 240 线，最好的 Hi8 机型也只有 400 线。而 DV 带记录的则是数字信号，其水平清晰度已经达到了 500～540 线，可以和专业摄像机相媲美。

采用 MPEG-2 编码的标清 DVD 格式的影像信号，其分辨率为 720 × 576(PAL)或 720 × 488(NTSC)；采用 AVCHD 编码的高清 DVD 格式的影像信号，其分辨率为 1920 × 1080(全高清)或 1280 × 720(准高清)。

(2) 色彩更加纯正。DV 的色度和亮度信号带宽差不多是模拟摄像机的 6 倍，而色度和亮度带宽是决定影像质量的最重要因素之一，因而 DV 拍摄的影像的色彩就更加纯正和绚丽，也达到了专业摄像机的水平。

(3) 无损复制。DV 带上记录的信号可以无数次地转录，影像质量丝毫不会下降，这一点也是模拟摄像机所望尘莫及的。而存储在刻录光盘、硬盘、闪存卡上的是视频文件，其复制同样也是无损的。

(4) 体积小、重量轻。和模拟摄像机相比，DV 机的体积大为减小，一般只有 123 mm × 87 mm × 66 mm 左右，重量则大为减轻，一般只有 500 g 左右，极大地方便了用户的携带。

(5) 具有数码输出端子。DV 带的数码摄像机采用的 IEEE 1394(DV 端子)接口，可方便地将视频图像直接传输到电脑中，并且是无损传输。只需一根电缆，便可将视频、音频、控制等信号进行数据加工传输，且该端子具有热插拔功能，可在多种设备之间进行数据传输。

采用刻录光盘、硬盘、闪存卡的数码摄像机，使用 USB 接口与电脑连接，直接复制粘贴视频文件，比 DV 带的数码摄像机更加方便、快捷。

8.1.4　数码摄像机的参数

1. CCD/CMOS

CCD/CMOS 是将光信号转变为电信号的图像传感器件，其尺寸、数量和像素在数码摄像机中是一个关键的参数。

CCD/CMOS 的尺寸大，可以防止邻近感光元件之间串扰，避免影像拖尾，可通过的光线多，画面的亮度均匀。广播级的数码摄像机大多采用 2/3 英寸 CCD/CMOS，而家用级的只有 1/4 英寸以下。

准专业级及以上数码摄像机均采用 3 片 CCD/CMOS。光线通过镜头里特有的三棱镜把光线分解为红、绿、蓝三种颜色的光，这三种色光再分别投射到三块独立的 CCD/CMOS 上，从而获得更高的清晰度和更精确的色彩重现效果。因此，3CCD/CMOS 机型清晰度更高，色彩还原更逼真。家用级一般采用单片 CCD/CMOS，其滤色镜直接制作在 CCD/CMOS 片上，光学结构简单，但清晰度和色彩还原能力较差。

CCD/CMOS 像素的多少，决定了画面的清晰度。水平清晰度越高，图像越清晰、细腻。30 万像素的 CCD/CMOS 就可以获得水平清晰度为 250 线的影像，40 万可获得 400 线的影像，50 万像素就可以达到 500 线，更大像素的 CCD/CMOS 可以达到 800 线。专业级的数码摄像机可以达到 800 线左右，家用级也可以达到 500 线左右。

现在，有部分摄像机采用 MOS 图像传感器，MOS 是 CMOS 的一种类型。

2. 记录格式

记录格式决定了图像的采样格式、信噪比、量化位数、记录码流、音频采样频率和量化位数等，直接影响到图像和声音质量。

目前，索尼、松下和 JVC 都有自己特有的磁带记录格式。索尼有 HDCAM SR、Digital BETACAM、BETACAM IMX、BETACAM SX、DVCAM、MICROMV 格式；松下有 DVCPRO HD/100/50、DVCPRO 格式；JVC 有 DIGITAL-S、PROFESSIONAL DV 格式。

DV 格式是由 50 余家公司共同开发的一种国际通用的数字视频标准格式。Mini DV 是以 DV 格式进行影音的存储，针对家用设计和使用的小型 DV 磁带。

采用刻录光盘的标清数码摄像机使用 VOB 格式；采用硬盘和闪存卡的标清数码摄像机使用 MOD 或 MPE 格式；采用硬盘和闪存卡的高清数码摄像机使用 MTS 或 CPI 格式。

3. 信噪比

信噪比即信号和噪声的比值，它决定了图像的质量。信噪比越高，传输图像信号的质量就越高。广播级的信噪比可达到 60 dB 以上。

4. 最低照明度

最低照明度是测量摄像机感光度的一种方法，单位为 Lux。换句话说，最低照明度是指摄像机能在多黑的条件下可以看到可用的影像。Lux(勒克司，简写为 lx)是用来测量投射在物体上的光的数量的米制单位，具体地说，1 Lux 等于一支蜡烛从 1 米外投射在一平方米的表面上的光的数量。10 Lux 等于 10 支蜡烛从 1 米外投射到物体表面的光的数量，依次类推。

最低照明度的 Lux 越小，说明该摄像机要求的最低照明度越低。广播级的最低照明度可以达到 0.05 Lux，家用级的最低照明度在彩色夜视模式时可以达到 1 Lux。

5. 灵敏度

灵敏度是在 2000 Lux 照明条件下光圈值的大小。广播级的灵敏度是 F13，专业级的为 F11，准专业级的在 F11 以下。

灵敏度越高，在同样环境下拍摄的图像越清晰、透彻，层次感越强，目前最高灵敏度为 F13。摄像机的高灵敏度使景深加深，并能得到满意的聚焦，即使在最快的快门速度下，也可以在一定的光线下进行拍摄。

6. 光学变焦和数码变焦

变焦能够拍摄远方或近距离的特写。光学变焦就是利用调节镜头的光学系统来改变镜头的焦距。光学变焦倍数越大，在同样的距离可以拍到的画面越大。专业级以上的数码摄像机一般有 16 倍及以上的光学变焦。现在，家用级的数码相机的光学变焦倍数有的已经达到了 30 倍以上。

数码变焦是利用数码摄像机自身的处理能力将局部图像进行数码插值取大，看到的图像变大了，似乎呈现了更多的细节，像镜头焦距变化了一样，但实际细节并没有增加。数码变焦多用于家用级数码摄像机中，有的达到了 2000 倍以上。

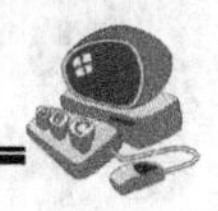

7．光学防抖和电子防抖

家用级数码摄像机多以手持方式进行拍摄，难免会因拍摄者的不稳定而引起画面的晃动，所以 DV 的防抖(画面稳定)性能也是值得重点关注的地方。

光学防抖是依靠数码摄像机的镜头组中特别设计的电磁感应结构来驱动相应的特殊部位的镜片，通过改变镜片位置和角度来对抖动做出补偿。而电子防抖则是利用 CCD/CMOS 上富余的面积和像素来补偿抖动。从效果上来看，光学防抖更为出色一些，而电子防抖经过多年的发展不断进步，防抖效果已经大有改善。但是电子防抖一方面是一种事后补偿，另一方面在开启了电子防抖后，快门速度受到了一定程度的限制，在某些光线条件不是很好的环境里，电子防抖带来了画质下降的副作用。相对光学防抖而言，电子防抖唯一的优势在于成本低廉。

光学防抖是衡量一部家用级数码摄像机是否高档的非常重要的特征。

8.2　数码摄像机的分类

按 CCD/CMOS 尺寸、像素、信噪比、录制格式、灵敏度、水平分辨率和镜头口径等，数码摄像机可以分为四大类。

1．广播级

广播级数码摄像机大多采用 3 片 2/3 英寸 CCD/CMOS；单片像素为 60～70 万像素，有的甚至达到 200 万像素；磁带记录格式为索尼的 HDCAM SR、Digital BETACAM、BETACAM IMX，松下的 DVCPRO HD/100/50 和 JVC 的 DIGITAL-S；信噪比在 60 dB 以上；灵敏度为 F13；标清的水平分辨率在 800 线以上，高清的达到 1920×1080P；镜头口径为 77 cm 或 82 cm。

2．专业级

专业级数码摄像机大多采用 3 片 1/2 英寸 CCD/CMOS；单片像素为 50～60 万像素；磁带记录格式为索尼的 BETACAM SX、DVCAM，松下的 DVCPRO，JVC 的 PROFESSIONAL DV；信噪比为 55 dB 左右；灵敏度为 F11；标清的水平分辨率为 700～800 线；高清的达到 1920 × 1080P。部分型号已采用磁带或闪存卡作为存储介质。

3．准专业级

准专业级数码摄像机大多采用 3 片 1/3 英寸 CCD/CMOS；单片像素为 50 万像素以下；磁带记录格式为 DV(采用标准 DV 磁带)；信噪比为 50 dB 以下；灵敏度在 F11 以下；标清的水平分辨率为 600～700 线；高清的达到 1920 × 1080P。部分型号已采用磁带或闪存卡作为存储介质。

4．家用级

家用级数码摄像机为大多数家庭和单位所使用，大多采用 1/4 英寸以下的 3 片 CCD/CMOS 或单片 CCD/CMOS；三片机中，每片的像素为 35～80 万像素，高清的可以达到 305 万像素；单片机的像素为 80～240 万像素，高清的可以达到 1000 万像素；没有信噪比指标；没有灵敏度指标；标清的水平分辨率为 500～600 线，高清的达到 1920 × 1080P。

家用级数码摄像机的存储介质可以分成 Mini DV 磁带(现在已经趋于淘汰)、硬盘/闪存卡、刻录光盘/闪存卡、磁带/闪存卡、硬盘、闪存卡、刻录光盘等。使用硬盘或闪存卡的数码摄像机是将来的发展趋势。

按影像质量，数码摄像机可以分成标清和高清数码摄像机，其中高清是将来的发展趋势。

8.3 选购家用级数码摄像机

8.3.1 数码摄像机选购要素

目前，市场上的数码摄像机品牌和型号繁多，价格从2000元到上万元不等，如何选购一款自己心仪的摄像机是用户头疼的问题。其实，选购数码摄像机并不难，一个总的原则是：够用，好用。在此原则下注意几下五个方面。

1．CCD/CMOS

家用级数码摄像机的CCD/CMOS有三片机型和单片机型之分，三片机能获得更高的清晰度和更精确的色彩重现效果，而单片机的色彩饱和度较差。如果资金允许，最好选三片的摄像机。

CCD/CMOS的尺寸尽可能大，目前，家用的都在1/4英寸以下，尽量选择接近1/4英寸的。如果选择了三片的，每片只要有35万像素就够了；如果选择了单片的，像素尽可能高点，因为现在家用级数码摄像机都具有照片拍摄功能，像素高照片的分辨率高，另外，高像素CCD/CMOS还可以将多余的像素用于电子防抖。

2．LCD

LCD要考虑尺寸、亮度、像素和翻转角度。LCD的尺寸有2.7英寸、3.0英寸、3.2英寸等；像素有12.3万像素、21.1万像素、23万像素、92.1万像素等。尺寸大的LCD可视面积大，亮度高的LCD可以在户外看清屏幕，像素高的LCD可使屏幕画面清晰，翻转角度大的LCD可以使取景方便。现在数码摄像机的LCD屏有部分采用触摸屏设计，大大方便了菜单的设置。

3．防抖

摄像机一般都具有电子防抖功能，但效果一般，快门速度还受到了一定程度的限制。选择数码摄像机，最好具有光学防抖功能，其防抖效果好，即使价格贵点也值得。

4．对焦

自动对焦是摄像机所普遍具有的功能，但这种对焦方式一般都以中心位置对焦，拍摄不在画面中央的主体时，就无能为力了。另外，在追踪拍摄时，自动对焦功能很有限，这时用手动对焦反而更能随心所欲。

5．白平衡

白平衡就是摄像机在不同场合下对现场景物色彩真实还原能力的一个指标，目前的数码摄像机都配备了自动白平衡功能。使用手动白平衡功能，可以得到最佳的色彩还原和特殊效果的彩色画面。

6. 变焦

光学变焦和数码变焦是家用级数码摄像机都具有的功能，一般光学变焦的倍数在10倍以上即可，有的数码变焦已经达到2000倍甚至更高。其实，用户应该更关注光学变焦的倍数。

7. 重量

目前，家用级数码摄像机均是以手持式使用，重量在400～800 g，太轻容易产生抖动，太重不易携带，但不易产生抖动。如果用户是以外出旅游拍摄为主，选择重量轻点的为宜。

8. 接口

目前，数码摄像机都有USB接口，使用DV带的摄像机还有IEEE 1394接口。通过USB接口可以直接将摄像机硬盘/闪存卡中的视频文件复制、粘贴到电脑中；使用IEEE 1394接口的DV带摄像机，可以通过电脑上的IEEE 1394接口，再使用视频编辑软件将视频文件采集到电脑中。

为了方便用户在家中的电视机上直接播放影像，现在市场上出售的数码摄像机基本上都带有模拟输出接口。只要将模拟视频、音频输出端子接到电视机相应的输入接口，就可以欣赏拍摄的影像，非常方便。

9. 菜单语言

菜单是必不可少的功能，国内市场销售的大多数数码摄像机都有简体中文菜单，大大方便了操作。

8.3.2 数码摄像机拍摄技巧

摄像机拍摄的是连续画面，和照相机拍摄有所不同，对初学者来说，掌握其基本的拍摄技巧很重要。

1. 拿稳摄像机

最好是两手来把持摄像机，稳定度绝对比单手把持稳，或利用身边可支撑的物品或准备摄像机三角架，以尽量减轻画面的晃动。最忌讳边走边拍的方式，这也是很多人常犯的毛病。这种拍摄方式是在特殊情况下才运用的，一般不提倡。千万记住，画面的稳定是动态摄影的第一要素。

2. 固定镜头

简单地说，固定镜头就是镜头对准目标后，做固定点的拍摄，而不做镜头的推近拉远动作或上下左右的扫(摇)拍，设定好画面的大小后开机拍摄。平常拍摄时以固定镜头为主，不需要做太多变焦动作，以免影响画面的稳定性。画面的变化，也就是利用取景大小的不同或角度及位置的不同，来变化景物的大小及景深。也就是说，拍摄全景时摄像机移后一点，想拍摄其中某一部分时，摄像机就往前移一点。位置的变换如侧面、高处、低处等不同的位置，其呈现的效果也就不同，画面也会更丰富。如果因为场地的因素无法靠近，当然也可以用变焦镜头将画面调整到想要的大小。但是切记不要固定站在一个定点上，利用变焦镜头推近拉远地不停拍摄，这也是许多初学者常犯的毛病。拍摄时多用固定镜头，可增加画面的稳定性，一个画面一个画面地拍摄，以大小不同的画面衔接，少用让画面忽大忽小的变焦拍摄，除非用三角架固定，否则长距离推近拉远，一定会造成画面的抖动。如果能掌握以上几个原则，那么作品会更具可观性。

3. 镜头运用

有了固定镜头的拍摄经验后，可以采用推、拉、摇、移、跟这五种方式进行拍摄，使拍摄的画面更有动感。

(1) 推：摄像机向被摄主体方向推进，或者改变镜头焦距使画面框架由远而近向被摄主体不断接近的拍摄方法。特点：形成视觉前移效果，突出主体人物，突出重点形象和细节。

(2) 拉：摄像机逐渐远离被摄主体，或改变镜头焦距使画面框架由近至远与主体拉开距离的拍摄方法。特点：形成视觉后移效果，有利于表现主体和主体与所处环境的关系。

(3) 摇：摄像机机位不动，借助于三角架上的活动底盘或拍摄者自身的人体，变动摄像机光学镜头轴线的拍摄方法。特点：犹如人们转动头部环顾四周或将视线由一点移向另一点的视觉效果，可展示空间，扩大视野。

(4) 移：摄像机架在活动物体上随之运动而进行的拍摄。特点：摄像机的运动使得画面框架始终处于运动之中，画面内的物体不论是处于运动状态还是静止状态，都会呈现出位置不断移动的态势，开拓了画面的造型空间，创造出独特的视觉艺术效果。

(5) 跟：摄像机始终跟随运动的被摄主体一起运动而进行的拍摄。特点：画面始终跟随一个运动的主体，能够连续而详尽地表现运动中的被摄主体，它既能突出主体，又能交待主体运动方向、速度、体态及其与环境的关系。

将推、拉、摇、移、跟这五种方式有机地结合起来进行拍摄，能产生更为复杂多变的画面效果。

4. 手动功能的运用

1) 手动亮度调整功能

拍摄逆光及夜景时，如果以全自动模式拍摄，前者必定是主体或人物全黑则背景光亮，后者却是黑暗中灯光一片模糊。在此不探讨原理，针对以上的问题，最好的方式就是逆光时按下逆光补正功能键。如果没有这个功能，那就将全自动模式切换到手动模式，找到亮度调整键进行画面亮度的调整，逆光时将亮度调亮，夜景时则调暗，最好的方式还是直接看着取景器或液晶显示屏的画面调整到适当的亮度。所以，在购买摄像机时，一定要请商家指导如何使用这项功能。

2) 手动焦距调整功能

平时一般的拍摄情况，大都是采用自动对焦，但是在特殊情况下，如隔着铁丝网、玻璃、与目标之间有人物移动等，往往会让画面焦距一下清楚一下模糊。因为在自动对焦的情形下，摄像机依据前方物体反射回来的信号判断距离，然后调整焦距，所以才会发生上述情形。因此，只要将自动对焦切换到手动，将焦距锁定在固定位置(由于各厂家显示及调整的方式有所不同，请参照说明书)，如此一来，焦距就不会跑来跑去了。

以上提供的这些拍摄技巧，仅作为拍摄时的参考，重要的是要多拍多总结，摄像技巧才会逐步提高，一个优秀的摄像师是长期锻炼和培养的结果。

8.4　数码摄像机的使用

下面以松下 SDR-H288GK 数码摄像机为例，介绍其基本使用方法，详细的使用请参看

说明书。松下 SDR-H288GK 数码摄像机如图 8-1 所示。

图 8-1　松下 SDR-H288GK 数码摄像机

8.4.1　松下 SDR-H288GK 数码摄像机的主要性能指标

松下 SDR-H288GK 数码摄像机的主要性能指标见表 8-1。

表 8-1　松下 SDR-H288GK 数码摄像机的主要性能指标

机身类型	家　用　级
CCD	1/6 in CCD × 3，总像素：80 万像素 × 3 有效像素：影像为 63 万像素 × 3(4∶3)或 54 万像素 × 3(16∶9)；静像为 71 万像素 × 3(4∶3)或 54 万像素 × 3(16∶9)
镜头特点	徕卡 Dicomar
对焦方式	自动/手动
光学变焦	10 倍
数码变焦	25/700 倍
焦距	3.0～30 mm
光圈	F1.8(W，广角)/F2.8(T，长焦)
快门速度	1/50～1/8000 s(影像)、1/25～1/2000 秒(静像)
场景模式	运动/肖像/低照度/聚光灯/海滩和雪景
曝光控制	逆光补偿
显示屏(LCD)	2.7 in 液晶显示屏(12.3 万像素)
白平衡	自动/室内/室外/设置(带红外传感器)
防抖系统	光学防抖　O.I.S
最低照明度	1 Lux(彩色夜视模式)
闪光灯	LED 摄像灯
AV 输出	S-Video 输出、AV 输出
接口	USB 2.0
存储介质	硬盘/闪存卡
存储容量	30 GB 硬盘
闪存卡	SD/SDHC
动态影像	MPEG-2
录制模式	XP(10 Mb/s/VBR)、SP(5 Mb/s/VBR)、LP(2.5 Mb/s/VBR)
静态照片	JPEG 画面尺寸：2048 × 1512、1920 × 1080、1280 × 960、640 × 480
电池类型	CGA-DU12(原配)
重量	450 g (不包括电池)

8.4.2　松下 SDR-H288GK 数码摄像机的各功能部件及功能

1．松下 SDR-H288GK 各功能部件

松下 SDR-H288GK 各功能部件如图 8-2～图 8-7 所示。

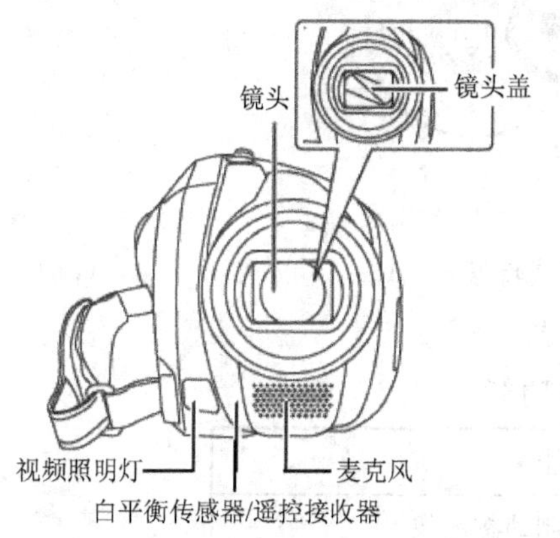

图 8-2　摄像机正面

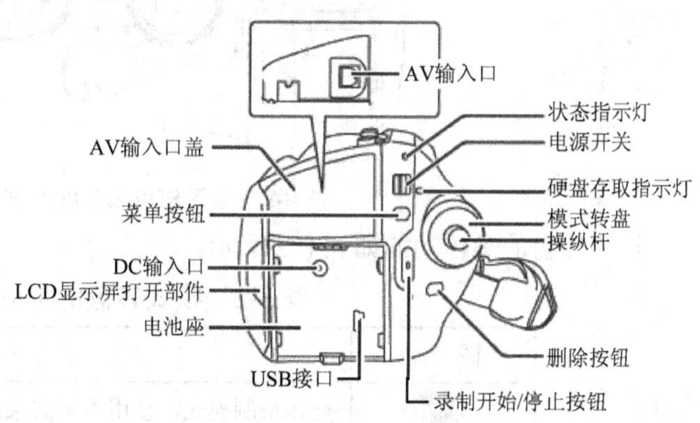

图 8-3　摄像机背面

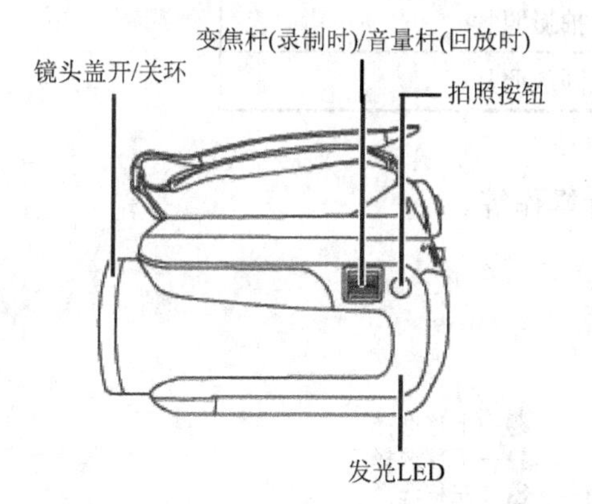

图 8-4　摄像机上面

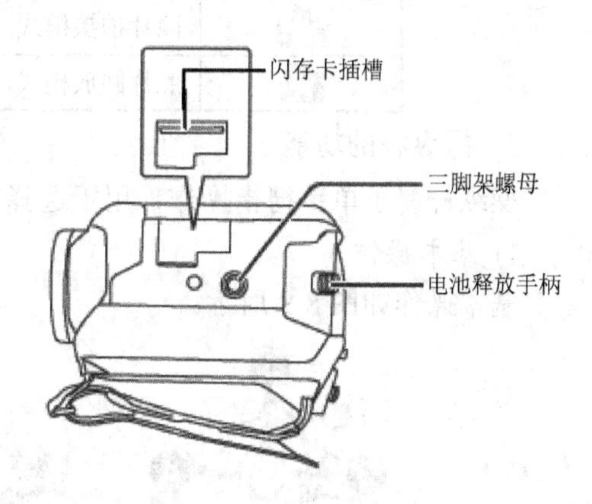

图 8-5　摄像机底部

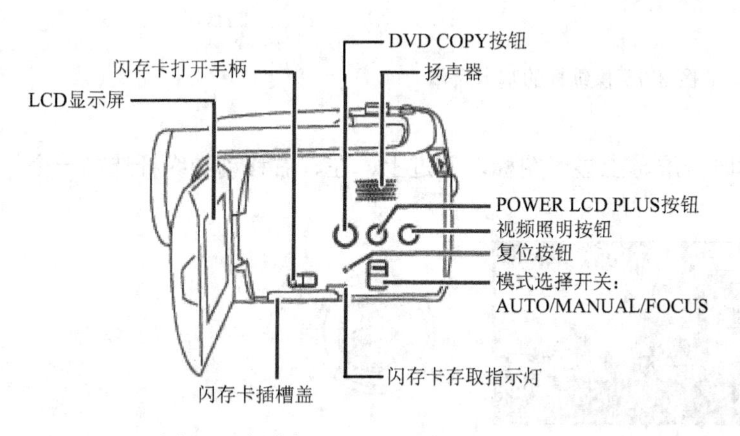

图 8-6　摄像机 LCD 屏内侧

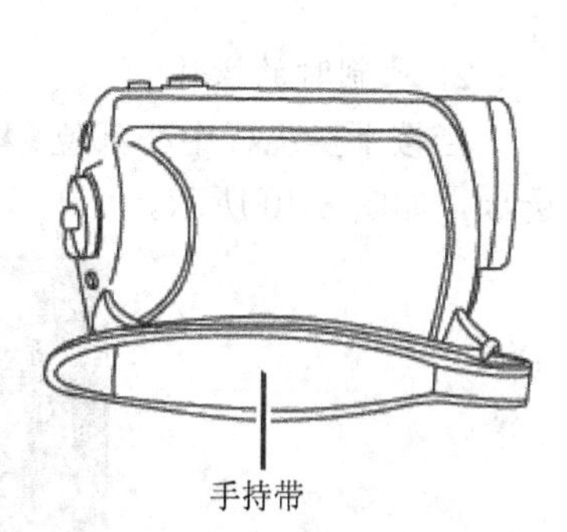

图 8-7　摄像机手持带

2．模式转盘的功能

模式转盘用于录制模式和回放模式之间的切换，如图 8-8 所示。

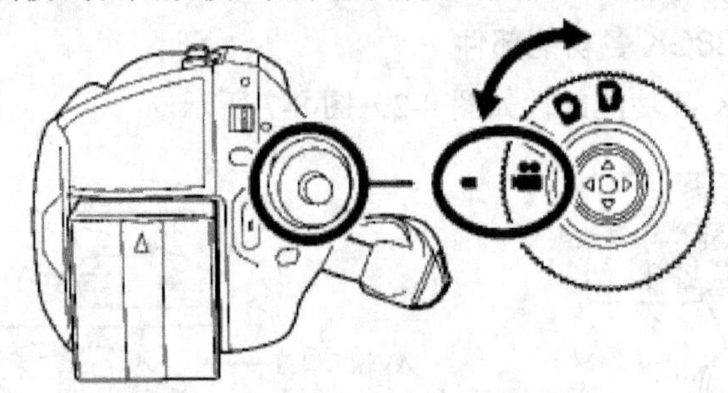

图 8-8　松下 SDR-H288GK 模式转盘

模式转盘的具体功能如表 8-2 所示。

表 8-2　模式转盘的具体功能

图　标	功　　能
	视频录制模式，使用本模式录制动态影像
	视频回放模式，使用本模式回放动态影像
	照片拍摄模式，使用本模式拍摄照片
	照片回放模式，使用本模式回放照片

3．操纵杆的功能

操纵杆易于单手拇指操作，用于选择功能、执行操作等。

1) 基本操作

基本操作如图 8-9 所示。

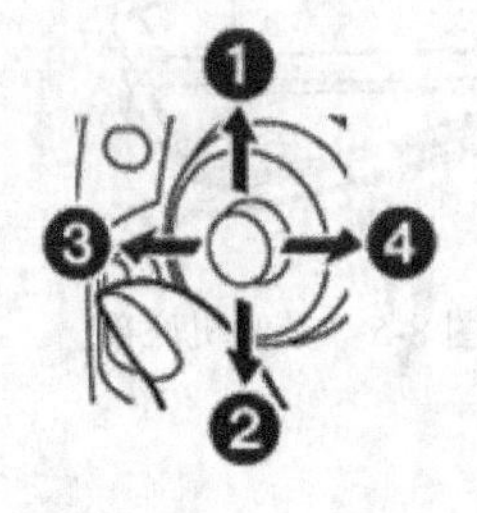

❶—上移选择
❷—下移选择
❸—左移选择
❹— 右移选择
❺— 按下操纵杆选择选项

图 8-9　操纵杆的基本操作

2) 录制时的操作

当按下操纵杆中心部位❺时，屏幕上显示图标，通过上、左、右移动操纵杆选择一个选项，如图 8-10 所示。

图 8-10　使用操纵杆选一个选项

当再次按操纵杆中心部位❺时，图标消失；每次向下移动操纵杆时，显示的图标会发生变化，如图 8-11 所示。

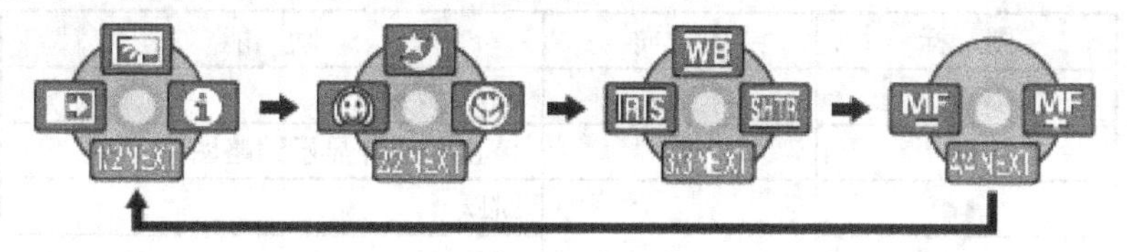

图 8-11　显示的不同图标

录制时各图标的具体功能如表 8-3 所示。

表 8-3　录制时各图标的具体功能

图　标		方向	功　能
(1/2)		▲	逆光补偿
		◀	淡入淡出
		▶	帮助模式
(2/2)		▲	彩色夜视
		◀	肌肤柔化模式
		▶	远摄微距
在手动模式中 (3/3)	WB	▲	白平衡
	IRIS	◀	光圈或增益值
	SHTR	▶	快门速度
在手动聚焦模式中 (4/4)	MF− MF+	◀▶	手动聚焦调整

注意：再次选择时，将关闭该功能。

3) 回放时的操作

回放时，显示回放的视频场景，通过上、下、左、右移动操纵杆选择一个，如图 8-12 所示。

图 8-12　选择视频场景

按操纵杆中心部位❺时，开始全屏回放，并显示回放控制图标，再次按操纵杆中心部位❺时，图标消失，如图 8-13 所示。

图 8-13　全屏回放及回放控制图标

回放时各图标的具体功能如表 8-4 所示。

表 8-4　回放时各图标的具体功能

图　标	方　向	功　能
▶/❚❚	▲	回放/暂停
■	▼	停止回放并显示缩略图
❙◀◀		跳跃
◀◀	◀	快退
◀❚❚		慢退/帧回放(暂停时)
▶▶❙		跳跃
▶▶	▶	快进
❚❚▶		慢进/帧回放(暂停时)

8.4.3　摄像前的准备

1．充电及安装电池

充电的步骤如图 8-14 所示。

(1) 将电池对准标记放入 AC 适配器中。

(2) 将电源线一端插入适配器，另一端插入接线板。

注意：充电指示灯点亮时，表示正在充电；熄灭时，表示充电已完成。

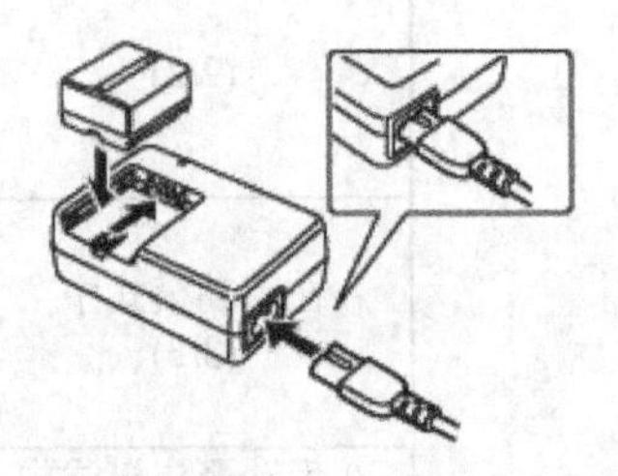

图 8-14　充电

安装电池，直到听到“咔嗒”一声，如图 8-15(a)所示。

取下电池，滑动 BATTERY 手柄的同时滑动电池，如图 8-15(b)所示。

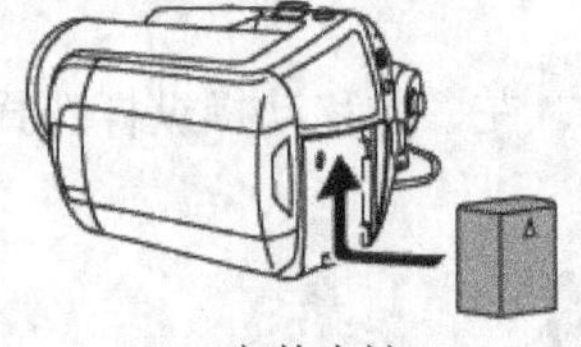

(a) 安装电池

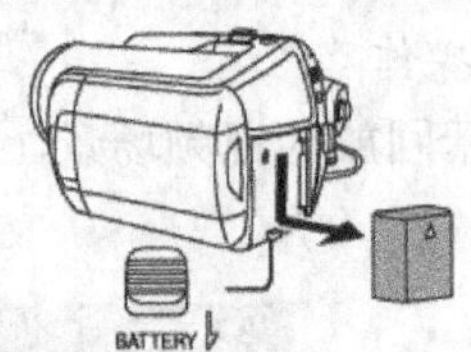

(b) 取下电池

图 8-15　安装及取下电池

2．安装闪存卡

安装闪存卡的步骤如图 8-16 所示。

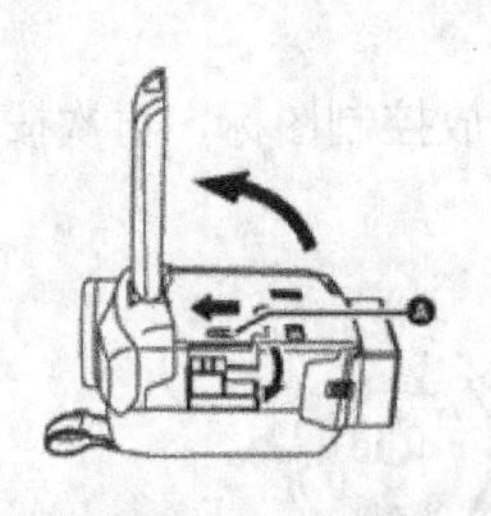

打开显示屏，打开闪存卡插槽盖

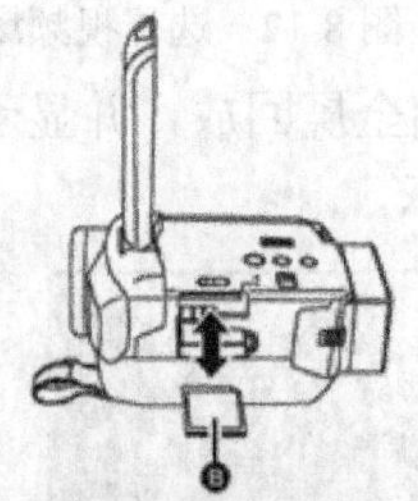

将SD卡插入插槽盖，注意方向

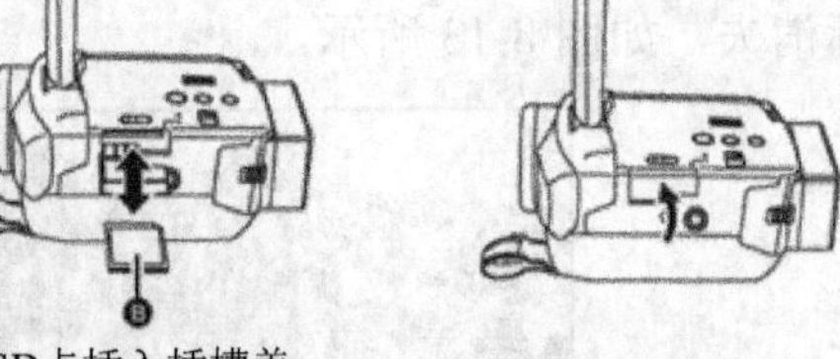

将插槽盖盖严

图 8-16　安装闪存卡

注意：插入闪存卡后，可以将录制的动态影像保存在闪存卡中，也可以保存在摄像机内置的硬盘中；如果没有插卡，则只能保存在内置的硬盘中。

3．设定显示语言、日期和时间

其操作步骤如下：

(1) 按 MENU 按钮，使用操纵杆选择“LANGUAGE”→“中文”，按下操纵杆中心部位，完成显示语言的设置，按 MENU 按钮退出菜单。

(2) 按 MENU 按钮，使用操纵杆选择“基本功能”→“时钟设置”→“是”，左、右移动操作杆，选择要设置的选项，上、下移动操作杆设置所需要的值，按 MENU 按钮退出设置。

(3) 按 MENU 按钮，使用操纵杆选择“设置”→“日期格式”，上、下移动操纵杆设置所需要的日期格式，有年/月/日、月/日/年、日/月/年三种，按 MENU 按钮退出设置。

4．设定录制模式

按 MENU 按钮，使用操纵杆选择“基本功能”→“录制模式”，上、下移动操纵杆设置所需要的录制模式，按下操纵杆中心部位，完成录制模式的设置，按 MENU 按钮退出菜单。

录制模式有 XP(高质量播放)、SP(标准播放)、LP(长时间播放)三种，对于本机内置的 30 GB 硬盘，可以分别录制约 7 小时、13 小时 30 分、27 小时。

5．设定高宽比

按 MENU 按钮，使用操纵杆选择“基本功能”→“高宽比”，上、下移动操纵杆设置所需要的高宽比，设定画面的比例是 16∶9 或 4∶3，按 MENU 按钮退出设置。

6．设置图片尺寸和图片质量

按 MENU 按钮，使用操纵杆选择“基本功能”→“图片尺寸”，上、下移动操纵杆选择所需要的图片尺寸，如表 8-5 所示。

表 8-5　图片尺寸

图标	高宽比	像素数
3.1M	4∶3	2048 × 1512
1M	4∶3	1280 × 960
0.3M	4∶3	640 × 480
2M	16∶9	1920 × 1080

按 MENU 按钮，使用操纵杆选择“基本功能”→“图片质量”，上、下移动操纵杆选择所需要的图片质量，有高质量和标准两种。

8.4.4　开始摄像

1．使用自动模式

使用自动模式，将自动调整聚焦和白平衡。使用自动模式摄像的步骤如下：

(1) 将“模式选择开关 AUTO/MANUAL/FOCUS”拨到 AUTO。

(2) 转动“模式转盘”选择，打开电源开关。

(3) 打开 LCD 显示屏，正确握持摄像机，如图 8-17 所示。

图 8-20　正确握持摄像机

(4) 使用“变焦杆”调节画面大小。

(5) 按操纵杆中心部位，可以根据情况，使用表 8-3 中的各种功能模式。

(6) 按下“录制开始/停止”按钮，开始录制，再次按下“录制开始/停止”按钮，停止录制。

(7) 转动“模式转盘”选择，可以回放拍摄的视频场景，使用“变焦杆”可以调节音量大小，具体操作见图 8-12、图 8-13 和表 8-4。

2．使用场景模式

使用场景模式摄像的步骤如下：

(1) 将“模式选择开关 AUTO/MANUAL/FOCUS”拨到 MANUAL。

(2) 转动“模式转盘”选择，打开电源开关。

(3) 按 MENU 按钮，使用操纵杆选择“基本功能”→“场景模式”，用上、下移动操纵杆选择场景模式，按操纵杆中心部位确定，按 MENU 按钮退出设置。场景模式如图 8-18 所示。

[ ] 运动
录制运动场景或有快速移动物体的场景
[ ] 肖像
使人物突出于背景
[ ] 低光
使暗处的场景更亮
[ ] 聚光灯
使聚光灯下的物体看起来更引人注目
[ ] 水上及雪地
录制亮处的影像，如滑雪场和海滩

图 8-18　场景模式

(4) 其它拍摄步骤同全自动模式。

3．拍摄照片

拍摄照片的步骤如下：

(1) 转动“模式转盘”选择，打开电源开关。

(2) 打开LCD显示屏，使用“变焦杆”调节画面大小。

(3) 半按拍照按钮，直到显示屏上的白点变成绿色不再闪烁时，完全按下拍照按钮。

(4) 转动“模式转盘”选择，可以回放拍摄的照片，其方法同回放拍摄的视频场景。

4．在电视上回放

在电视上回放视频的操作步骤如下：

(1) 使用本机附带的AV输出线与电视连接，如图8-19所示。

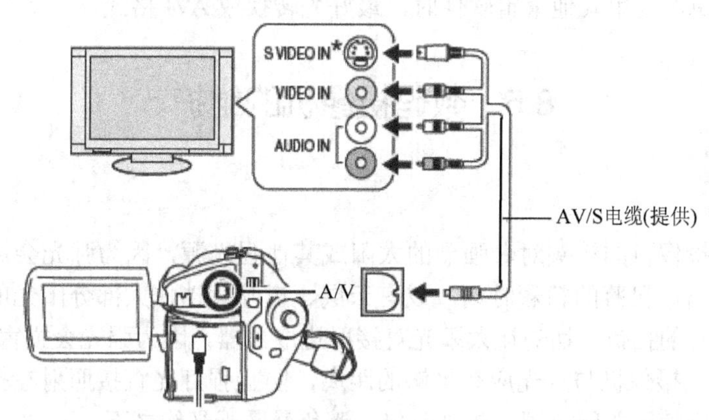

图8-19　与电视连接

(2) 转动“模式转盘”选择或，打开电源。

(3) 将电视设定成对应的AV输入端。

(4) 按回放拍摄的视频场景方式操作。

注意：可以使用AC适配器给摄像机供电。

5．将视频和图片下载到电脑中

将视频和图片下载到电脑中的操作步骤如下：

(1) 使用AC适配器给摄像机供电。

(2) 用USB电缆与电脑连接，如图8-20所示。

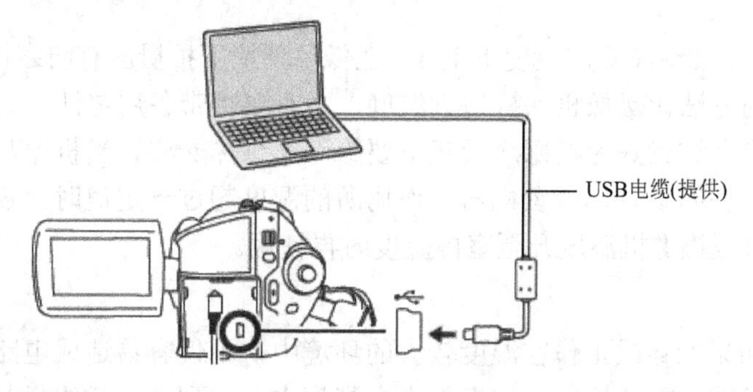

图8-20　与电脑连接

(3) 打开摄像机电源，屏幕显示“DVD 复制”、“PC 连接”、“PictBridge”三个选项，用操纵杆选择“PC 连接”，根据情况选择“HDD”、“SD 记忆卡”，电脑开始识别设备。

(4) 双击“我的电脑”，可以看到，如果选择了“HDD”，电脑会将摄像机识别成 HDD_CAMERA；如果选择了“SD 记忆卡”，电脑会将摄像机识别成 Removable Disk。

(5) 依次双击“SD_VIDEO”、“PRG001”文件夹，可以看到拍摄的视频场景文件，后缀名为“.MOD”，将其复制、粘贴到电脑中。

(6) 依次双击“DCIM”、“100CDPFP”文件夹，可以看到拍摄的图片文件，后缀名为“.JPG”，将其复制、粘贴到电脑中。

(7) 安全删除硬件，断开 USB 连接。

下载的 MOD 文件，可以使用视频文件播放器如暴风影音直接播放；使用会声会影可以直接对其进行编辑，使用其他编辑软件时，最好先转换成 AVI 格式。

8.5　数码摄像机的维护

1．防强光

千万不要把摄像机的镜头对着强烈的太阳或其他强光源，因为强光会烧毁摄像机的图像传感器。在日出、日落的精彩时刻，或有云层、树叶遮挡住大部分阳光的时候，可以对着太阳进行短时间的拍摄。切勿让太阳光直接射进取景器，因为强光会损害取景器的屏幕。使用灯光照明时，摄像机与灯光应有足够的距离，防止强灯光直接照射在摄像机上。摄像机停止使用时，应随即关闭电源，放进背包，避免暴露于光线之下。

2．防高温

数码摄像机采用 CCD/CMOS，其耐高温的能力是有限的，所以，不能用数码摄像机直接对着太阳或者非常强烈的灯光拍摄，否则会在图像上形成严重的垂直拖影，使拍摄质量受到影响，特殊需要或无法避开时也要尽量缩短拍摄时间。数码摄像机长时间受强光照射或者受热都会使机壳变形，所以，在使用和保存时，注意不要将机器置于强光下长时间曝晒，也不要将机器放在暖气管道或电热设备附近。另外，不要将摄像机遗忘在被太阳晒得炙热的汽车里。如果摄像机不得不晒在太阳下，要用一块有色而且避沙的毛巾或裱有锡箔的遮挡工具来避光。

3．防低温

摄像机只适应在 0～40℃的温度下工作。在低温环境下拍摄应有防寒措施，可以通过将摄像机藏于口袋的方法让摄像机保持适宜温度，而且要携带备用电池，因为摄像机在低温下可能会停止工作，这就好像在寒冷天气下要给汽车预热一样。当机器从一个冷的地方拿到一个比较暖和的房间中时，或者机器工作场所的湿度超过一定值时，需用报纸或塑料袋将摄像机包好，直至摄像机温度升至室内温度时再使用。

4．防水防潮

数码摄像机如果贮存或工作在湿度较大的环境中，不仅容易造成电路故障，而且容易使摄像机的镜头发霉。在使用中，如果不小心溅到水、淋到咖啡或饮料甚至落水时，应该立即将电源关掉，然后擦拭机身上的水渍，再用橡皮吹球将各部位的细缝吹一次，风干几个小时后，再测试摄像机是否发生故障。注意：千万不要马上急着开机测试，否则可能造成摄像机电路短路。

夏天，当摄像机从空调房里取出，拿到没有空调的高温地方时，温差会使摄像机显得很“冷”，于是，空气中的水汽便会凝结在机器上。应防止这种情况发生，办法是在提取摄像机之前几个小时，把室内的冷气关闭，让室温升高。

5．防震防碰

数码摄像机是光电一体的精密设备，也是一个精密的机械设备，任何震动尤其是剧烈的震动、碰撞都会对设备产生损伤，特别硬盘摄像机。数码摄像机的任何电子器件和决定成像质量的重要部件受到震动损伤都会严重影响数码摄像机的运行。因此，拍摄时要做到手不离机或机不离身，保证摄像机不会碰撞到硬物或摔伤，不用时最好将其放回摄影包里。

6．防腐

数码摄像机应当远离化学药品，当在一些化学用品生产厂区或有大量烟尘的地方拍摄时，应当用塑料袋包好，用完以后放在通风处吹上一段时间。清洁摄像机时，只能用干的、柔软的布料，或者用软布料蘸一些柔性洗涤剂，而不能用酒精、石油醚一类有溶解力的液体，因为它们会腐蚀摄像机的外壳，有损机器外表的完美。

7．防烟避尘

数码摄像机应当工作和贮存在清洁的环境中，这样可以减少因外界灰尘、污物、油烟等污染而引起故障的可能性。因为油烟、灰尘等落入机器的镜头以后就会影响摄像的清晰度并增加调整开关和旋钮的惰性。在户外空旷地区拍摄时，风沙会比较多，甚至可能有狂风，由于风沙容易刮伤摄像机的镜头或渗入对焦环等机械装置中造成损伤，因此除了正在拍摄外，应随时用镜头盖将镜头盖住，在风沙大的地区最好记得将摄像机的摄影包带上。

8．防磁

数码摄像机是光电一体的精密设备，光电转换是其主要的工作原理，关键部件如CCD/CMOS、DSP 芯片、硬盘灯对强磁场和电场都很敏感，它们会影响到这些部件的正常性能发挥，直接影响到拍摄效果，甚至导致数码摄像机无法操作。摄像机不能靠近有磁力线的物体，如马达、变压器、扬声器、磁铁等，因为摄像机对磁场非常敏感，不仅这些物体，就连收音机、电视机天线也能使摄像机摄取的图像变形，最好也不要靠近它们。

9．防惰性

要避免连续、持久、固定地对着强光照射下的主体，尤其是明暗反差很强的主体，如夜间的灯光，否则，摄像机的感光单元将会在那个明亮主体的位置上留下“光点”，使以后拍摄的镜头，尤其是低调子的画面上总会出现那个“光点”，这就是惰性。如果发生这种情况，应让摄像机休息几天，一般可在一周内恢复。摄像机长期不用时，每隔 6 个月至少运行 1 次，每次通电 2～3 小时。

10．防 X 射线

不要把摄像机放在强无线电波如电视、广播发射台附近或 X 射线活动区，因为这两者均会损害镜头和电子组成部分。

思考与训练

1. 数码摄像机的工作原理是什么？
2. 数码摄像机有哪些优点？
3. 数码摄像机有哪些分类？
4. 数码摄像机有哪些选购要素？
5. 数码摄像机有哪些拍摄技巧？
6. 按不超过5000元的标准，选购一款数码摄像机，并说出购买理由。

第9章 投 影 机

本章要点

☑ 投影机的分类及工作原理
☑ 投影机的技术指标
☑ 投影机的选购
☑ 投影机的使用
☑ 常见故障及原因
☑ 投影机的维护

投影机经历了几年的发展，早已经脱离了贵族产品的形象，目前常作为教学、培训、会议等必不可少的演示工具。投影机的应用深入我们的工作和生活，并带来无比的便利和大屏幕的享受。目前，投影机行业的主要技术发展日趋成熟，产品越来越丰富。据中关村在线的不完全统计，国内市场上现在大约有40个品牌，1000余种机型供用户选择，涉及多个领域的应用。

随着行业技术发展的成熟，投影机产品在基本性能指标和产品表现上的趋同性也日渐明显。因此，各厂商开始更多关注一些细微功能的开发和改进，一方面进一步提高产品的易用性，简化操作；另一方面也借此突出个性化的发展，从而赢得用户的青睐，为市场的发展创造基础。

9.1 投影机的分类及工作原理

到目前为止，投影机主要通过三种显示技术实现，即CRT投影技术、LCD投影技术以及近些年发展起来的DLP投影技术。

9.1.1 CRT三枪投影机

CRT是Cathode Ray Tube(阴极射线管)的缩写，它是实现最早、应用最为广泛的一种显示技术。这种投影机先把输入信号源分解成R(红)、G(绿)、B(蓝)3个CRT管的信号，3个CRT管的荧光粉在高压作用下发光，经系统放大、成像、会聚，在大屏幕上显示出彩色图像。光学系统与CRT管组成投影管，通常所说的三枪投影机就是由三个投影管组成的投影机，由于使用内光源，也叫主动式投影方式。CRT技术成熟，显示的图像色彩丰富，还原性好，具有丰富的几何失真调整能力，但其重要技术指标——图像分辨率与亮度相互制约，

直接影响 CRT 投影机的亮度值，到目前为止，其亮度值始终徘徊在 300 lm(流明)以下。另外，CRT 投影机操作复杂，特别是会聚调整繁琐，机身体积大，只适合安装于环境光较弱、相对固定的场所，不宜搬动，现在已经被淘汰了。CRT 三枪投影机如图 9-1 所示。

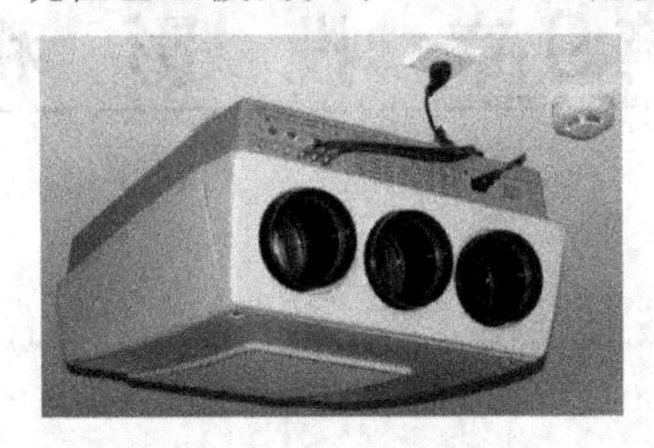

图 9-1　CRT 三枪投影机

9.1.2　LCD 投影机

LCD 是 Liquid Crystal Display(液晶显示)的缩写。LCD 投影机分为液晶光阀和液晶板两种。

液晶是介于液体和固体之间的物质，本身不发光，工作性质受温度影响很大，其工作温度为 −55～+77℃。投影机利用液晶的光电效应，即液晶分子的排列在电场作用下发生变化，影响其液晶单元的透光率或反射率，从而影响它的光学性质，产生具有不同灰度层次及颜色的图像。下面分别说明两种 LCD 投影机的原理。

1．液晶光阀投影机

液晶光阀投影机采用 CRT 管和液晶光阀作为成像器件，是 CRT 投影机与液晶与光阀相结合的产物。为了解决图像分辨率与亮度间的矛盾，它采用外部光源，也叫被动式投影方式。一般的光阀主要由三部分组成：光电转换器、镜子和光调制器，它是一种可控开关。通过 CRT 输出的光信号照射到光电转换器上，将光信号转换为持续变化的电信号；外部光源产生一束强光，投射到光阀上，由内部的镜子反射，能通过光调制器改变其光学特性，紧随光阀的偏振滤光片，将滤去其它方向的光，而只允许与其光学缝隙方向一致的光通过，这个光与 CRT 信号相复合，投射到屏幕上。它是目前为止亮度、分辨率最高的投影机，亮度可达 6000ANSI 流明，分辨率为 2500 × 2000，适用于环境光较强、观众较多的场合，如超大规模的指挥中心、会议中心及大型娱乐场所，但其价格高，体积大，光阀不易维修。其主要品牌有休斯、JVC、Ampro 等。

2．液晶板投影机

按照液晶板的片数，LCD 投影机分为三片机和单片 LCD 机。其成像器件是液晶板，也是一种被动式的投影方式，利用外部光源，如超高压水银灯和金属卤化物灯。

最初，市场上的液晶板投影机为单片设计(LCD 单板，光线不用分离)，这种投影机体积小，重量轻，操作、携带极其方便，价格也比较低廉。但其光源寿命短，色彩还原性不好，分辨率较低，最高分辨率为 1024 × 768，多用于临时演示或小型会议。这种投影机虽然也实现了数字化调制信号，但液晶本身的物理特性决定了它的响应速度慢，随着时间的推移，性能有所下降。

现在，市场上主要是三片 LCD 板的投影机，单片的机型已经被淘汰了。

三片 LCD 板投影机的工作原理为：光源(灯泡)发出的白光经反射、聚光镜会聚后，通过第一个双色镜，蓝色光透射过去，再经反射镜照射到对应的液晶面板上，黄色光(红色和绿色的混合光)被反射到第二个双色镜上，红色光透射过去，再经反射镜照射到对应的液晶面板上，绿色光被反射出来照射到对应的液晶面板上，同时，信号源经过模/数转换，调制到液晶板上，控制液晶单元的开启、闭合，从而控制光路的通、断，再经合光棱镜会聚后，最后通过光学投影镜头放大，投射到大屏幕上。

三片 LCD 板投影机的工作原理示意图如图 9-2 所示。

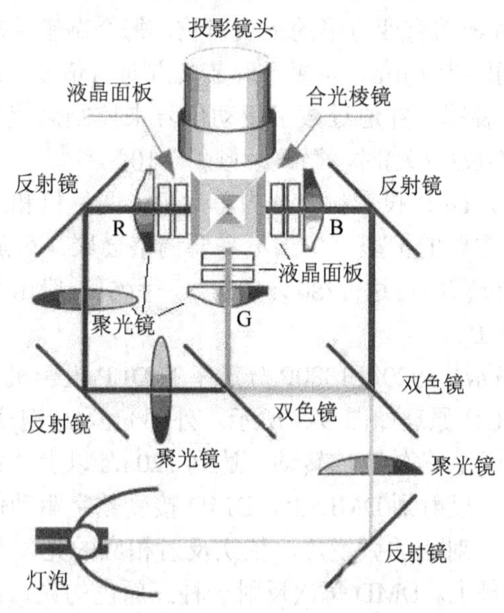

图 9-2　三片 LCD 板投影机的工作原理示意图

9.1.3　DLP 投影机

DLP 是 Digital Light Processor(数字光处理器)的缩写，这一新的投影技术是由美国德州仪器公司发明的一项光学技术。DLP 技术是显示领域划时代的革命，正如 CD 在音频领域产生的巨大影响一样，DLP 技术已经为视频投影显示翻开了新的一页。

DLP 投影机中，其主要的部件就是 DLP 板，它由模/数转换器、存储器、影像处理器、数字信号处理器和 DMD 组成。DLP 板如图 9-3 所示。

图 9-3　DLP 板

在 DLP 板上，其核心器件就是 DMD(Digital Micormirror Device，数字微镜器件)，如图 9-4 所示。DMD 作为成像器件，其主要特点有：图像灰度等级达 256～1024 级，色彩位数达 24～30 位，图像噪声消失，画面质量稳定，色彩艳丽，自然逼真，对比度和亮度的均匀性都非常出色等，是投影机未来发展的主流。

图 9-4　DMD

在一个 DMD 单元上，有许多反射用的微镜片，其数量有 50～100 万个。每个微镜片覆盖有四方形的铝反射物，每个微镜片就是一个像素，其像素的面积为 16 μm × 16 μm，间隔为 1 μm。为便于调节其方向与角度，在每个微镜片下方，均设置有类似铰链作用的转动装置，并通过数字驱动信号来控制微镜片的倾斜角度：反射(开)时，微镜片倾斜 +10°；不反射(关)时，微镜片倾斜 −10°。

按所用 DMD 的片数，DLP 投影机可分为单片机、两片机和三片机。现在，出于成本方面的考虑，单片机还是主要的机型，由于不需要调整会聚，可随意变焦，使调整十分便利，分辨率高，不经压缩分辨率可达 1280 × 1024。三片机一般用于大型场所的投影，其亮度可达 10000ANSI 流明以上。

现在，已经有了支持高清 1920 × 1080P 分辨率的 DLP 投影机了。

单片 DLP 投影机的工作原理如图 9-5 所示。外部光源(灯泡)发出的白光经聚光镜会聚后，投射到色轮(见图 9-6)上，色轮高速转动，达到 120 r/s 以上，依次透射过去红、绿、蓝顺序的光，通过成像镜头，投射到 DMD 上，DMD 接受数字驱动信号的控制，根据像素的位置和色彩的多少，开或关对应的微镜片，依次反射相应的光，反射的光最后通过光学投影镜头放大，投射到大屏幕上。DMD 每次反射一种三原色的光，由于色轮转动极快，人眼在大屏幕上是看不到单独的颜色的，看到是这三种基色的混色。

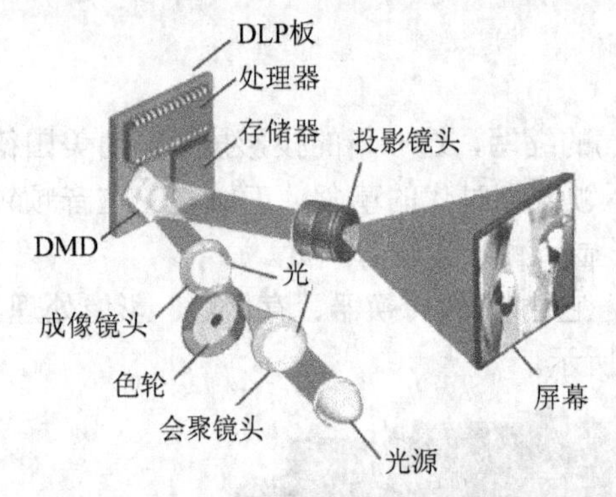

图 9-5　单片 DLP 投影机的工作原理示意图

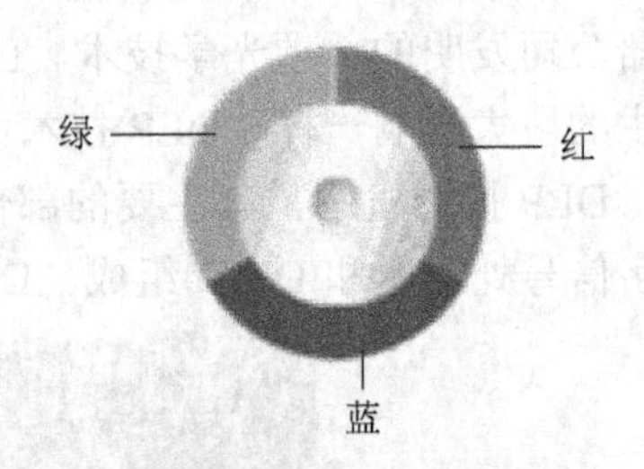

图 9-6　三原色色轮

现在，出现了 4 色和 6 色色轮，4 色色轮的投影机亮度高，6 色色轮的投影机色彩更鲜艳。

9.2　投影机的技术指标

投影机的性能指标是区别投影机档次高低的标志。投影机的性能指标有很多，这里只介绍几个主要指标。

1．亮度

亮度是投影机最重要的指标之一。亮度越高，屏幕上的图像看起来越亮。现在，投影机亮度的单位为“ANSI 流明”，常用的 LCD 投影机和 DLP 投影机的亮度一般在 2000～3000ANSI 流明，已能满足大多场合的要求，高档的大型投影机的亮度可达 6000ANSI 流明以上。另外，在挑选投影机时应注意画面亮度的一致性和均匀性，亮度不均匀会影响画面的观感。

当投影机输出的亮度一定时，投射面积越大，亮度越低，反之则亮度越高。决定投影机亮度的因素有投影的灯泡功率、镜头性能、屏幕面积及性能。通常屏幕面积越大，要求亮度就越高。

2．水平扫描频率(行频)

电子在屏幕上从左至右的运动叫做水平扫描，也叫行扫描。每秒扫描次数叫做水平扫描频率。视频投影机的水平扫描频率是固定的，为 15.625 kHz(PAL 制)或 15.725 kHz (NTSC 制)。数据和图形投影机的扫描频率是一个频率范围，在这个频率范围内，投影机可自动跟踪输入信号行频，由锁相电路实现与输入信号行频的完全同步。水平扫描频率是区分投影机档次的重要指标。频率范围在 15～60 kHz 的投影机通常叫做数据投影机，上限频率超过 60 kHz 的通常叫做图形投影机。

每种信号源都对扫描频率有特定的要求，普通视频信号的行扫描频率为 15.7 kHz，VGA(640 × 480)的行扫描频率为 31.5 kHz，SVGA 的行扫描频率为 37.8 kHz，XGA(1024 × 768)行扫描频率为 48.4 kHz，SXGA(1280 × 1024)的行扫描频率为 64.5 kHz，UXGA(1600 × 1200)的行扫描频率为 75 kHz。在购买投影机时，应关注一下水平扫描频率的范围，看其是否适合所要显示的信号源。

3．垂直扫描频率(场频)

电子束在水平扫描的同时，又从上向下运动，这一过程叫垂直扫描。每扫描一次形成一幅图像，每秒扫描的次数叫做垂直扫描频率。垂直扫描频率也叫刷新频率，它表示这幅图像每秒刷新的次数。垂直扫描频率一般不低于 50 Hz，否则图像会有闪烁感。

4．视频带宽

视频带宽即投影机的视频通道总的频带宽度，其定义是在视频信号振幅下降至 0.707 倍时，对应的信号上限频率。0.707 倍对应的增量是 −3 dB，因此又叫做 −3 dB 带宽。

带宽越大，画面细节越好，过低的带宽易引起图像模糊或聚集不良，因此应尽可能选择高带宽的投影机。在 60 Hz 垂直扫描频率下，SVGA 图像需 43 MHz 的带宽，SXGA 信号需 118 MHz 的带宽。

5．分辨率

分辨率有三种：可寻址分辨率、RGB 分辨率和视频分辨率。

对 CRT 投影机来说，可寻址分辨率是指投影管可分辨的最高像素，它主要由投影管的聚焦性能所决定，是投影管质量指标的一个重要参数。可寻址分辨率应高于 RGB 分辨率。

RGB 分辨率是指投影机在接 RGB 分辨率视频信号时可达到的最高像素，如分辨率为 1024 × 768，表示水平分辨率为 1024，垂直分辨率为 768。RGB 分辨率与水平扫描频率、垂直扫描频率及视频带宽均有关。

视频分辨率是指投影机在显示复合视频时的最高分辨率。这里，有必要将视频带宽、水平扫描频率、垂直扫描频率与RGB分辨率的关系作一分析。

首先看看水平扫描频率与垂直扫描频率的关系。在投影机指标中，分辨率是较易混淆的一个概念。投影机技术指标上常给出以下公式：

$$\text{水平扫描频率} = A \times \text{垂直扫描频率} \times \text{垂直分辨率}$$

公式中，A为常数，约为1.2；垂直扫描频率一般不应低于50 Hz，为了保证良好的视觉效果，希望垂直扫描频率高一些好。为了提高图像质量，也要提高垂直分辨率。这些都要求相应地提高水平扫描频率。可见，水平扫描频率是投影机的一个重要技术指标。例如，当扫描频率为70 Hz，垂直分辨率为768时，行频为64.5 kHz。

其次再来看视频带宽与水平扫描频率、水平分辨率的关系。有公式：

$$\text{视频带宽} = \frac{R \times \text{水平扫描频率} \times \text{水平分辨率}}{2}$$

公式中，R为常数约为1.4；其中水平分辨率应比垂直分辨率高，这是由于图像水平与垂直幅度之比是4∶3，例如垂直分辨率为768时，水平分辨率一般是1024，此时信号带宽是6 MHz。

综合上述两个公式可以得出：

$$\text{视频带宽} = \frac{C \times \text{水平扫描频率} \times \text{垂直分辨率} \times \text{水平扫描频率}}{2}$$

公式中，$C = A \times R$。由该公式可以知道要提高图像分辨率，就要提高视频带宽。因而视频带宽也是投影机的一个重要技术指标。因此，在区分投影机质量优劣时，应注重行频和带宽；在看RGB分辨率时，还应注意它的垂直扫描频率；在行频一定，垂直扫描频率不同时，最高RGB分辨率也不同。例如，一台投影机的最高行频为75 kHz，当垂直扫描频率为60 Hz时，允许最高RGB分辨率是1280×1024。而如果将垂直扫描频率提高至70 Hz时，就达不到1280×1024。

6. 对比度

图像的清晰度除了与亮度、分辨率有关外，还与对比度有关系。对比度是通过测量黑色和白色之间的对比而获得的。对比度越高，图像越清晰。投影机的对比度范围一般可达500～2000∶1(全黑/全白)。

7. 灯泡寿命

LCD、DLP投影机都采用外部光源，其灯泡的寿命直接关系到投影机的使用成本。因此，在购买时一定要问清楚灯泡寿命和更换成本。LCD投影机的灯泡成本平均为1.5～2元/小时。

8. 投影距离/投影尺寸

投影距离是由厂商推荐的，在此距离范围内能保证图像显示的质量和清晰度。投影距离越远，其投影的尺寸越大。即要求的屏幕尺寸越大。考虑这一指标时，应结合投影机放置的环境来考虑。

9. 重量

随着技术的发展，投影机做得越来越小、越来越轻，目前最轻的投影机大约只有2 kg，极大地方便了用户。如果经常要带着投影机到处去做演示，就应该尽可能选用重量轻的便携式投影机。

9.3 投影机的选购

9.3.1 选购投影机前的准备

1. 分析输入信号源

根据所显示信号源的性质，投影机可分为普通视频机、数字机和图形机三类。普通视频机可显示全电视信号；数字机的分辨率为 SVGA(800 × 600)；图形机的分辨率为 XGA(1024 × 768)、SXGA(1280 × 1024)、UXGA(1600 × 1200)。现在，绝大部分的投影机的分辨率都可以达到 XGA(1024 × 768)，能向下兼容数字机和普通视频机。

2. 确认使用方式

投影机的使用方式分为桌式正投、吊顶正投、桌式背投和吊顶背投。正投是投影机在观众的同一侧，背投是投影机与观众分别在屏幕两端(需背投幕)。如固定使用，可选择吊顶方式；如果屏幕后面有足够的空间，可以选择背投方式。

3. 搞清显示环境

房间面积较小时，可选液晶投影机；当显示环境面积较大，对环境光要求不高，显示面积特大，显示高分辨率图形信号时，可选择液晶光阀投影机；追求显示画面的均匀性和色彩的锐利性时，可选择 DLP 投影机。

4. 关注服务质量

投影机价格较高，配件、耗材(灯泡)也比较昂贵，且多为专用品，因此，在购买前要考虑一定的使用成本，并事先考察供应商的服务水平，了解服务内容。

9.3.2 现场选购技巧

确定了所选机型后，最好将投影机搬到现场进行测试，如投影机安装的高度、亮度、投影尺寸与房间大小是否合适；另外，还要通过所投影画面来鉴别投影机的实际指标。

1. 检查水平扫描跟踪频率范围

根据技术指标上给出的水平扫描频率扫描范围，从中选出高、中、低三个频率，计算出三个频率点相对应的图像分辨率。检查投影机在这三个分辨率下，是否能正常显示。如出现行不同步现象，即画面扭动或抖动等，说明水平扫描跟踪不良。

2. 检查聚焦性能

用投影机内部产生的测试方格或信号发生器、计算机产生的测试方格，将聚焦调至最佳位置，让图像对比度由低向高变化，观察方格的水平和垂直线条是否有散焦现象，如有，则说明聚焦性能不良。

3. 检查视频带宽

视频带宽直接影响视频的细节部分。用计算机或信号发生器产生一个投影机所能达到最高分辨率的白底图形信号，观察屏幕上的最小字符图形是否清晰。如视频带宽不足时，

屏幕所显示的横线条较实，而竖线条发虚，图像细节模糊不清。

4．LCD 投影机的现场检测

打出一个全白图像，观察颜色均匀度情况。一般来说，液晶投影机的颜色均匀度很难达到较高标准。但质量好的机型颜色的均匀度相对好一些。另外，液晶投影机的防尘是难题，一个很小的灰尘，如落到液晶板或镜片上，就可能被放大得很清晰。在全白图像上，由小至大调整光学变焦，观察屏幕上是否有彩色斑点出现，有则可能是液晶板或镜片上落有灰尘，估计机器的防尘系统有问题。

9.3.3　正确选择投影屏幕

购买了投影机后，下面就要选择一块合适的屏幕来搭配，以求得最佳的投影效果。正确选择投影屏幕有以下四个主要步骤。

1．选择屏幕类型

正投幕：有手动挂幕和电动挂幕两种类型。其挂幕方式有墙挂幕、双腿支架幕、三角支架幕等。

背投幕：有硬质背投幕(分双曲线幕和弥散幕)和软质背投幕(弥散幕)两种类型，硬质幕的画面效果要优于软质幕。

2．选择最佳的屏幕尺寸

要选择最佳的屏幕尺寸，主要取决于使用空间的面积和观众座位的多少及位置的安排。首要的规则是选择适合观众的屏幕，而不是选择适合投影机的屏幕，也就是说要把观众的视觉感受放在第一位。

下面是选择屏幕尺寸方面的几点参考：

(1) 屏幕高度要让每一排的观众都能清楚地看到投影画面的内容。

(2) 屏幕到第一排座位的距离应大于 2 倍屏幕的高度。

(3) 屏幕底边距地面 1.5 m 左右。

3．选择投影设备的格式

选择适合的投影设备需求的格式(画面比例)，常见格式列表见表 9-1。

表 9-1　常见格式列表

影像格式	屏幕比例(宽：高)
投影仪	1：1
VGA 信号	4：3
NTSC 制式	4：3
PAL 制式	4：3
HDTV(高清电视)	16：9
宽银幕	1.85：1

4．屏幕材料的选择

选择的屏幕面料要适合投影机及观众的需要。但是，如果一块屏幕需要供给多部投影设备使用，屏幕面料就应该以对屏幕要求较高的那台投影设备为主。表9-2提供了几种正投幕面料的资料及参数，以供参考。

表9-2　几种正投幕面料的资料及参数

屏幕材料		屏幕参数
英文名称	中文名称	
Matte White	白塑幕	视角：50°；亮度增益：1.1；面料：防火、防霉，可清洁
Video Spectra1.5	VS 1.5	视角：35°；亮度增益：1.5；面料：防火、防霉，可水洗
Glass Beaded	玻珠幕	视角：30°；亮度增益：2.5；面料：防火、防霉
Super Wonder-Lite	金属幕	视角：40°；亮度增益：2.5；面料：防霉，可清洁
Polarized Screen	极化幕	视角：35°；亮度增益：2.75；面料：防火、防霉
High Power	高能幕	视角：25°；亮度增益：2.8；面料：防火、防霉，可清洁
Dual Vision	前/后投影幕	视角：50°；亮度增益：1.0；面料：防火、防霉，可清洁
Da-Mat	背投软幕	视角：50°；亮度增益：1.1；面料：防火、防霉，可清洁
Cinema Vision	高级家庭影院幕	视角：45°；亮度增益：1.3；面料：防火、防霉，可清洁
Pearlescent	高级珍珠型幕	视角：35°；亮度增益：2.0；面料：防火、防霉，可清洁

9.4　投影机的使用

下面以日立CP-HX2020投影机为例，介绍投影机的基本使用方法，详细的使用请参看说明书。如图9-7所示是日立CP-HX2020投影机。

图9-7　日立CP-HX2020投影机

9.4.1　日立 CP-HX2020 投影机性能简介

日立 CP-HX2020 投影机的主要性能如下：

(1) 采用 LCD 液晶投影技术，可以将各种电脑信号及 NTSC/PAL/SECAM 视频信号投影到屏幕上。

(2) 超高亮度，使用 UHB(超高亮度)灯泡及高效的光学系统实现明快的演示。

(3) 部分放大功能，可以放大图像中感兴趣的部分，进行更细致的观看。

(4) 梯形失真校正，可以对失真的图像作快速的电路校正。

(5) 具有降噪模式，可以降低投影机工作时发出的噪音。

9.4.2　日立 CP-HX2020 投影机的主要性能指标

日立 CP-HX2020 投影机的主要性能指标见表 9-3。

表 9-3　日立 CP-HX2020 投影机的主要性能指标

液晶板尺寸	0.9 in 多晶硅 TFT 活性矩阵，786 432 像素
液晶板数目	3 个
最高显示分辨率/dpi	1024 × 768
标称对比度	400∶1
标称光亮度	2500ANSI 流明
镜头变焦/调焦	手动，光圈 F = 1.7～2.1，焦距 f = 36.8～47.8 mm
投影灯泡功率	200 W　UHB
输入接口	模拟视频、分量视频、S 端子，RGB:15 针 D-sub 端口 × 2 音频：立体声微型插口 × 2；音频：左、右
输出接口	RGB:15 针 D-sub 端口 × 1；音频：立体声微型插口 × 1
其它接口	15 针 D-sub 端口(对应 RS232 口和鼠标控制-PS/2) × 1，USB
投影方式	正投、背投、吊装
有效扫描频段	水平：15～80 kHz；垂直：50～120 Hz
尺寸(长 × 宽 × 高)	298 mm(长) × 228 mm(宽) × 76 mm(高)(不包含突出部分)
重量	3.25 kg
其它技术参数	操作温度：0～35℃(32～95° F) 电源：AC100～120 V/AC220～240 V

9.4.3　日立 CP-HX2020 投影机的各功能部件及按钮

日立 CP-HX2020 投影机的各功能部件及按钮如下：

(1) 投影机正面和右侧面部件如图 9-8 所示。

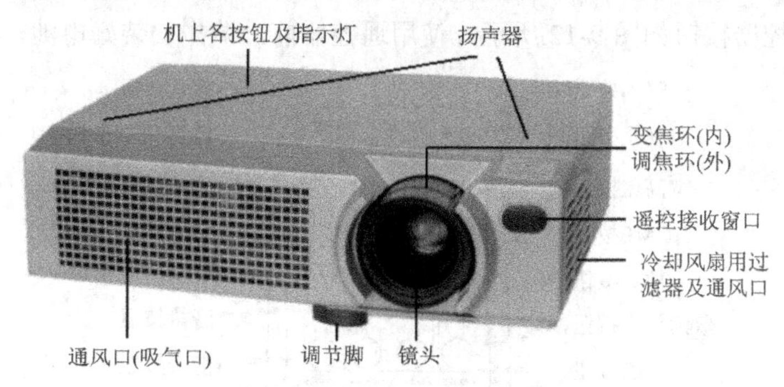

图 9-8 投影机正面和右侧面部件

(2) 投影机左侧面部件如图 9-9 所示。

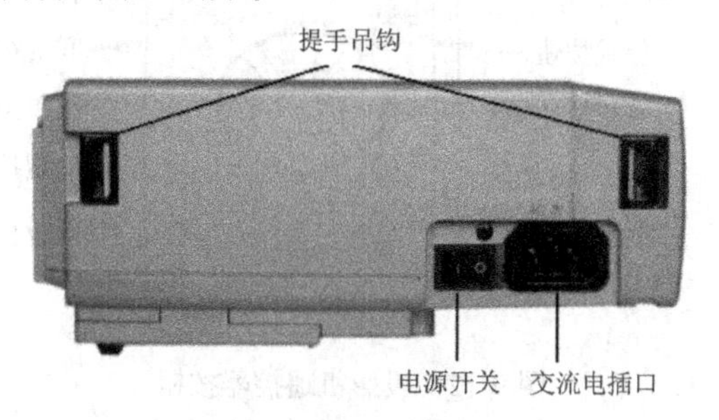

图 9-9 投影机左侧面部件

(3) 投影机后背板部件如图 9-10 所示。

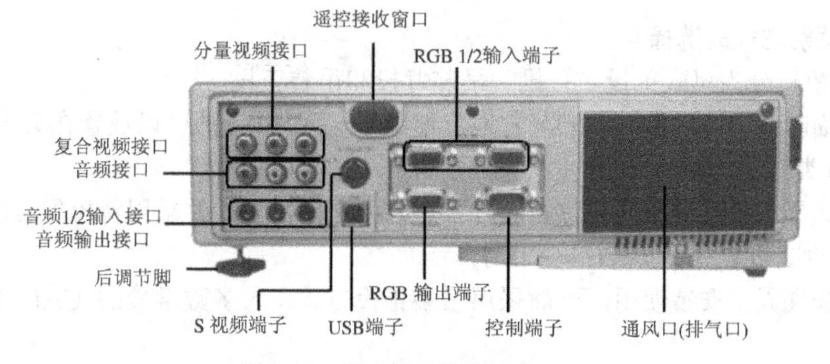

图 9-10 投影机后背板部件

(4) 投影机上部按钮图 9-11 所示。

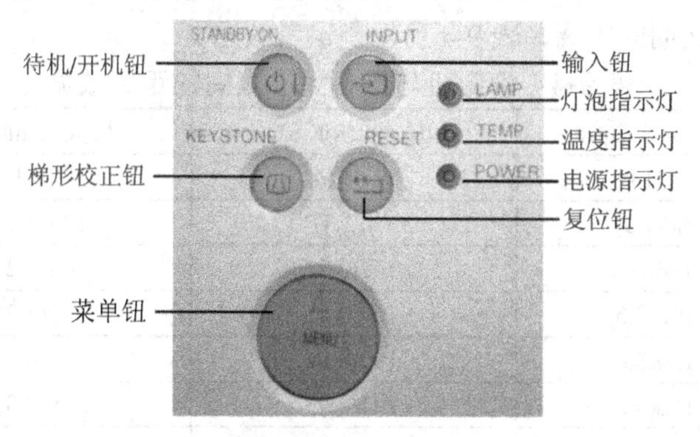

图 9-11 投影机上部按钮

(5) 投影机遥控器按钮如图 9-12 所示。使用遥控器前，请先安装好电池。

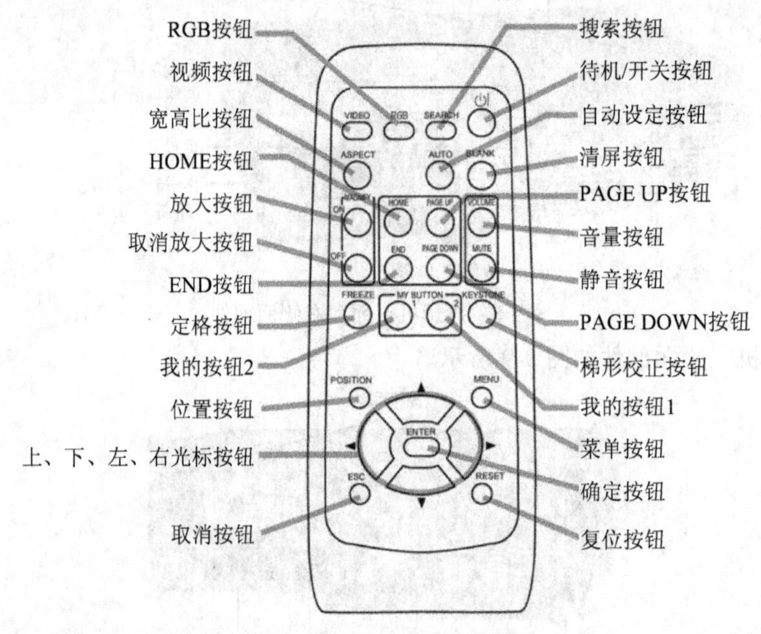

图 9-12　投影机遥控器按钮

9.4.4　投影机的安装

1．投射方式的选择

投影机可分为桌式正投、背投、吊装背投和吊装正投。

(1) 临时使用或经常移动到其它地方使用，一般采用正投，以放置在桌上居多或使用专用的支架(类似三角架)。

(2) 如果正投没有空间或位置而屏幕后方的空间很大，并采用背投屏幕(价格很贵)，可以采用背投或吊装背投安装(很少采用)。

(3) 长期固定安装使用，一般采用吊装正投方式，大多数学校的 CAI 教室的投影机使用此方式。

2．调整屏幕与投影机距离

目前，屏幕尺寸有 100 in、150 in 和 200 in 等屏幕，宽高比一般为 4：3，根据屏幕大小调整投影机与屏幕之间的距离，表 9-4 所示是参考数据。

表 9-4　投影机与屏幕大小之间的距离数据

屏幕大小/in(m)	最小值/in(m)	最大值/in(m)
40(1.0)	62(1.6)	82(2.1)
60(1.5)	94(2.4)	123(3.1)
80(2.0)	127(3.2)	164(4.2)
100(2.5)	160(4.1)	205(5.2)
120(3.0)	192(4.9)	246(6.3)
150(3.8)	241(6.1)	308(7.8)
200(5.0)	323(8.2)	411(10.4)

9.4.5　投影机的连接

1. 与计算机连接

1) 与台式机连接

投影机与台式机的连接如图 9-13 所示。

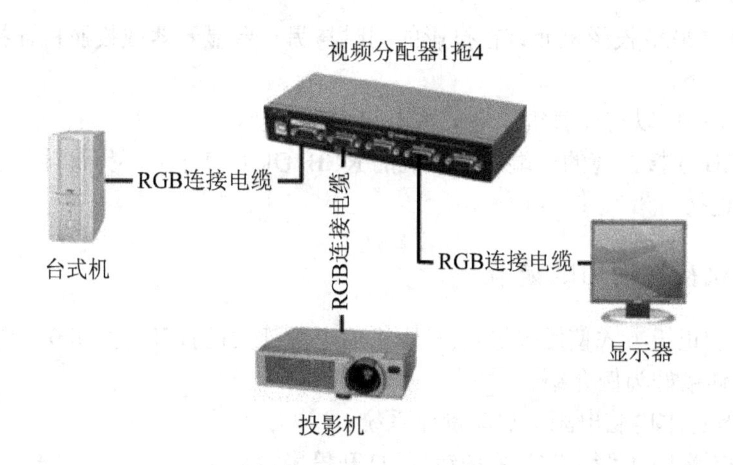

图 9-13　投影机与台式机的连接

具体操作步骤如下：

(1) 关闭台式机和投影机。

(2) 用 RGB 连接电缆一端接计算机显卡的 RGB 口，另一端与视频分配器(一般是 1 拖 4 或 8)的 RGB IN 口连接。

(3) 将另两条 RGB 连接电缆分别接在视频分配器 RGB OUT 口上。

(4) 将其中一条 RGB 连接电缆的另一端与显示器连接；另外一条 RGB 连接电缆的另一端与投影机的 RGB IN 的 1/2 连接，推荐使用 RGB IN 1 口。投影机的接口见图 9-10。

(5) 用音频连接线(两端是直径 3.5 mm 的立体声插头)的一端与计算机声卡的 SPEAKER OUT 口(绿色)连接，另一端与投影机的音频输入 1/2 口连接，推荐使用音频输入 1 口。

此方法需要三条 RGB 连接电缆。

2) 与笔记本电脑连接

投影机与笔记本电脑连接的操作步骤如下：

(1) 关闭笔记本电脑和投影机。

(2) 用 RGB 连接电缆一端接笔记本电脑的 RGB OUT 口，另一端与投影机的 RGB IN 的 1/2 连接。

(3) 同上面步骤(5)。

2. 与 DVD 机连接

投影机与 DVD 机连接的操作步骤如下：

(1) 如果 DVD 机有分量视频输出口，使用分量线(另购)与投影机的分量视频输入口连接，分量线插头的颜色要与投影机分量视频输入口颜色对应；如果 DVD 机没有分量视频输

出口，而有S端子输出口，使用S端子线与投影机连接；如果DVD机只有复合视频输出口，使用RCA视频端子线与投影机连接。投影机的接口见图9-10。

(2) 用RCA音频线与投影机的音频接口连接。

3. 与录像机连接

投影机与录像机连接和与DVD机连接相同，只是没有分量视频的连接。

4. 与显示器连接

日立CP-HX2020投影机允许在投影的同时与另一台显示器或投影机连接，并同时显示。具体操作步骤如下：

(1) 确定投影机以与计算机或笔记本电脑正确连接。

(2) 将RGB连接电缆的一端与投影机的RGB OUT口连接，另一端与显示器或投影机的RGB IN口连接。

9.4.6 投影机初次使用的调节

下面以吊装正投方式使用投影机(投影机的电源开关已打开，如图9-9所示位置)，并与笔记本电脑已连接好为例介绍。

(1) 打开笔记本电脑电源，启动操作系统。

(2) 按遥控器上的“待机/开关按钮”，打开投影机。

(3) 切换笔记本电脑的屏幕和RGB OUT口同时显示，一般是通过按Fn键的同时，按某一个功能键，该功能键的键帽上一般有LCD/CRT或 或 的标记，其显示切换的顺序是：投影机显示→同时显示→笔记本电脑显示。

(4) 按遥控器上的“RGB按钮”，选择RGB IN 1或2作为输入口(依实际连接而定)，使投影机显示图像。

(5) 旋转调焦环使图像清晰；旋转变焦环使图像覆盖整个屏幕。

(6) 按遥控器上的“位置按钮”，并配合上、下、左、右光标按钮，使图像调到理想位置。

(7) 按遥控器上的“菜单按钮”，用上、下按钮选择“主项目”，按“确定按钮”，用上、下光标按钮选择“反转”，按“确定按钮”，再用上、下光标按钮选择反转模式：正常、左右反转、上下反转、上下左右反转。由于使采用的是吊装正投方式，所以在此选择上下反转，旋转180°，使图像正过来。

(8) 按“确定按钮”，再按“菜单按钮”，退出菜单。

(9) 按遥控器上的“梯形校正按钮”，按左、右光标按钮选择上下方向校正、左右方向校正，按上、下钮校正梯形失真。

经过以上步骤调整后，以后使用一般不需要再调整了。

9.4.7 正常使用步骤

投影机的正常使用步骤如下：

(1) 关闭总电源，正确连接RGB电缆线和音频线。

(2) 打开总电源后，先打开计算机电源，等待启动完成，然后按遥控器上的“待机/开关按钮”，打开投影机电源，数秒后，投影机灯泡亮，并显示图像。

【特别提示】

① 使用笔记本电脑要切换显示方式，使用台式计算机要打开视频分配器电源。

② 若投影机只显示部分图像，请调低计算机或笔记本电脑的分辨率。目前，有部分笔记本电脑能根据投影机的最大分辨率自动调整RGB OUT口的分辨率，以适应投影机的最大分辨率。

(3) 使用完毕后，先关闭计算机或电脑，然后按遥控器上的“待机/开关按钮”，屏幕上显示：“关闭电源吗？”若要关闭，则再次按“待机/开关按钮”；若不关闭，则请等一会儿。

投影机灯泡熄灭，并开始冷却。灯泡冷却时，按“待机/开关按钮”将不起作用，当冷却结束后，投影机进入待机模式。

(4) 关闭总电源，投影机完全关闭。

其它按钮和功能的使用请参看说明书。

9.5 常见故障及原因

投影机的常见故障及原因如下：

(1) 无法打开投影机。可能的原因：投影机电源开关没有打开；遥控器的电池用尽，无法遥控开机。

(2) 工作一段时间突然关机。可能的原因：环境温度太高；通风不畅；通风口被堵；冷却风扇用的空气过滤器脏。

(3) 没有图像显示。可能的原因：RGB 电缆线没有正确连接；输入信号选择不正确；视频分配器电源没有打开；分辨率太高；笔记本电脑没有正确切换显示；笔记本电脑没有正确安装显卡驱动程序。

(4) 图像显示黯淡。可能的原因：亮度、对比度调节太小；处于降噪模式；灯泡使用寿命将尽。

(5) 图像显示被压缩。可能的原因：误按“宽高比钮”，使显示成16∶9模式。

(6) 图像静止不动。可能的原因：误按“定格钮”。再按一下该钮便可解除。

更多的故障现象及排除方式，请参看说明书。

9.6 投影机的维护

投影机是一种精密电子产品，它集机械、液晶或DMD、电子电路技术于一体，因此在使用中要从以下几个方面加以注意(以液晶投影机为例)：

(1) 机械方面：注意防震。

强震能造成液晶片的位移，影响放映时三片 LCD 的会聚，出现 RGB 颜色不重合的现象；光学系统中的透镜和反射镜也会产生变形或损坏，影响图像投影效果；变焦镜头在冲击下会使轨道损坏，造成镜头卡死，甚至镜头破裂而无法使用。

(2) 光学系统：注意使用环境的防尘和通风散热。

目前使用的多晶硅 LCD 板一般只有 1.3 in，有的甚至只有 0.9 in，而分辨率已达 1024 × 768 或 1280 × 1024，也就是说每个像素只有 0.02 mm，灰尘颗粒足够把它阻挡。由于投影机 LCD 板要充分散热，一般都有专门的风扇以每分钟几十升空气的流量对其进行送风冷却，高速气流经过滤尘网后还有可能夹带微小尘粒，它们相互摩擦产生静电而吸附于散热系统中，这将对投影画面产生影响。因此，在投影机使用环境中防尘非常重要，一定要严禁吸烟，因烟尘微粒更容易吸附在光学系统中。因此要经常或定期清洗进风口处的滤尘网。

目前的多晶硅 LCD 板都比较怕高温，较新的机型在 LCD 板附近都装有温度传感器，当进风口及滤尘网被堵塞，气流不畅时，投影机内温度会迅速升高，这时温度传感器会报警并立即切断灯源电路。所以，保持进风口的畅通，及时清洁过滤网十分必要。

吊顶安装的投影机，要保证房间上部空间的通风散热。当吊装投影机后，往往只注意周围的环境，而忘了热空气上升的问题，在天花板上工作的投影机，其周围温度与下面有很大差别，所以这点不能忽视。

(3) 灯源部分：在开机状态下严禁震动或搬移投影机。

目前，大部分投影机使用超高压水银灯和金属卤化物灯，在点亮状态时，灯泡两端电压为 60～80 V 左右，灯泡内气体压力大于 10 kg/cm，温度则有上千摄氏度，灯丝处于半熔状态。因此，在开机状态下严禁震动或搬移投影机，防止灯泡炸裂，停止使用后不能马上断开电源，要让机器散热后自动停机，在机器散热状态断电造成的损坏是投影机最常见的返修原因之一。虽然现在的部分机型已经做到能直接断开电源，但等待散热完成无疑是一种良好的使用习惯。另外，减少开关机次数对灯泡寿命有益。

(4) 电路部分：严禁带电插拔 RGB 连接电缆，信号源与投影机电源最好同时接地。

这是由于当投影机与信号源(如 PC)连接的是不同电源时，两零线之间可能存在较高的电位差。当用户带电插拔信号线或其他电路时，会在插头插座之间发生打火现象，损坏信号输入电路，由此造成严重后果。

在使用投影机时，有些用户要求信号源和投影机之间有较大距离，如吊装的投影机一般都距信号源 15 m 以上，这时相应信号电缆必须延长。由此会造成输入投影机的信号发生衰减，投影出的画面会发生模糊拖尾甚至抖动的现象。这不是投影机发生了故障，也不会损坏机器。解决这个问题的最好办法是在信号源后加装一个信号放大器，可以保证信号无失真地传输 20 m 以上。

以上以 LCD 投影机为例介绍了一些投影机使用中的要点，DLP 投影机与其相似，但可连续工作时间比 LCD 投影机长。但无论何种投影机发生故障，用户都不可擅自开机检查，机器内没有用户可自行维护的部件，并且投影机内的高压器件有可能对人身造成严重伤害。所以，在购买时不仅要选好商品、问好价格，更要选好商家，弄清维修服务电话，有问题要向专业人员咨询，才不会有后顾之忧。

思考与训练

1. 投影机的工作原理是什么?
2. 投影机有哪些种类?各有什么优缺点?
3. 投影机有哪些重要参数?
4. 选购投影机时要注意哪些问题?
5. 投影机有哪些投射方式?各适合什么场合?
6. 投影机如何与台式机、笔记本电脑连接?
7. 初次使用投影机要进行哪些调节?
8. 按不超过8000元的标准,选购一款投影机,并说出购买理由。

第10章　摄　像　头

本章要点

☑ 摄像头的分类
☑ 数字摄像头的工作原理和结构
☑ 数字摄像头的性能指标和选购参考
☑ 数字摄像头的安装
☑ 数字摄像头的使用
☑ 数字摄像头的维护

近几年来，网络带宽不断提高，互联网已融入越来越多人的生活当中，再加上感光成像器件技术的成熟并大量用于摄像头的制造上，摄像头正逐步成为计算机不可或缺的外围设备。现在，无论相隔万水千山，通过摄像头，彼此间都可以轻松地在网络中进行“面对面”的交谈。另外，摄像头还常常用于当前各种流行的数码影像、影音处理之中。

下面让我们一起来认识和了解摄像头。

10.1　摄像头的分类

根据技术原理的不同，摄像头主要有两大基本类型：模拟摄像头和数字摄像头。

1．模拟摄像头

在日常生活中，随处可以见到模拟摄像头的身影，如银行大厅、ATM取款机前、交通路口、公共汽车上、学校和小区的实时监控、门禁系统、超市、候车候机大厅、远程医疗、视频会议等。

模拟摄像头可以将图像信号转为模拟信号，但是必须通过视频采集卡将摄像头捕捉到的模拟信号转为数字信号并压缩后，才能够在电脑中保存，即模拟摄像头要和视频采集卡配合使用。

模拟摄像头的最大优点是传输距离远，控制方便，具备红外线和夜视摄像功能；缺点是安装工作复杂、不方便普通PC用户使用，并且设备价格昂贵。模拟摄像头如图10-1所示。

图10-1　模拟摄像头

2．数字摄像头

数字摄像头(Digital Camera，Webcam)又称电脑眼、PC照相机(PC Camera)等，是一种基于数字视频的输入设备。它利用光电技术来采集影像，通过内部电路把代表像素的“点

电流”转换成为能够被计算机所处理的“0”或“1”数字信号。

数字摄像头将摄像单元和视频捕捉单元集成，而不同于模拟摄像头那样，要先用模拟的采集工具采集影像，再通过专用的模/数转换组件完成影像的输入，在这方面数字摄像头集成度更高。数字摄像头如图 10-2 所示。

图 10-2 数字摄像头

由于数字摄像头使用简便、成本低且采用的 USB 接口方便快捷，是目前普通 PC 用户的主流选择，因此在本章中专门介绍 USB 接口数字摄像头。

10.2 数字摄像头的工作原理和结构

10.2.1 数字摄像头的工作原理

数字摄像头的工作原理大致可以概述为：景物通过镜头(Lens)生成的光学图像被投射到图像传感器(Sensor)的表面后转为电信号，经过 A/D(模/数)转换后变为数字图像信号，数字图像信号经过数字信号处理(DSP)加工处理后，通过 USB 接口再传输到计算机中处理，通过显示器就可以看到图像了。

数字摄像头的工作流程图如图 10-3 所示。

景物 —镜头→ 图像传感器 —A/D→ 数字信号处理器 —USB接口→ 电脑 —显示器→ 图像

图 10-3 数字摄像头的工作流程

10.2.2 数字摄像头的结构

数字摄像头的重要组成部件有镜头、图像传感器、模/数转换器、数字信号处理器和存储器等。

1. 镜头(Lens)

无论对于传统相机还是数码相机，镜头都是其关键部件，当然，这对于数字摄像头也不例外。

镜头是由几片透镜组成的，即通常所称的透镜结构，如图 10-4 所示。数字摄像头的镜头材料有塑料透镜(Plastic)和玻璃透镜(Glass)两种。在成像效果方面，玻璃透镜要远远优于塑料透镜，但是玻璃透镜比塑料透镜价格贵。

图 10-4 数字摄像头的镜头

目前，市场上品质比较好的数字摄像头产品一般都采用 4 片玻璃结构的镜头(俗称 4G 镜头)或 5 片玻璃结构的镜头(俗称 5G 镜头)；有的镜头会再加上一层或多层镀膜，以增强透光性。透镜越多成本越高，所以为了降低成本，现在市场上一些几十元左右的产品大都采用塑料镜头(即 1P 或 2P 镜头)或半塑料半玻璃镜头(即 1P1G 镜头)。

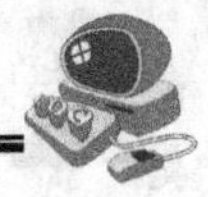

2．图像传感器(Sensor)

其实数字摄像头的结构并不复杂，关键技术及主要成本还是在图像传感器上。图像传感器相当于传统相机的胶片，它是一种用来接收通过镜头的光线，并且将这些光信号转换成电信号的器件。目前数字摄像头的核心成像部件即图像传感器有两种：一种是CCD感光器件，另一种是CMOS感光器件。

1) CCD感光器件

CCD是Charge Coupled Device(电荷耦合器件)的缩写。CCD感光器件的工作原理是：被摄物体的反射光线传送到镜头，经过镜头聚焦到CCD芯片上，CCD芯片会根据光的强弱而积聚相应的电荷，经过周期性放电，产生表示一幅幅画面的电信号，这些电信号经过滤波、放大等处理后，输出一个标准的复合视频信号。(注：当光从红、蓝、绿滤镜中穿过时，就可以得到每种色光的对应值，然后对得到的数据进行处理，就可确定每一个像素点的颜色，即所得图像数据其实就是一个数值的集合。) CCD感光器件如图10-5所示。

图10-5　CCD感光器件

2) CMOS感光器件

CMOS的制造技术和一般计算机芯片没什么差别，主要是利用硅和锗两种元素所做成的半导体，使其在CMOS上共存着N(带负电荷)级和P(带正电荷)级的半导体，这两者之间的互补效应所产生的电流可被处理芯片记录并解读成影像信息。CMOS感光器件如图10-6所示。

图10-6　CMOS感光器件

3) 感光器件的比较

从制造工艺、技术和应用领域等不同角度进行比较，CCD感光器件与CMOS感光器件有如下方面的不同。

(1) 制造工艺的比较：CCD和CMOS在制造上的主要区别是，CCD集成在半导体单晶材料上，制造工艺较复杂，只有少数几个厂商如索尼、松下等掌握CCD技术；CMOS集成在被称作互补性金属氧化物的半导体材料上，这是一种大规模应用于集成电路芯片制造的原料。

(2) 信息读取方式的比较：CCD感光器件的电荷信息，需在同步信号控制下一位一位地实施转移后才能被读取，电荷信息转移和读取输出需要有时钟控制电路和各组不同的电源相配合，整个电路设计较为复杂，使得信号读取十分复杂；而CMOS感光器件经光电转换后直接产生电流(或电压)信号，信号读取十分简单。

(3) 信息读取速度的比较：CCD感光器件需在同步时钟的控制下，以行为单位一位一位地输出信息，速度较慢；而CMOS感光器件采集光信号的同时就可以取出电信号，还能同时处理各单元的图像信息，信息读取速度要比CCD电荷耦合器快很多。

(4) 电源及耗电量的比较：CCD感光器件大多需要三组电源供电，耗电量较大；而CMOS光电传感器只需使用一个电源，耗电量非常小，仅为CCD电荷耦合器的1/3，CMOS感光器件在节能方面具有很大优势。

(5) 成像质量的比较：CCD感光器件制作技术起步早，技术成熟，采用PN结或二氧化硅(SiO_2)隔离层隔离噪声，成像质量相对CMOS光电传感器有一定优势；而由于CMOS感光器件集成度高，各光电传感元件、电路之间距离很近，相互之间的光、电、磁干扰较严重，噪声对图像质量影响很大，还因为早期的设计使CMOS在处理快速变化的影像时，由于电流变化过于频繁而会产生过热的现象，CMOS感光器件的成像很容易出现杂点。

所以在相同像素下，CCD的成像通透性、明锐度等都很出色，并且色彩还原、曝光等方面可以保证基本准确；而CMOS的产品往往通透性一般，对实物的色彩还原能力偏弱，曝光也都不太好，对光源有一定依赖性。正是由于自身物理特性的原因，CMOS在成像质量方面和CCD相比还是有一定距离的。

(6) 应用领域的比较：CCD感光器件是应用在摄影摄像方面的高端技术元件；而CMOS感光器件则应用于较低影像品质的产品中。

随着CMOS电路消噪技术的不断发展，为生产高密度优质的CMOS图像传感器提供了良好的条件。在采用CMOS为感光元器件的产品中，通过采用影像光源自动增益补强技术，自动亮度、白平衡控制技术，色彩饱和度、对比度、边缘增强以及伽马矫正等先进的影像控制技术，完全可以达到与CCD摄像头相媲美的效果。目前，市场上销售的数字摄像头多以采用CMOS感光器件的产品为主。

3. 模/数转换器(ADC)

ADC是Analog to Digital Converter的缩写。它把感光器件送进来的模拟信号转换成计算机内部运行所必需的数字信号，再交给下一个处理单元。数字摄像头的ADC芯片如图10-7所示。

图10-7 数字摄像头的ADC芯片

4. 数字信号处理器(DSP)

DSP是Digital Signal Processing的缩写，是一种以数字信号来处理大量信息的独特微处理器。它不仅具有可编程性，而且实时运行速度可达数以千万条复杂指令程序每秒，远远超过常见的通用微处理器。强大的数据处理能力和高运行速度是DSP最值得称道的两大特色，正因如此，DSP是数字化电子世界中日益重要的电脑芯片。

数字摄像头中的DSP负责把模/数转换器(ADC)传进来的数字信号重新优化组合成影像资料流，再经过数据线及时快速地传到电脑里并能刷新感光芯片。因此它需要有影像色彩转换、影像资料撷取和压缩等功能。

数字摄像头的DSP芯片由图像信号处理器、JPEG编码器和USB设备控制器等三部分组成。较流行的DSP芯片有中星微系列芯片等，如图10-8所示

图10-8 数字摄像头的DSP芯片

5. 存储器

在数字摄像头里，通常都有一颗存储器芯片用来暂存有关影像资料的数据。它主要的功能是充当摄像头和计算机之间的缓冲区，以免在数据传送过程中发生间断过于频繁的现象。数字摄像头的存储器芯片如图10-9所示。

图 10-9　数字摄像头的存储器芯片

10.3　数字摄像头的性能指标和选购参考

10.3.1　数字摄像头的性能指标

1. 镜头的性能指标

1) 光圈参数

光圈是安装在镜头上控制通过镜头到达传感器的光线多少的装置，通光量 F(光圈)值越小，通光量越大，成像效果就越好。除了控制通光量，光圈还具有控制景深的功能，光圈越大，则景深越小。

2) 焦距调节

焦距是指从镜头的中心点到传感器表面上所形成的清晰影像之间的距离。镜头的焦距决定了该镜头拍摄的物体在传感器上所形成影像的大小。假设以相同的距离面对同一物体进行拍摄，那么镜头的焦距越长，则物体所形成的影像就越大。数字摄像头应有较为宽广的调焦范围，可以进行从微距至无限远的范围内任意调焦。在选购时，要选择有手动调焦环的摄像头，如图 10-10 所示，其前端箭头所示的手动调焦环设计，其功能就是完成焦距的精确调节。

图 10-10　手动调焦环

3) 清晰度

数字摄像头产品的清晰度和镜头质量的好坏关系很大。采用塑料镜头的产品，在清晰度上就远远不如采用玻璃镜头的产品，一般的玻璃透镜都采用镀膜工艺来增强其透光性。

2. 像素/图像分辨率

无论是数字摄像头还是数码相机，像素都是主要性能指标之一。所谓像素，是指数字摄像头感光元件上的光敏单元的数量，光敏单元越多，摄像头捕捉到的图像信息就越多，图像分辨率也就越高，相应的屏幕图像就越清晰。

利用像素值，大致就可以计算出最大图像分辨率。例如，一款数字摄像头的最大分辨率为 640 × 480，那么像素就是 640 × 480 = 307 200，即 30 万像素。

注意：数字摄像头的分辨率分为用来捕捉静态画面(拍照)的图像分辨率和捕捉动态图像的视频分辨率。一般静态画面的图像分辨率要高于动态图像的视频分辨率。选购时，应该关注它所支持的最大分辨率，即动态图像的视频分辨率。

通常，数字摄像头的像素有 10 万、30 万、35 万、50 万、80 万、130 万等。目前，市场上已经出现了像素为 210 万、300 万、400 万、800 万甚至 1000 万的数字摄像头，某些型号的摄像头还具有自动脸部跟踪以及控制水平、垂直移动角度的功能。目前主流产品为 50/80 万像素。像素与最大分辨率之间的关系见表 10-1。

表 10-1 像素与最大分辨率之间的关系

像 素	最大分辨率
130 万	1280 × 1024(SXGA)
80 万	1024 × 768(XGA)
50 万	800 × 600(SVGA)
35 万	648 × 488
30 万	640 × 480(VGA)
10 万	352 × 288(CIF)
10 万以下	320 × 240(SIF/QVGA) 176 × 144(QCIF) 160 × 120(QSIF/QQVGA)

实际使用时，由于网络带宽的限制，用户用得最多的动态图像的视频分辨率为 640 × 480(30 万像素)或 800 × 600(50 万像素)，而那些标注了 130 万以上像素的摄像头，只有在拍照的时候才能用上。

3. 色深(色彩深度)

数字摄像头的色深通常为 24 bit，即数字摄像头的图像格式为 RGB24，即对红、绿、蓝三原色各使用 8 bit 来表示图像中的颜色(即 2^8(256)种颜色)，也就是说，数字摄像头可以显示 256 × 256 × 256 = 16 777 216 种颜色，俗称 1600 万色。

4. 调节参数

数字摄像头的调节参数主要有亮度、白平衡、饱和度、曝光等。其中，白平衡是指数字摄像头调节颜色的能力，质量好的数字摄像头具有较佳的自动白平衡调整功能。也就是说，在光源颜色并非纯白的时候，数字摄像头能调整三原色的比例而达到色彩的平衡，使被拍摄对象不至于因为光源颜色而产生偏色现象。

5．图像噪点

图像噪点是指图像中的杂点与正常像素的比例。通常来说，图像噪点越多，数字摄像头所捕捉到的图像所含有的杂点就越多，当然成像质量就越差。

6．最大帧数(视频捕获速度)

简单地说，帧数就是在 1 s 时间里传输的图片的帧数，也可以理解为图像处理器每秒能够刷新几次，通常用 fps(frames per second，每秒帧数、帧率)表示。每一帧都是静止的图像，快速连续地显示帧，便形成了运动的假象。高的帧率可以得到更流畅、更逼真的动画。

一般来说，30 fps 是可以接受的，要避免动作不流畅的最低 fps 值要求是 30。除了 30 fps 外，有些计算机视频格式，例如 AVI，每秒只能提供 15 帧。某些高清摄像头能达到 60 fps 甚至 120 fps。在摄像头中，动态图像的视频分辨率设置得越高，其提供的最大帧数就越小。

7．灵敏性

灵敏性是指对被摄景物显示预览的速度。质量差的数字摄像头，在通过应用软件启动后，界面的预视框中先是模糊昏暗的，必须经过一定的时间适应或人为地调节环境光源，才能看到清晰的画面。好的数字摄像头则一般不会出现这种情况。

8．输出接口

输出接口是指数字摄像头与电脑连接的接口类型。常见接口类型有：串行接口、并行接口、红外接口、USB 接口和 IEEE 1394 接口等。目前，数字摄像头主要使用 USB 接口。不同接口类型所对应的传输速率见表 10-2。

表 10-2　接口类型及其对应的最大传输速率

接口类型	最大传输速率
串行接口	230 kb/s
并行接口	1 Mb/s
红外接口	4 Mb/s
USB 接口	12 Mb/s(USB 1.1)
	480 Mb/s(USB 2.0)
IEEE 1394 接口	400 Mb/s

9．压缩比

一般来说，图像的原始文件是比较大的，必须经过图像压缩才能够进行快速的传输以及顺畅的播放。但是值得注意的是，压缩比越大，图像质量也就越差。

10.3.2　数字摄像头的选购参考

选购数字摄像头时，除了参照其性能指标说明外，还需考虑以下因素才能获得理想的高性价比产品。

(1) 功能是否齐全。如在数字摄像头上内置有麦克风，这样就不用在头上戴个紧紧的耳麦，方便那些进行视频通话的用户。

(2) 配套软件是否齐全、实用。这样才能发挥出数字摄像头强大的功能。

(3) 产品外观。极具个性的外观是产品吸引用户的一个重要方面，如卡通造型、章鱼造型等。

(4) 价格。性价比的高低永远是用户选购时考虑的关键因素。用户应从实际需求出发，从价值几十元到数千元不等的数字摄像头中选择合适的产品。

10.4　数字摄像头的安装

下面以极速风行 A6-V 数字摄像头为例，介绍数字摄像头在 Windows XP 中的安装步骤。A6-V 是 A6 的无驱版，极速风行 A6-V 数字摄像头如图 10-11 所示。

图 10-11　极速风行 A6-V 数字摄像头

10.4.1　极速风行 A6-V 数字摄像头的主要性能指标

极速风行 A6-V 数字摄像头的主要性能指标见表 10-3。

表 10-3　极速风行 A6-V 数字摄像头主要性能指标

图像传感器	CMOS
像素	30 万
数字信号处理器	中星微 301H 芯片
最大分辨率(动态)	640 × 480
最大分辨率(静态)	1600 × 1200(软件插值)
最大帧数	30 fps
调焦范围	20 mm 至极远
视野深度	50 mm 至无限远
输出格式	YUY2
接口类型	USB 2.0，不兼容 USB 1.1
静态画面存储格式	BMP/JPG
动态图像存储格式	AVI
软件兼容性	支持 Windows XP SP2、Vista 免驱动，Windows XP SP1、Windows 2000 版本需要安装免驱补丁包

10.4.2　加载驱动程序

加载摄像头驱动程序的操作步骤如下：

(1) 将摄像头的 USB 插头插入电脑的 USB 接口。

(2) 放入安装光盘，如果光盘没有自动运行，双击“autorun.exe”运行，安装界面如图 10-12 所示。

图 10-12　安装界面

(3) 单击“补丁安装及说明”→“安装无驱补丁”按钮，开始安装摄像头的驱动。

(4) 安装成功后，可以在“设备管理器”→“图像处理设备”中看到安装的摄像头，如图 10-13 所示。

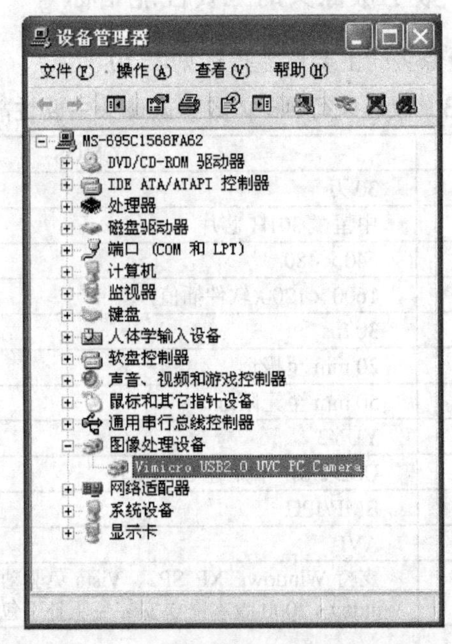

图 10-13　在“设备管理器”中看到的摄像头

(5) 在图 10-12 的安装界面中，单击“魔幻视频娱乐”→“安装 VGA 版本”按钮，安装应用软件。VGA 版本可以支持的默认动态最大分辨率为 640 × 480。

(6) 在“桌面”上双击“IM Magician”图标，打开“魔幻视频娱乐”界面，如图 10-14 所示。

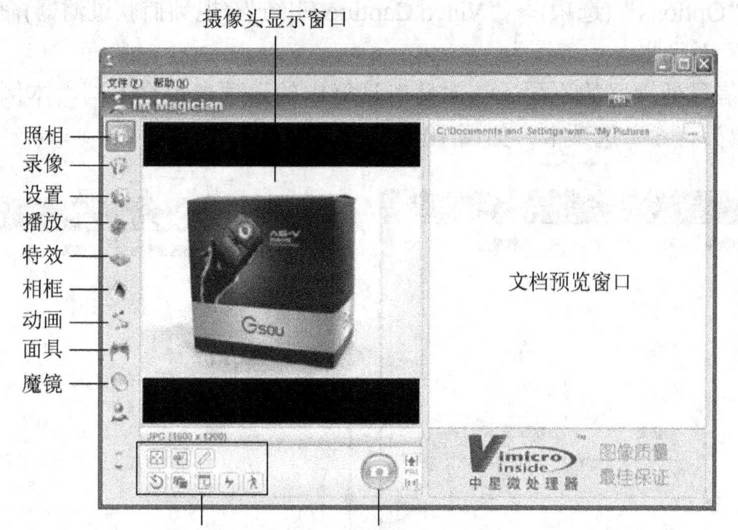

图 10-14 “魔幻视频娱乐”界面

在“魔幻视频娱乐”界面中，可以方便地照相、录像、播放，可以对亮度、白平衡、饱和度、曝光等参数进行设置；另外，还增加了特效、相框、动画、面具和魔镜等趣味功能。以上这些功能同样可以应用到QQ、MSN中，以增加视频聊天的趣味性。

10.4.3 调节参数

在安装了摄像头的驱动程序之后，还可以安装附带的应用软件，如“魔幻视频娱乐”，但对资源的消耗比较大。如何在没有安装应用软件时，调节摄像头的参数呢？其实，QQ、MSN中的视频调节功能都能调节参数，只是需要先登录。在没有网络时又如何调节摄像头的参数呢？在这里，可以使用一款通用软件 amcap.exe，该软件只有不到 200 KB。下面以amcap.exe为例，介绍调节摄像头参数的步骤。

(1) 双击“amcap.exe”，打开“AMCAP”界面。

(2) 单击“Options”(选项)→“Preview”(预览)命令，打开预览画面，在“AMCAP”界面上可以看到摄像头预览的画面，如图 10-15 所示。

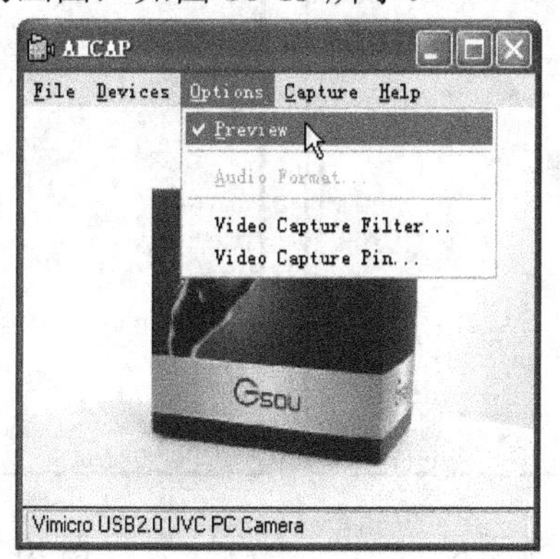

图 10-15 摄像头预览的画面

(3) 单击“Options”(选项)→“Video Capture Filter”(视频捕获过滤器)命令，打开调整参数的“属性”对话框。

根据数字信号处理器的不同，该属性对话框中的选项卡也会不同，本例中的极速风行A6-V数字摄像头有6个选项卡，如图10-16～图10-21所示。

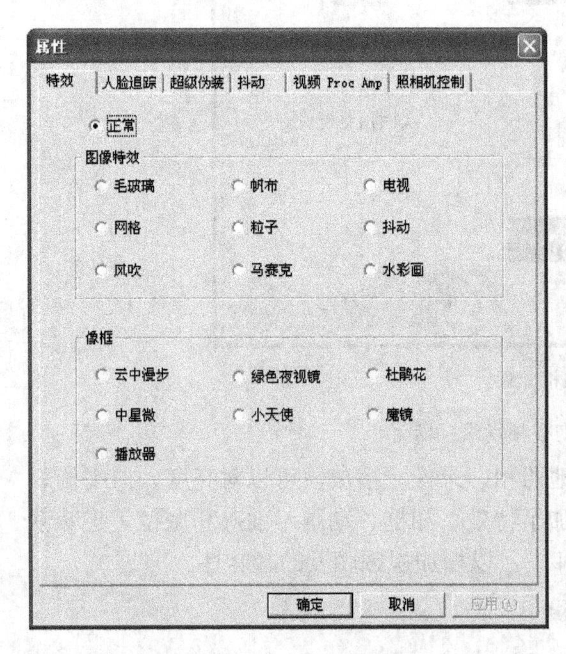

图10-16　“特效”选项卡

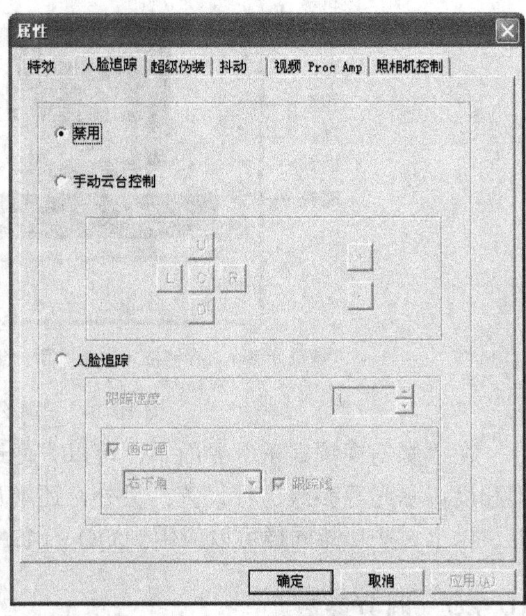

图10-17　“人脸追踪”选项卡

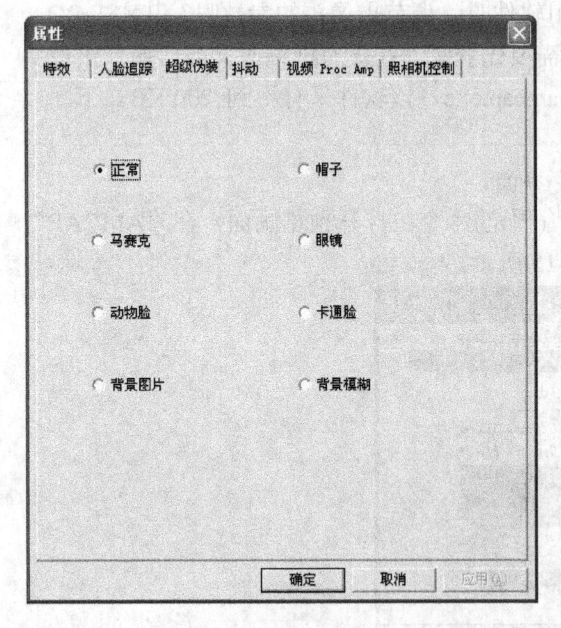

图10-18　“超级伪装”选项卡

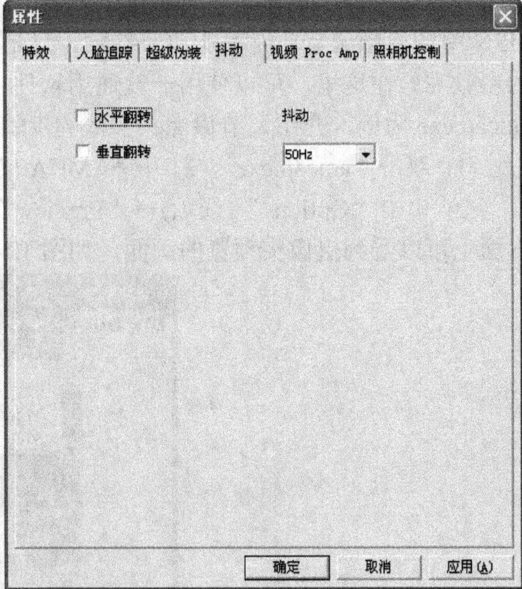

图10-19　“抖动”选项卡

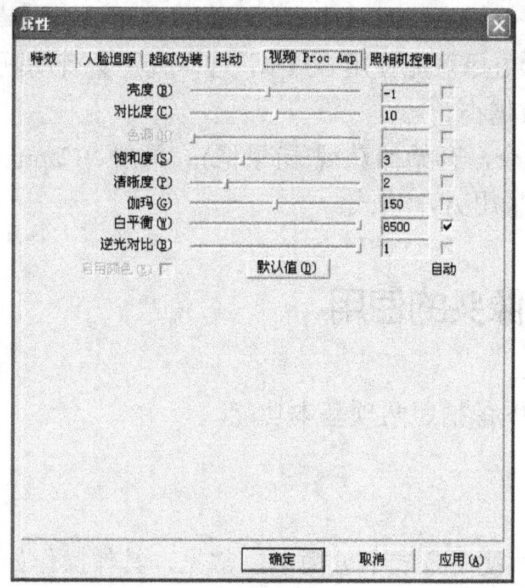

图 10-20　“视频 Proc Amp”选项卡

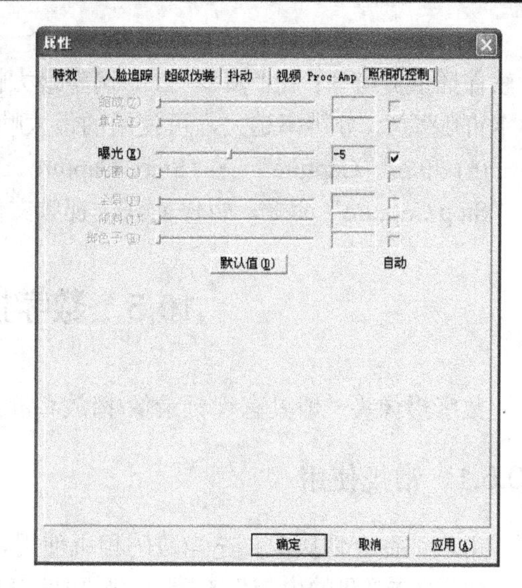

图 10-21　“照相机控制”选项卡

“特效”选项卡：用于选择设置“正常”、“图像特效”、“像框”等效果。

“人脸追踪”选项卡：用于选择设置“禁用”、“手动云台控制”、“人脸追踪”等效果。

- 手动云台控制：控制画面的放大/缩小以及上、下、左、右、中心位置的调整。
- 人脸追踪：启动人脸追踪，包括跟踪速度、画中画选择。

“超级防伪”选项卡：用于选择各种防伪方式以遮住人脸。

“抖动”选项卡：可以复选“水平翻转”、“垂直翻转”和抖动频率(50/60 Hz)。

“视频 Proc Amp”选项卡：用于调整参数，包括亮度、对比度、饱和度、清晰度、伽玛、白平衡和逆光对比等参数。还可以单击“默认值”恢复默认的参数设置。

“照相机控制”选项卡：用于调整曝光，单击取消后面的√后，拖动滑块，可手动调整曝光，特别适用于光线不好的情况。恢复后面的√后为自动调整曝光。

(4) 单击“Options”(选项)→“Video Capture Pin”(视频捕获针)命令，打开调整输出大小和最大帧数的“属性”对话框，如图 10-22 所示。

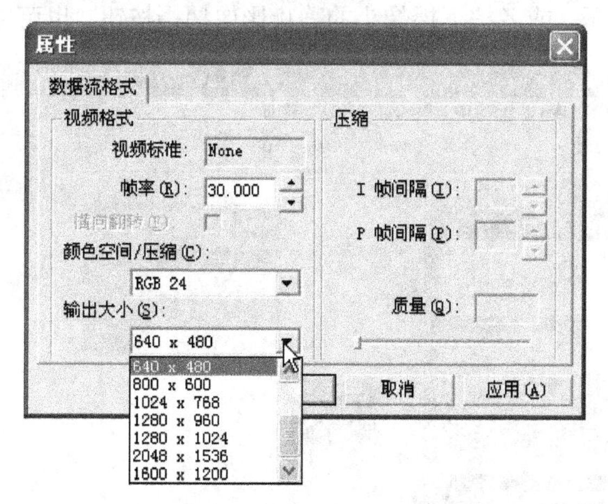

图 10-22　调整输出大小和最大帧数“属性”对话框

(5) 单击“输出大小”下拉列表，选择一个分辨率，默认是 640×480，高于该分辨率时为软件插值分辨率；在“帧率”上，调整最大帧数(尽可能使用 30 fps，这样就不会有动画(俗称卡)的感觉)。分辨率越大，可使用的最大帧数越小。

(6) 单击“Capture”→“Start Capture”命令，开始捕获视频(录像)；单击“Capture”→“Stop Capture”命令，暂停捕获，视频文件采用 AVI 格式。

10.5 数字摄像头的使用

数字摄像头一般具有视频录像/播放和静态图像拍照两项基本功能。

10.5.1 常规使用

用户往往会将摄像头充当数码相机使用。其使用方式十分简单、常见，具体操作如下：

(1) 双击“我的电脑”图标，在弹出的窗口中出现数字摄像头的图标，如图 10-23 所示。

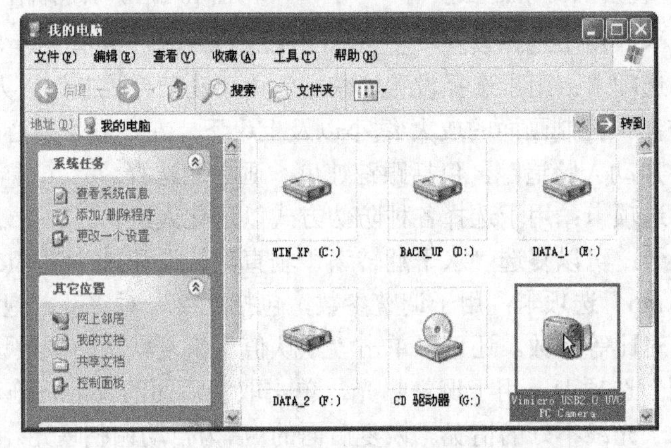

图 10-23 “我的电脑”中图标显示

(2) 双击数字摄像头图标，在“照相机任务”窗口中单击“拍照”就可以使用摄像头进行拍照了，如图 10-24 所示。或者按下摄像头的静止影像拍摄按钮，也可以进行静态影像的拍摄。

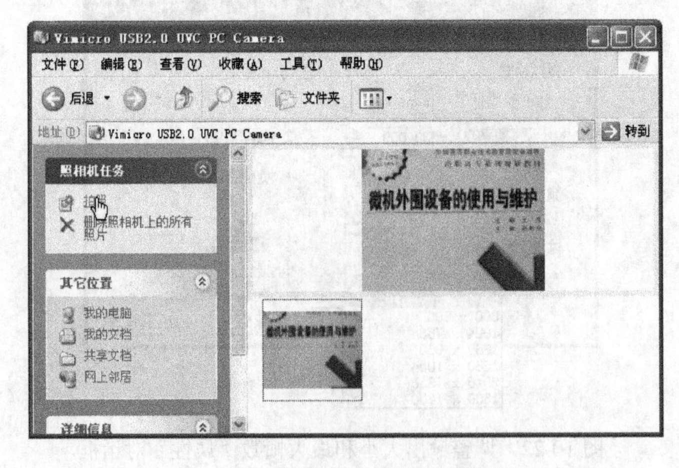

图 10-24 摄像头拍照功能的运用

10.5.2 网络视频通信应用

伴随网络带宽飞速增大，人们越来越多地使用数字摄像头进行视频通信，这里以常用的MSN软件和QQ软件为例，进行简单的介绍。

1. 在MSN中使用摄像头进行视频通信

(1) 登录MSN，如图10-25所示。

图10-25 登录MSN

(2) 登录MSN后，双击一个联机状态的联系人，打开"聊天"对话框，如图10-26所示。

图10-26 MSN中的"聊天"对话框

(3) 单击“视频”按钮，等待对方接受邀请，并连接成功之后，视频通信即可正式开始。

注：图中上、下方窗口中分别为对方和己方摄像头所拍摄的视频画面。

2. 在 QQ 中使用摄像头进行视频通信

(1) 登录 QQ，如图 10-27 所示。

图 10-27　登录 QQ

(2) 登录 QQ 后，双击一个在线用户图标，打开“聊天”对话框。如图 10-28 所示。

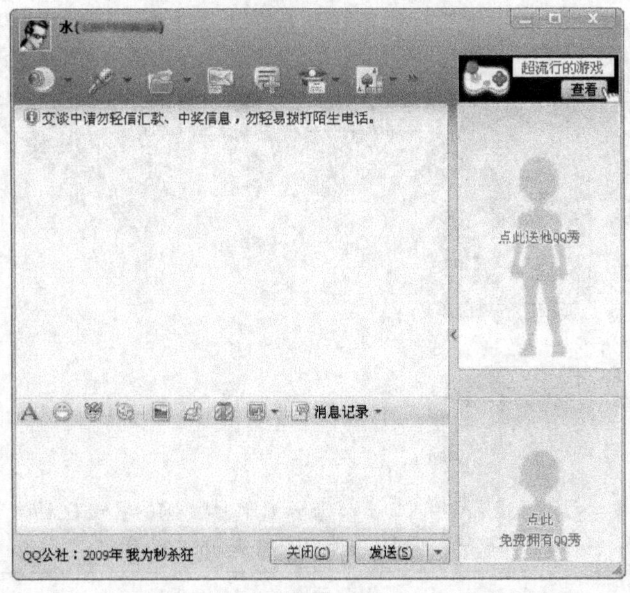

图 10-28　QQ 中的“聊天”对话框

(3) 单击“视频”图标按钮，等待对方接受邀请，连接成功之后，视频通信即可正式开始。

10.5.3 安全监控系统应用

我们可以使用数字摄像头及监视管理软件动手组装简易个人安全系统。这里，以 Eyes＆Ears 软件为例。Eyes＆Ears 能自动管理与计算机相连的数字摄像头，它会在数字摄像头监视的位置发生异常变化或响动时，自动启动设备将这些变化记录下来，并通过网络发送出去。

(1) 从互联网上下载 Eyes＆Ears 软件。

(2) 安装后运行，进入主界面开始进行基本设置，如图 10-29 所示。

图 10-29 Eyes＆Ears 界面

(3) 在“Video Capture”选项中可以设置数字摄像头隔多长时间(时间范围在 1～99 999 s 之间)抓拍一次、事件发生最多个数、发生事件后是否要把抓拍的图片通过 SMTP 协议寄信通知或者通过 FTP 协议传输到指定网站等，还可以在发送的影像上加注时间标记。

(4) “Audio Capture”选项用于设置事件发生后是否把录制的声音信息通过电子邮件或 FTP 协议传输，另外还可以设定报警的声音类型。

当然，也可以使用其它的监视管理软件来打造简易安全系统，在此不再赘述。

10.6 数字摄像头的维护

由于数字摄像头属于比较容易受损的电子产品，因此使用时需好好爱惜，掌握正确的维护方法，使其发挥最大的效能。

1．保证良好的使用环境

首先，要知道数字摄像头不是为户外使用而设计的，在没有适当保护的情况下，最好不要使其暴露在户外。其次，要避免数字摄像头和油、蒸汽、水气、湿气和灰尘等物质接

触，特别注意避免与水直接接触，否则会对数字摄像头产生伤害。另外，使用时不要把数字摄像头放在过于狭窄的空间里，要平稳放置或夹紧，以免摔坏。

2. 日常清洁保养

数字摄像头日常清洁保养的首选对象是镜头。因为相对于其它主要部件来说，工作时，镜头是必须裸露在外的。不要用手指直接触摸镜头是使用常识。另外，镜头一般很少需要清洁，因为过于频繁的擦拭反而会破坏镜头表面的镀膜层。如果需要清洁，最好使用专业镜头纸或者干燥、不掉绒的软布进行擦拭。不要使用刺激性清洁剂或有机溶剂擦拭摄像头，注意擦拭时千万不可在镜头上施压。尘埃过多时可用软刷和吹气球进行清除。在不使用时，最好盖上镜头盖，或用布将数字摄像头盖起来。

数字摄像头其它的主要部件都集成在内部 PCB 板上，且有外壳的保护，可以周期性地将摄像头打开来清洁集成电路板和图像传感器。只能用软刷或吹气球进行除尘，同时特别注意不要损伤到图像传感器。

3. 使用注意要点

(1) 不要将数字摄像头直接指向阳光及其它强光，以免损害数字摄像头的图像感应器件。

(2) 不要在逆光环境下使用，对于选择了 CMOS 感光器件的数字摄像头用户来说，由于 CMOS 的光线通透性效果一般，因此在使用中的环境光线不要太弱，否则将直接影响成像质量。

(3) 不要拉扯或扭转 USB 连接电缆线，类似动作有可能会对数字摄像头造成损伤。对于 USB 缆线接头也要小心呵护，要知道数字摄像头的工作电源是通过 USB 连接电缆所提供的。

(4) 使用前最好先把拍摄角度做个大概的调整，之后再进行微调。

(5) 不要长时间使用数字摄像头或者在不使用的情况下继续对其进行通电，这样容易加速其内部元器件的老化。

(6) 有时在使用数字摄像头时可能会出现系统找不到相应硬件的情况。由于数字摄像头需要配合软件使用，因此在使用时应先在计算机上接好数字摄像头，再打开软件使用。

思考与训练

1. 摄像头有哪些种类？各用于什么场合？
2. 数字摄像头的工作原理是什么？
3. 数字摄像头的重要组成部件有哪些？
4. 数字摄像头有哪些重要参数？
5. 数字摄像头有哪些功能？如何使用？
6. 按不超过 100 元的标准，选购一款数字摄像头，并说出购买理由。

第 11 章　手　写　板

本章要点

- ☑ 手写板的分类
- ☑ 手写板的工作原理
- ☑ 手写板的性能指标和选购参考
- ☑ 手写板的的安装
- ☑ 手写板的使用
- ☑ 手写板的维护

手写板又称手写输入系统，可用于输入文字，还可实现光标定位功能，甚至实现屏幕光标精准定位以完成各种绘图功能。

手写输入系统由硬件和软件两部分组成，硬件由写字板和手写笔组成，软件就是手写识别软件。

手写板的诞生有十多年了，但由于其价格和识别率等诸方面的原因一直没有得到很好的推广。现在随着手写板价格的下降和识别率的提高，其市场普及率得到了迅速增长，特别是在游戏和动漫行业，手写板被广泛用来绘画。

11.1　手写板的分类

手写板的构成主要有两大部分：用于对笔画进行感应的写字板和用于书写的手写笔。由于手写板和手写笔大多是配套使用的，因此常将手写笔和手写板相互指称。本书中“手写板”是指可以用手写的方式替代键盘进行输入操作时的主要感应设备。

11.1.1　写字板的分类

市场上写字板主要分为三种类型：电阻压力式写字板、电磁感应式写字板和电容触控式写字板。

电阻压力式手写板技术落后，几乎已经被市场淘汰；电磁感应式手写板则是现在市场上的主流产品；电容触控式手写板由于具有耐磨损、使用简便、敏感度高的优点，是以后手写板技术的发展趋势。

11.1.2　手写笔的分类

通过手写板的驱动程序和相关的汉字识别系统，手写笔可用于汉字的手写输入。同时，

手写笔也具有鼠标的作用，可用于屏幕光标的快速定位。

1．按连接方式分类

一般从手写板外观上，根据手写笔与写字板的连接方式可将手写笔分为有线手写笔和无线手写笔。

1) 有线手写笔

早期的手写笔都有一条电缆线与写字板连接，用于从写字板输入电源，这种手写笔被称为有线手写笔，如图 11-1 所示。

2) 无线手写笔

现在的手写笔都是无线的，较早的手写笔大多通过在笔中安装电池来供电，现在大部分的手写笔已经不再安装电池，即无线无源手写笔，由于不用电缆线来与写字板连接，这种手写笔称为无线笔，如图 11-2 所示。

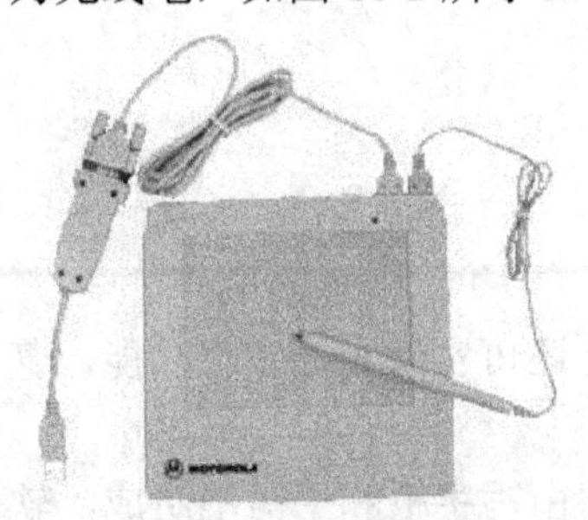

图 11-1　有线手写笔

图 11-2　无线手写笔

无线手写笔相对于有线手写笔来说，具有便于携带和使用灵活的优点，出现故障的可能性也较少，特别是使用无线笔书写起来用户不会受到线缆的限制。这类手写笔一般还会带有一个按键，其功能相当于鼠标右键，主要为了方便用户操作，不用在手写笔和鼠标之间频繁地切换。

随着现代通信技术的发展，无线手写笔家族中出现了一名新的成员——蓝牙手写笔，如图 11-3 所示。

另外，有部分厂商将手写板集成到键盘上，如图 11-4 所示。从图中可以看出其手写笔为无线连接方式。

图 11-3　蓝牙手写笔

图 11-4　集成手写板的键盘

2．按设计与原理分类

手写笔按照设计与原理上的不同又可以分为有压感式手写笔和无压感式手写笔。有关详细内容将在下节中予以介绍。

11.2 手写板的工作原理

11.2.1 写字板的工作原理

1. 电阻压力式写字板的工作原理

电阻压力式写字板由一层可变形的电阻薄膜和一层固定的电阻薄膜构成，两层薄膜之间由空气相互隔离。其工作原理是：当用笔或手指接触手写板时，上层电阻受压变形并与下层电阻接触，下层电阻薄膜就能感应出笔或手指的位置，并将结果传入计算机。

电阻压力式写字板的工艺简单、成本较低、价格比较便宜。但是，由于通过感应材料的变形来判断位置，感应材料易疲劳、使用寿命较短，其感触也不是很灵敏，在使用时如果压力不够则没有感应，而压力过大时又容易损伤压力板。

2. 电磁感应式写字板的工作原理

电磁感应式写字板的表面有一块电路板，当电路通电之后在写字板的上方将会产生一定范围的电磁场，同时，其配套手写笔的笔尖也有相应的磁场。当带有线圈的笔尖进入电磁场时，会引起笔尖周围电磁感应区发生变化。正因为如此，由手写笔发射出电磁波，被写字板上排列整齐的传感器感应到后，计算出笔的位置后报告给计算机，然后由计算机做出移动光标或其它的相应动作。由于电磁波传导的非接触特性，在使用时，即使笔尖没接触到写字板也可以通过磁场的相互感应来自动进行识别，进行笔画定位，从而达到手写输入的效果。

电磁感应式写字板分为“有压感”和“无压感”(即通常所指的压感电磁式和数位电磁式)两种。数位电磁式产品表现出的笔画都是均匀一致的，而压感电磁式的写字板可以感应到手写笔在写字板上的力度，将压力值传递到计算机，并依此表现出笔画的粗细浓淡。

电磁感应式写字板目前被广泛使用，其性能良好，使用者可以用它进行流畅的书写，手感较好，对于特殊用途，如绘图也很有用。

电磁感应式写字板的最大缺点如下：

(1) 对电压要求高，如果使用电压达不到要求，就会出现工作不稳定或不能使用的情况。笔记本电脑用电池供电时不宜使用。

(2) 抗电磁干扰较差，易受其他电磁设备的干扰(如手机、音箱喇叭等放置过近)，从而影响其稳定运行。

(3) 较早的手写笔采用电池供电，电池电压的下降也会导致手写板工作不稳定。

(4) 手写笔笔尖是易磨损部件，使用寿命短(一般为 1 年左右)，要定期更换。

3. 电容触控式写字板的工作原理

电容触控式写字板是通过人体的电容来感知手指的位置，即当使用者的手指接触到写字板(触控板)的瞬间，就会在板的表面产生一个电容。在设计上，触控板表面附着有一种传感矩阵，这种传感矩阵与一块特殊芯片一起协同工作，持续不断地跟踪着使用者手指电容的轨迹(即笔画痕迹)，经过内部一系列的处理，从而能够每时每刻都能精确地定位手指的位置(X、Y 坐标)，同时测量由于手指与触控板板间距离(压力大小)不同而形成的电容值的变

化，以此确定Z坐标，最终完成X、Y、Z坐标值的确定，从而实现三维定位功能。

因为电容触控式写字板所用的“手写笔”无需电源供给，特别适合于便携式产品。这种写字板是在图形板方式下工作的，其X、Y坐标的精度可高达每毫米40点(即每英寸1000点)。

电容触控式板与电阻压力式板和电磁感应式板相比。轻触即能感应，用手指或笔都能操作，使用方便，而且手指和笔与触控板的接触几乎没有磨损、性能稳定，使用寿命可长达30年，表现出了更加良好的性能。另外，整个产品主要由一块只有一个高集成度芯片的PCB(Print Circuit Board，印刷电路板)组成，元件少，同时，产品一致性好、成品率高，这两方面因素使得电容触控式板在大量生产时成本较低。电容触控技术已经在笔记本电脑中采用多年，实践证明其性能极其稳定，并具有512级压感，达到了目前电磁感应式手写板的水平。无论是从技术角度还是从厂商的倾向都可以看出，电容触控式手写板是未来手写板发展的趋势。

11.2.2 手写笔的工作原理

手写笔的工作原理相对简单一些，其按照设计与原理上的不同可以分为有压感和无压感手写笔。本节只简单介绍主流手写板产品采用的有压感手写笔。

有压感手写笔可以描绘出不同力度和粗细的结果，但必须满足如下两个条件：

(1) 能与写字板电磁场发生反应的相对电磁场，也就是自身必须是一个电磁铁或磁铁，并在手写笔笔身中加装电池。现在，WACOM和汉王采用特殊的技术，通过手写笔感应到写字板的磁场后，再由手写笔自身的线圈产生磁场，再借助两个磁场的相互影响实现定位，不再需要在手写笔笔身中加装电池。

(2) 能根据笔尖与写字板的受力大小不同而改变电磁场的大小。一般是通过在手写笔中加入线圈来实现，在笔尖与写字板接触时，笔尖可以随着用力的大小微微地伸缩，并根据接触的力度不同所陷入的深度来调节电磁场的大小。另外，一个附加的压力传感器能感应到在笔尖上所施加的压力，并将压力值传递给计算机，计算机则在屏幕上显示出该值笔迹的粗细。

目前，这种压感技术最高的压感级数为2048级(主要用于专业绘画)；而普通家用的压感级数也达到了1024级，但大多数普通家用的压感级数为512级。用户可以将手写笔当作画笔、水彩笔、钢笔、毛笔等来进行书法练习、绘画或者签名等。

所谓的压感级数，就是利用手写笔的笔尖从接触手写板到下压100 g力，在约5 mm长度范围的微细电磁变化中区分出多少个级数，然后将这些信息反馈给计算机，从而形成粗细不同的笔触效果，如图11-5所示。

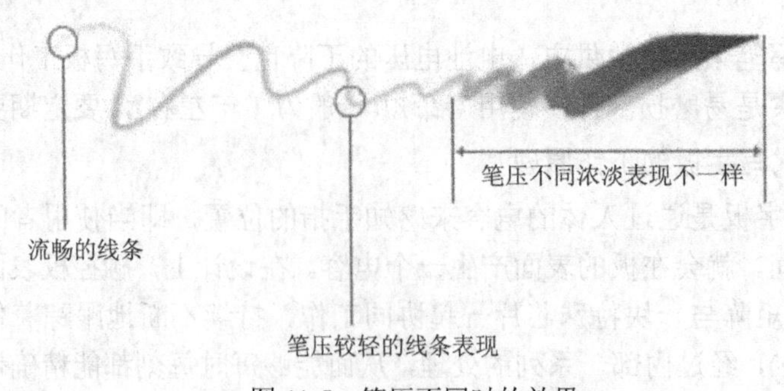

图11-5　笔压不同时的效果

11.2.3　蓝牙笔的工作原理

蓝牙笔即配置了蓝牙技术的手写笔，通过专用纸，蓝牙笔可以将书写在纸上的图形及文字即时传送到个人电脑上。这是因为蓝牙笔内置有红外线照相机，可以读取专用纸上的每一个点，从而判断出蓝牙笔现在位于纸上的哪个部分，同时记录下笔尖的移动情况(也就是用户在纸上记录的文字及图形的形状)。数据的传送则由蓝牙笔顶端的蓝牙传送器完成，它具有无方向性和穿透性等特性。

11.3　手写板的性能指标和选购参考

手写板品牌众多，除了工作原理的不同所导致性能上的差异外，手写板还有一些通用的性能指标。本节以目前市场上主流的电磁感应式手写板为主，简单介绍手写板的性能指标，并向用户提供购买的参考依据。

11.3.1　性能指标

1．识别率

无论哪一款手写板，识别率都是其最主要的性能指标。中国的书法艺术源远流长，更是随着个人的书写方式、习惯等迥异，字体的辨别显得尤为困难。因此，在选购时，一定要多试试各种难字、易错字等，看手写板能否正确识别，从而大致推算出其识别率有多高。现在，部分厂家的手写板能实现行草的识别。

一般而言，手写板的识别率至少为 95%，否则，用户将花大量时间、精力进行错误更正。当然，产品识别率达到 100%也是不现实的。

2．精度

精度又称分辨率、解析度等，它指的是单位长度上所分布的感应点数。精度越高的产品对手写的反应越灵敏，自然对手写板的要求也越高。

3．有效识别面积

有效识别面积是手写板一个很直观的指标。手写板有效识别面积越大，书写区域的回旋余地就越大，运笔也就更加灵活方便，输入速度会更快。

手写板的尺寸标准大体有以下几种：3.0 in × 2.0 in、4.5 in × 3.0 in、5.0 in × 4.0 in 和 4.5 in × 6.0 in 等。

4．压感级数

压感级数是评价手写板性能的一个很重要的指标，压感级数越高越能真实地表现用户手写输入时笔画粗细的不同。现在家用手写板应选择 512 级压感或以上的产品。

5．最高读取速度

最高读取速度是手写板每秒所能读取的最大感应点数量。

读取速度是评价手写板反应速度的一个指标，读取速度越快，给人的直观感受就是手写板反应速度越快，因此输入速度就越快，但读取速度快并不代表识别率就高。

6．字库量

字库量也是衡量手写板优劣的一项指标。

用户手写输入的汉字能否被正确识别与手写板字库中是否含有笔迹图形相应代码密切相关。目前市面上的手写板字库量也相差甚远，最小的只有几千个，最大字库存字量则可以达到几万个。

7．最大笔尖识别高度

对于电磁感应式手写板，书写时笔尖可不与写字板直接接触，但笔尖离开写字板距离过大可能不能感应，这一距离一般为 10 mm。最大笔尖识别高度也会直接影响到用户进行书写时是否流畅以及代替鼠标操作时是否灵活等。

8．接口类型

手写板有串口和 USB 接口两种接口类型的产品。串口的已经被淘汰，首选 USB 接口的产品。

11.3.2　选购参考

选购一款手写板产品时，除了要了解、比较以上所介绍的产品性能指标外，还应注意以下几点。

1．手写识别软件

购买手写板时，不要忘记选择比较其配套的手写识别软件。在工笔字识别方面，汉王、蒙恬、紫光等知名品牌的手写识别软件的文字识别能力都已经发挥到了极限，最关键的是看它们识别连笔、倒插笔、简化字与繁体字间相互转换的能力以及适应每个字符多样化书写的自由度(即能同时识别连笔、行草、逐笔书写，以满足不同用户的需要)。

2．兼容性

手写板与操作系统的兼容性对手写板的正常使用影响最大。通常情况下，能在 Windows 98/2000 上使用的手写板不一定能用在 Windows XP 上，而可用于 Windows XP 的都可适用。因此，用户在选择手写板时，一定要了解清楚自己计算机的配置是否支持该型号的手写板。

3．手写笔类型

现在一些新产品大多摆脱了连线的束缚，独立做成无线、无源(电池)式的手写笔，让用户感受到如同真实用笔一样的感觉。此外，还要看看手写笔上的按键能否通过软件设成某些功能键，如鼠标右键等。

4．基本功能

每款手写板都有独特的功能特点，但一般都应该具有如表 11-1 所示的基本功能。

5．外观设计

拥有绚丽多彩的颜色、新颖的外形、流行的半透明设计等个性化外观设计往往会激发购买欲望。

6．价格

性价比的高低永远是用户选购时考虑的关键因素。用户应从实际需求出发，从价值百元到几千元不等的手写板中选择合适的产品。

表 11-1　手写板的基本功能

全屏书写	是否既能在手写窗口状态下进行书写，又能在全屏状态下进行书写
倒插笔	考察该产品是否支持对倒插笔书写的识别(即有违书写时的正确笔顺)
连续输入	是否可以一次性地书写多个字符，然后再一次性识别
联想功能	在输入一个字之后，能否列出以这个字开头的常用词组
智能学习	当用户按照自己的书写习惯输入某字时，识别系统第一次并没有识别出来。在手动选择正确的字符后，当用户再以同样的笔迹书写该字时，程序能否进行智能学习，识别出该字
语音输入	有没有附送的语音输入软件，产品能进行语音输入以配合手写输入
语音校对	是否具备识别某字后，通过发出语音来校对识别的字符是否正确
简繁转换	考察该产品能否将输入的简体字和繁体字相互转换
签名功能	有没有提供一个专门的程序来处理用户的签名
绘画效果	首先手写板应该附带相应的绘画软件；其次该产品能否实现笔迹粗细的变化；然后再根据实际的使用来判定该产品的绘画效果
快捷按键	手写板上是否增加了一些启动常用软件或切换一些软件常变参数的快捷按键，以提高工作效率
书写手感	主要通过实际操作来感受该产品的书写手感

11.4　手写板的安装

目前市场上主流手写板产品多采用方便快捷的 USB 接口与计算机进行连接。USB 手写板安装十分简单，只需插上手写板，装载驱动，按部就班地进行安装即可。

手写板安装分为硬件安装、驱动程序安装和手写识别软件安装三个步骤。本节以汉王笔无线小金刚手写板为例，介绍其安装过程。汉王笔无线小金刚手写板如图 11-6 所示。

图 11-6　汉王笔无线小金刚手写板

11.4.1　汉王笔无线小金刚手写板的主要性能指标

汉王笔无线小金刚手写板的主要性能指标见表 11-2。

表 11-2　汉王笔无线小金刚手写板的主要性能指标

手写板类型	电磁感应式-压感电磁式
压感级数	512 级
手写笔类型	无线无源
最高读取速度	200 点/秒
接口类型	USB
有效识别面积	5.0 in × 4.0 in
软件	手写识别软件、阅读精灵、亲笔精灵
兼容性	Windows 98/Me/2000/XP/Vista；Mac OS 10.4 以上

手写识别软件的特点如下：

(1) Unicode 万国码：采用 Unicode 辨识核心，可输入任何 Unicode 简繁中文字。(Unicode 为统一的字符编码标准，采用双字节对字符进行编码。)

(2) 全屏幕连续书写：精准的文字切割技术，整句书写，一次辨认，可完成与各种应用软件直接搭配使用。光标走到哪里，即可写到哪里。

(3) 行草王：最新自由手写识别技术，不需要学习适应就可以用工整、连笔、倒插笔、简化、繁体、行草等多种不同写法输入同一个字。

(4) GB18030 超大字符集：包含 27 484 个汉字，简体、繁体、生僻字均能识别。

(5) 英文单词整词识别：支持英文单词整词识别，可以识别 26 000 多个英文单词。

(6) 高速识别：可全屏幕重叠书写，用户写多快文字上多快。识别速度在 12 字/秒以上。

(7) 语音校对：书写识别后配有普通话发音，可以通过语音校对书写正确性。

(8) 彩色笔触：提供毛笔等多种彩色书写笔迹，结合书法家的写意与艺术家的创意，使手写更有乐趣。

(9) 智能学习：单字学习、词组添加、字符串学习紧密集成，学习更容易。

(10) 短语文摘：提供短语、段落分类摘录保存的功能，使用户在书写、阅读文章、网上浏览时可以及时摘录常用的或精彩的语句，方便以后的调用，免去了重复书写和重复搜索的麻烦，提高了工作效率。

11.4.2　加载驱动程序和安装手写识别软件

加载驱动程序和安装手写识别软件的操作步骤如下：

(1) 将手写板的 USB 插头插入电脑的 USB 接口。

(2) 放入安装光盘，如果光盘没有自动运行，双击“autorun.exe”运行，安装界面如图 11-7 所示。

单击“汉王笔无线小金刚”按钮，进入“汉王笔无线小金刚”安装界面，如图 11-8 所示。

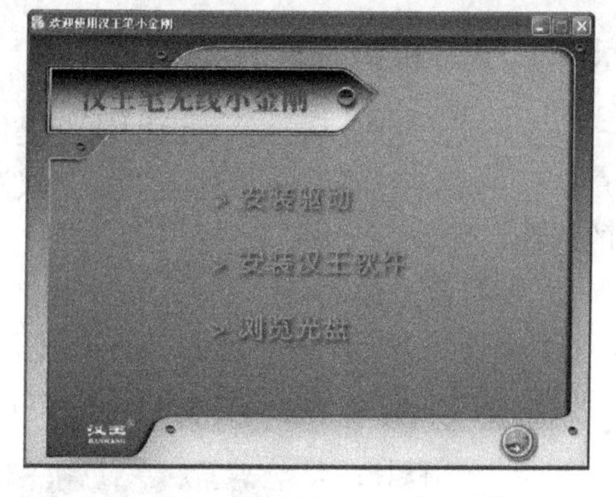

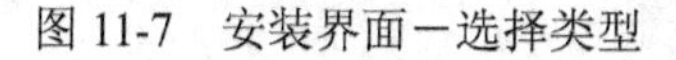

图 11-7　安装界面－选择类型　　　　图 11-8　“汉王笔无线小金刚”安装界面

(3) 单击“安装驱动”按钮，开始安装手写板的驱动程序。

(4) 安装完成后，重新启动。启动后，手写笔就可以代替鼠标来操作了。

(5) 在图 11-8 中，单击“安装汉王软件”按钮，开始安装汉王手写识别软件、阅读精灵、亲笔精灵三款应用软件。安装完成后，在桌面上会出现“汉王笔全屏幕”快捷方式图标。

11.5　手写板的使用

手写输入是一种可以不依赖于中文平台及应用软件的输入方法，只要是中文平台能支持的应用软件，在任何有编辑区或编辑行的地方(无论是在写字板、WPS、Word、电子邮件、QQ 编辑框等中都可以使用，不受限制)，都可以方便地直接使用手写笔输入汉字或图形。

本节以汉王笔无线小金刚手写板为例，介绍其使用方法。

11.5.1　手写板使用前的检查工作

手写板安装后，在正式开始书写之前，首先应该检查该硬件是否能正常工作。以下介绍几种常用检查方法：

(1) 当手写笔离开写字板时，写字板上的指示灯会熄灭；当手写笔在写字板上方 10 mm 距离内时，指示灯会一直亮，这样就表示硬件运作正常，否则，那就有可能是手写板电源连接线未接好或者是写字板出现了故障。

(2) 进入 Windows 操作系统后，手写笔在写字板上方 10 mm 距离内移动时，光标会跟着移动，这样表示驱动程序和硬件都运作正常。

(3) 先在桌面上打开“汉王笔全屏幕”，再打开文字编辑程序(如 Word、WPS、记事本等)，随意写几个字查看是否有笔迹出现，并注意字迹识别后会不会送入刚才打开的编辑程序内。如果是，则表示手写识别系统与手写板的软、硬件都运作正常。如果写字时字迹会出现，且会认字，但不能传送至编辑程序的窗口中(需要编辑程序处于激活状态)，则有可能是编辑程序的问题，或是手写识别系统设定的问题。

注意：利用手写板进行手写输入前，一定要先运行手写识别软件，否则系统是不能进行手写识别等操作的。

11.5.2　手写板识别软件的使用

汉王笔无线小金刚的手写识别软件提供手写窗口、全屏幕、魔格输入三种输入方式，用户可以单击“开始”→“程序”→“汉王笔小金刚”→“汉王传统输入”来进行输入方式的选择。

1．手写窗口输入

(1) 单击“开始”→“程序”→“汉王笔小金刚”→“汉王传统输入”→“汉王手写窗口”，打开手写窗口界面，如图 11-9 所示。

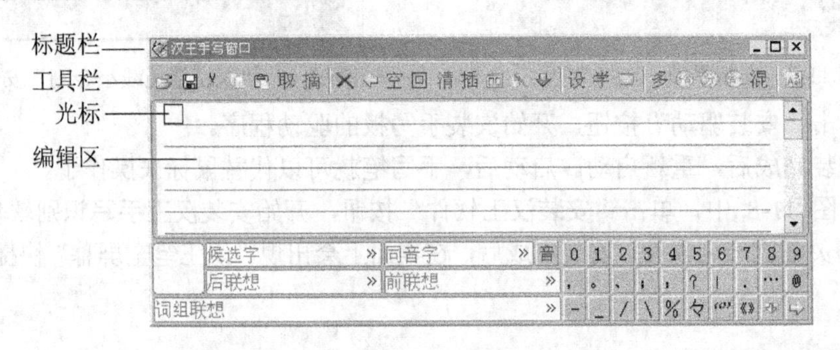

图 11-9　手写窗口界面

手写窗口分为标题栏、工具栏、编辑区、候选字区、同音字区、后联想区、前联想区、词组联想区和符号区共 9 个部分。

标题栏最左边的按钮是系统菜单，单击该按钮，可以打开系统菜单，通过该菜单可以进行输入方式切换、系统设置等操作，如图 11-10 所示。

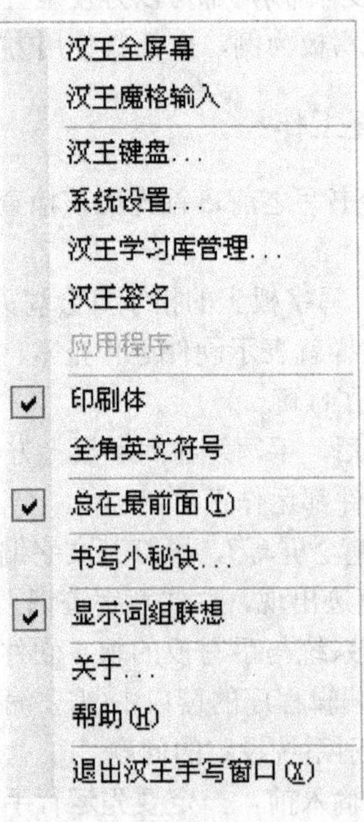

图 11-10　系统菜单

工具栏上的按钮功能如表 11-3 所示。

表 11-3　工具栏上的按钮功能

按钮	功　能	按钮	功　能
	打开 TXT 文档		打开双框书写方式
	保存为 TXT 文档		切换书写方式(笔鼠/鼠标/笔)
	剪切		用于发送或恢复编辑区的内容
	复制	设	进入系统设置界面
	粘贴	学	单字学习、词组添加、字符串学习
取	打开短语文摘管理窗口		汉王键盘，快速启动汉王输入工具
摘	保存精彩内容到短语文摘	多 单	切换多字/单字输入
	删除当前及光标后的内容		与左边的字合并再识别
	删除光标前面的内容		拆分当前字再识别
空	在光标处插入一个空格		与右边的字合并再识别
回	回车	混 中 数	切换混合/中文/数字识别范围
清	清除编辑区全部内容		英文词识别
插 改	插入和覆盖状态切换		

(2) 在编辑区中直接手写输入内容，如图 11-11 所示。

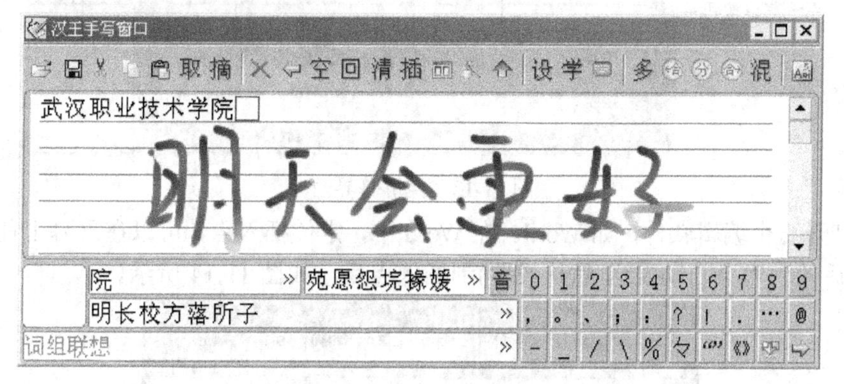

图 11-11　在编辑区中手写输入

在编辑区中，既有已识别的内容，也有手写输入的区域。

在工具栏上，切换成多时，为多字输入方式(默认方式)，可以连续输入多个汉字，然后一起识别，如图 11-11 中的“明天会更好”；切换成单时，每次输入一个字，如果输入了多个字，系统会将这些字当作一个字来识别。

(3) 打开一个编辑软件，如 Word。在 Word 中，定位插入点，单击手写窗口工具栏上的按钮，编辑区中已识别的内容会发送到插入点后，如图 11-12 所示。

可以看到，原来的按钮变成了按钮，单击该按钮，已发送的内容又恢复到了编辑区中，用户可以再次对识别的内容进行修改。

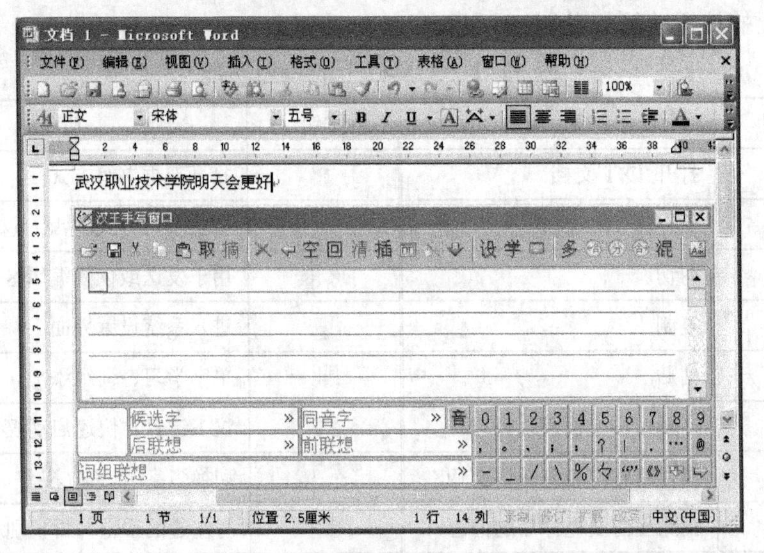

图 11-12　识别的内容会发送到 Word 文档中

2．全屏幕输入

(1) 单击“开始”→“程序”→“汉王笔小金刚”→“汉王传统输入”→“汉王全屏幕”，打开全屏幕窗口界面，或直接双击桌面上的“汉王笔全屏幕”快捷方式图标，或在手写输入窗口界面单击按钮，在弹出的系统菜单中选“汉王全屏幕”，全屏幕界面如图 11-13 所示。

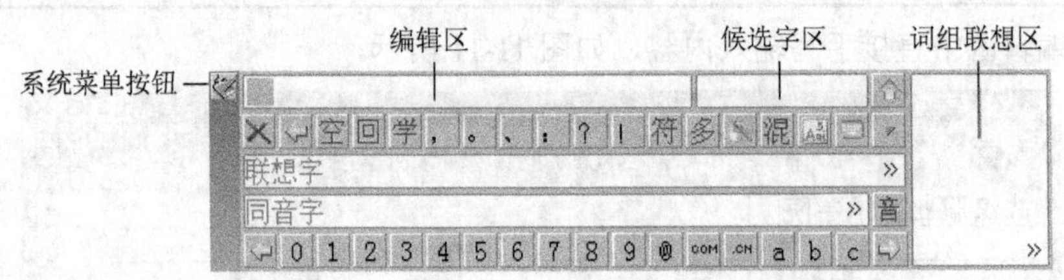

图 11-13　全屏幕界面

(2) 打开一个编辑软件，如 Word。在 Word 中，定位插入点，可以在屏幕上任意位置书写，识别后的内容会自动发送(默认设置)到插入点后，如图 11-14 所示。

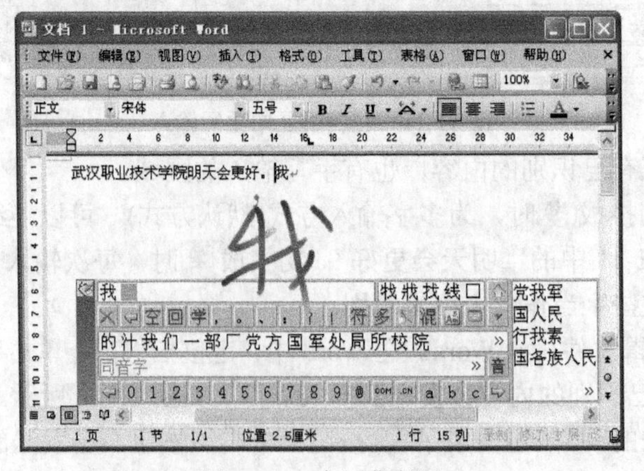

图 11-14　全屏幕书写

全屏幕输入同样支持多字和单字输入，多字输入时，一定要保持字与字之间有足够的距离。

3. 魔格输入

(1) 单击"开始"→"程序"→"汉王笔小金刚"→"汉王传统输入"→"汉王魔格输入"，打开魔格输入界面，或在手写输入窗口界面、全屏幕界面单击按钮，在弹出的系统菜单中选"汉王魔格输入"，魔格输入界面如图 11-15 所示。

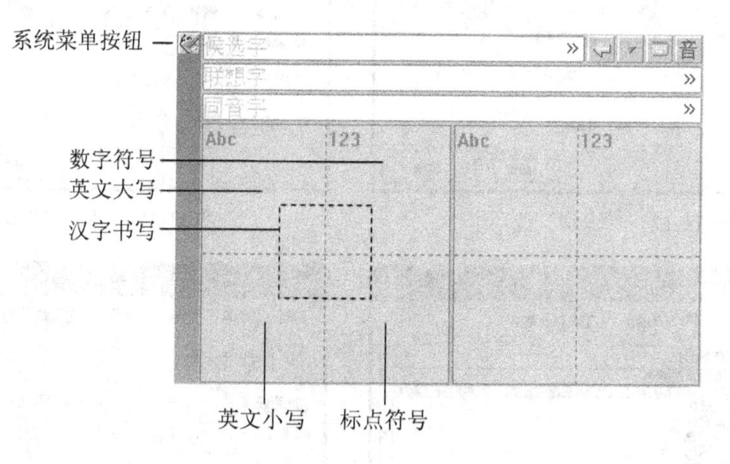

图 11-15 魔格输入界面

(2) 打开一个编辑软件，如 Word。在 Word 中，定位插入点，可以在魔格上指定位置书写，识别后的内容会自动发送(默认设置)到插入点后，如图 11-16 所示。

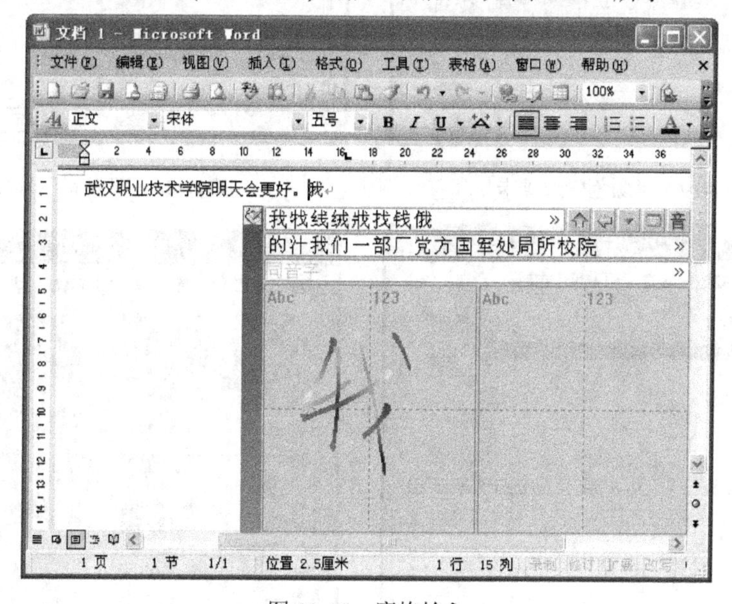

图 11-16 魔格输入

4. 系统设置

单击按钮，在弹出的系统菜单中选"系统设置"，弹出"系统"对话框。该对话框有 6 个选项卡，如图 11-17～图 11-22 所示。

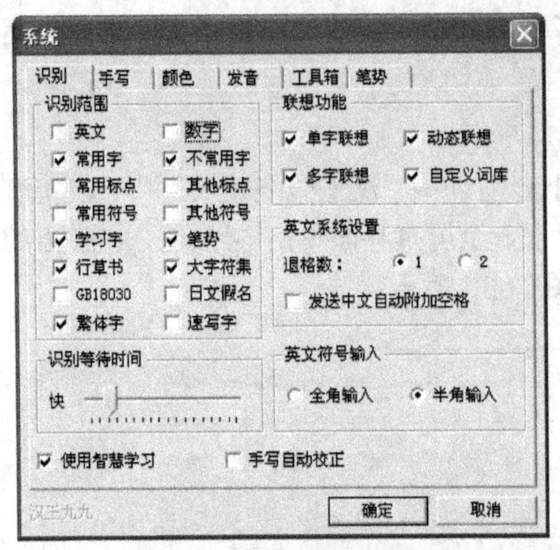

图 11-17　“识别”选项卡

图 11-18　“手写”选项卡

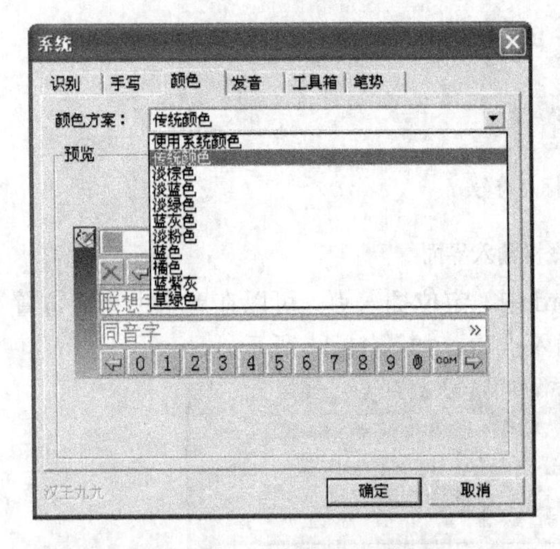

图 11-19　“颜色”选项卡

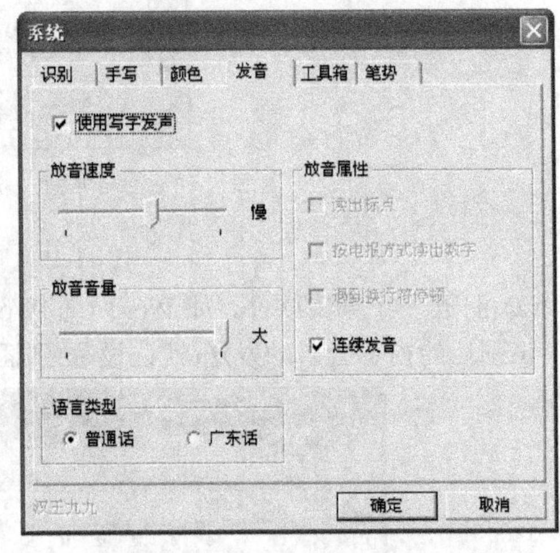

图 11-20　“发音”选项卡

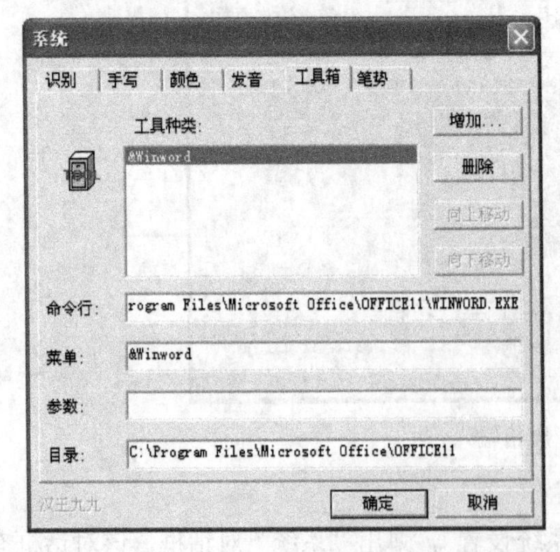

图 11-21　“工具箱”选项卡

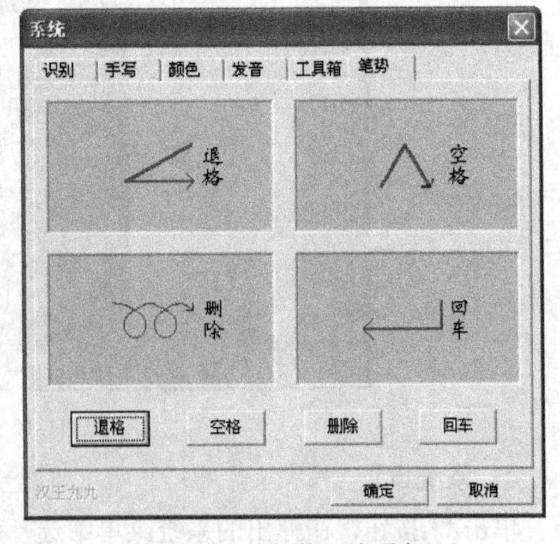

图 11-22　“笔势”选项卡

“识别”选项卡：用于设置识别范围、识别等待时间、联想功能、使用智慧学习等。

“手写”选项卡：用于设置笔迹的颜色、粗细、精确还原笔迹、压力敏感度等。

“颜色”选项卡：用于设置颜色方案。

“发音”选项卡：用于设置是否使用写字发声、发音速度、放音音量和语言类型等。

“工具箱”选项卡：设置了某一个编辑软件(如 Word)后，在系统菜单中单击“应用程序”，就可以直接打开该编辑软件。

“笔势”选项卡：用“笔势”来分别代替退格、空格、删除、回车。

5．用户学习功能

为了进一步提高识别率，系统提供了智慧学习功能和用户学习功能。

1) 智慧学习

在“识别”选项卡中，勾选了“使用智慧学习”后，在识别有误时，可以从候选字区选择正确的字，同时，系统会将正确的识别结果记录下来，下次再写该字时，就能正确地识别了，避免再次出错。

2) 用户学习

通过用户学习功能，可以识别用户的特殊写法、添加词组、用符号来代替一个词组、速写字串等。

(1) 单字学习。由于用户的笔迹或写法特殊，或习惯使用已经废止了的第二次简化字，候选字区中没有正确识别的结果，可以使用单字学习功能。

例如，用户习惯书写第二次简化字中的“灬”字，即“爆”字，但系统不能正确识别，可以使用单字学习功能，在书写“灬”字时，识别成“爆”字。

① 打开“手写窗口”界面或“全屏幕”界面。

② 书写“灬”字，候选字区中没有正确识别的结果，单击工具栏上的学按钮，打开“汉王学习工具”对话框，如图 11-23 所示。

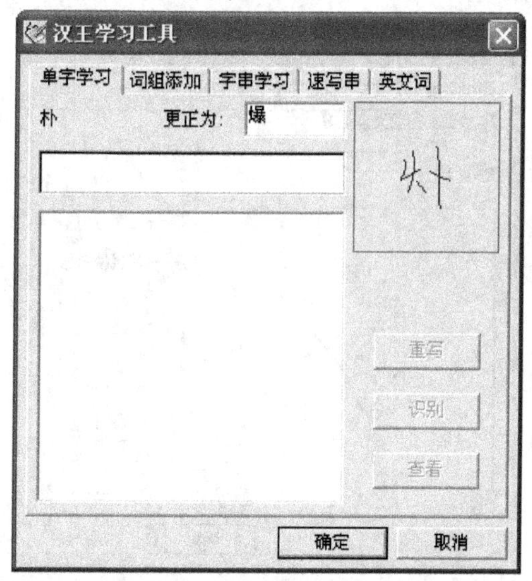

图 11-23 “单字学习”选项卡

③ 在“更正为”文本框中，用其他输入法输入“爆”字，单击“确定”按钮，将该字存入“用户自定义词库”中，下次再书写该字时即会识别成“爆”字。

(2) 用户词组添加。

① 在“汉王学习工具”对话框中，切换到“词组添加”选项卡，用户可以添加自定义的词组，如“武汉职业技术学院”，如图 11-24 所示。

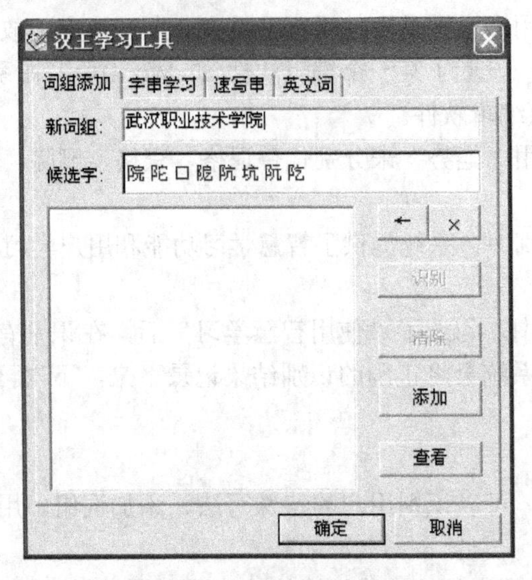

图 11-24　“词组添加”选项卡

② 单击“添加”按钮，再单击“确定”按钮，将该词组存入“用户自定义词库”中。用户只要书写第一个字“武”，该词组就会出现在词组联想区中。

(3) 字串学习。

① 在“汉王学习工具”对话框中，切换到“字串学习”选项卡，用户可以用一个指定的符号来代替一个词组，如“明天会更好”，用手写的√来代替，即手写√，出现的是“明天会更好”，如图 11-25 所示。

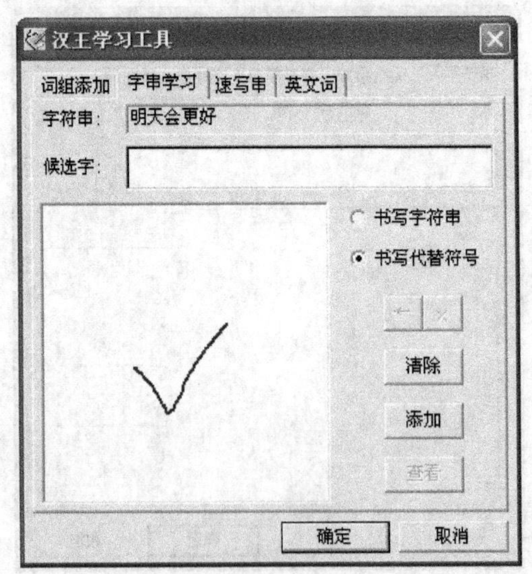

图 11-25　“字串学习”选项卡

② 先选中“书写字符串”，在“字符串”文本框中输入词组，再选中“书写代替符号”，在手写区书写一个代替的符号。

③ 单击“添加”按钮，再单击“确定”按钮，将该词组存入“用户自定义词库”中。

(4) 速写字串学习。

① 在“汉王学习工具”对话框中，切换到“速写串”选项卡，用户可以书写第一个字加下划线来代替一句话，如用手写的“初__”来代替“初次见面，请多关照!”，如图 11-26 所示。

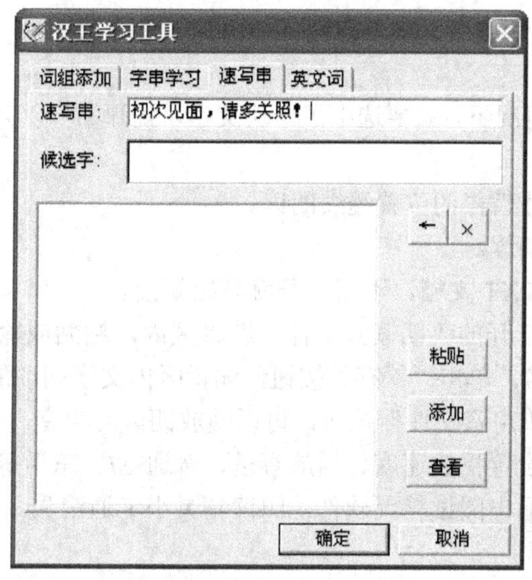

图 11-26　“速写串”选项卡

② 在“速写串”文本框中，输入词组句子，单击“添加”按钮，再单击“确定”按钮，将该词组存入“用户自定义词库”中。

注意：该功能要在“识别”选项卡中勾选“速写字”，且只能在全屏幕单字输入时使用。

6. 手写签名

有时候，用户的重要电子档文件需要主管手写签名才有效，使用手写签名功能可以轻松实现。

(1) 单击按钮，在弹出的系统菜单中选“汉王签名”，打开签名界面，如图 11-27 所示。

图 11-27　汉王签名界面

(2) 打开一个编辑软件，如 Word。在 Word 中，定位插入点。

(3) 调整笔的颜色、粗细和笔的类型。

(4) 在全屏幕上任意位置书写，完成后，单击送按钮，签名内容发送到插入点后；如果送按钮的位置是自，则表示会自动将签名内容发送到插入点后。

(5) 单击关按钮，关闭签名界面。

11.5.3　阅读精灵软件的使用

使用汉王阅读精灵软件，可以直接将 HTML、DOC、RTF、WPS、PDF 等文档的内容用普通话朗读出来，减轻了眼睛的疲劳，大大地方便了文稿的校对。其具体使用步骤如下：

(1) 打开要朗读的文档。

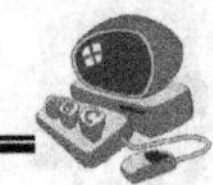

(2) 单击“开始”→“程序”→“汉王笔小金刚”→“汉王阅读精灵”，弹出“阅读精灵小卡通”，如图 11-28 所示。

(3) 用鼠标选中一块文字，该块文字会被“阅读精灵小卡通”自动放到剪贴板中，稍后便开始用普通话朗读选中的文字内容。

(4) 在“阅读精灵小卡通”上单击右键，弹出以下命令菜单：

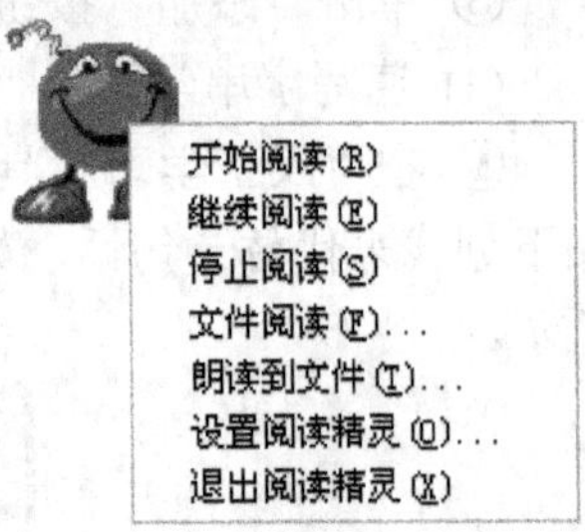

开始阅读(R)
继续阅读(E)
停止阅读(S)
文件阅读(F)...
朗读到文件(T)...
设置阅读精灵(O)...
退出阅读精灵(X)

图 11-28　阅读精灵小卡通

- 开始阅读：默认情况下，只要选中了一块文字，就开始朗读了，一般不选。
- 继续阅读：从刚才暂停的位置继续朗读。
- 停止阅读：中断朗读。
- 文件阅读：选择 TXT 文档，不用打开就开始朗读。
- 朗读到文件：在打开的“朗读到文件”编辑区内，粘贴或输入文字，单击“朗读到文件”按钮，输入文件名，单击“保存”按钮，编辑区内文字朗读的声音将以 WAV 声音文件格式保存，单击“播放声音文件”按钮，可以回放朗读的声音。
- 设置阅读精灵：设置播放速度、播放音量、普通话/广东话等。
- 退出阅读精灵：退出阅读精灵软件，阅读精灵小卡通消失。

11.6　手写板的维护

相比起传统输入工具——键盘来说，手写板内部构造较为复杂、元器件脆弱，价格更是高出许多。正因为如此，对手写板的日常维护和保养尤其值得引起重视。在此，以采用 USB 接口的电磁感应式手写板为例，简单介绍如何进行手写板的维护。

1. 确保良好的使用环境

应该将手写板平稳放置于方便使用且安全的地方，工作台面较小时，应避免摔伤手写板；不要将手写板放在温度、湿度较高的地方，以免加速元器件的老化；同时尽量避免外界磁场的干扰，如不要将手写板放置在音箱、手机旁边；更不能使手写板接触腐蚀性物质。

另外，如果使用环境中灰尘较多、附着在手写板上时，会影响识别效果，甚至会损伤手写笔笔尖或划花写字板的感应表面。

2. 日常保养工作

应该经常注意对手写板进行除尘处理。开始清洁手写板前，首先要断开与计算机的连接，然后可用软刷和吹气球清除浮尘，较脏污处可用微湿的棉布轻轻擦拭，切记不可将其浸泡于水中，也不要使用酒精或带酸、碱性的洗涤剂。

如果手写笔需要电池供电，注意电池的极性不要安装反了。定期检查电池能量，以便及时更换。如果长时间不使用手写笔，应取出电池，以防电池流液，腐蚀电路。

3. 良好的使用习惯

无论何时都不要拉扯或扭转手写板连接电缆，类似动作会对手写板造成损伤。对于 USB 缆线接头也要小心呵护，要知道手写板的工作电源正是通过 USB 连接线缆所提供的。

在书写时不要太用力，手写笔笔尖与写字板接触即可，要表现笔画浓淡粗细时也不要施加过大的压力。一定要特别注意写字板表面是不能用硬物进行刻画的。

4. 手写板的使用经验

在使用手写板输入时，笔者总结出如下几点经验，希望对大家有所帮助。

(1) 保持正确的写字姿势和习惯。

(2) 书写时注意手眼协调，用眼睛看屏幕的同时用手在手写板上进行书写(如同进行键盘“盲打输入”)。

(3) 笔与板轻轻接触即可，不要过于用力。

(4) 落笔后立即开始书写，要一气呵成，在书写过程中不要有笔画断开、脱节现象。

(5) 在书写过程中尽量按正确的笔画顺序写，这样汉字的识别率会更高。

(6) 尽量书写规范字，确保字符书写笔势垂直不倾斜，使用全屏模式时字符之间要留有一定间距以便识别。

(7) 多使用软件提供的联想词、候选字、同音字功能，这样能提高输入速度。

(8) 如果使用的产品带有语音功能，那么就要尽量将语音和手写输入协同使用，这样能带来事半功倍的效果。

思考与训练

1. 手写板有哪些种类？
2. 手写板的工作原理是什么？
3. 手写板有哪些重要参数？
4. 手写板有哪些功能？如何使用？
5. 按不超过1000元的标准，选购一款手写板，并说出购买理由。

附录1　参考资料查询网址

www.zol.com.cn	中关村在线
www.pconline.com.cn	太平洋电脑网
www.it168.com	it168
www.onlinedown.net	华军软件园
www.skycn.com	天空软件站
www.pchome.net	电脑之家
www.enet.com.cn	硅谷动力
www.cniti.com	远望资讯
www.google.cn	谷歌
www.baidu.com	百度
www.163.com	网易
www.yahoo.com.cn	雅虎
www.sony.com.cn	索尼公司
www.panasonic.com.cn	松下公司
www.hp.com.cn	惠普公司
www.epson.com.cn	爱普生公司
www.nikon.com.cn	尼康公司
www.canon.com.cn	佳能公司
www.hitachi.com.cn	日立公司
www.pioneerchina.com	先锋公司
www.samsung.com.cn	三星公司
www.logitech.com.cn	罗技公司
www.aigo.com	华旗咨询(爱国者)
www.biostar.cn	映泰公司
www.gsou.cn	极速公司
www.unis.cn	清华紫光公司
www.hanwang.com.cn	汉王公司
www.yepo.cn	远鹏时代公司
www.hc360.com	慧聪网
www.cnetnews.com.cn	CNET 科技资讯网

www.oahelp.com	普广.中国
www.chinairn.com	中国行业研究网
www.allwiki.com	天下维客
www.it.com.cn	IT 世界网
www.cbinews.com	电脑商情在线
www.pcpop.com	泡泡网
www.baogaochina.com	中国行业报告网

附录2　常见英文缩写注解速查

A/D：Analog to Digital，模拟/数字(模/数)转换

ABS：Auto Balance System，自动平衡系统

AC：Alternating Current，交流电

ADAAS：Auto Detect，Analyse，Adapt System，自动检测、分析及适应系统

ADC：Analog to Digital Converter，模拟/数字(模/数)转换器

AE：Auto Expose，自动曝光

AF：Auto Focus，自动对焦

AIEC：Artificial Intelligence Error Correction，智能纠错

ANSI：American National Standards Institute，美国国家标准协会

ASCII：American Standard Code for Information Interchange，美国信息交换标准码

ATA：AT Attachment，AT 计算机附加设备

ATM：Automatic Teller Machine，自动取款机

AV：Audio Video，音频视频

AVI：Audio Video Interleave，音频、视频交叉记录，是一种最常见的视频格式

BD-R：Blue Disc-Recorder，一次性蓝光刻录光盘

BD-RE：Blue Disc-ReErase，可重复擦写蓝光刻录光盘

BD-ROM：Blue Disc-Read Only Memory，只读存储蓝光光盘

BIOS：Basic Input Output System，基本输入/输出系统

Blu-ray DVD：Blue-ray DVD，蓝光 DVD

BMP：Bitmap，位图，后缀名为 .BMP

CAI：Computer-Assisted Instruction，计算机辅助教学

CAV：Constant Angular Velocity，恒定角速度

CCD：Charge Couple Device，电荷耦合器件

CD：Compact Disc，光盘

CD-DA：Compact Disc-Digital Audio，数字激光唱盘

CD-I：CD-Interactive，交互式 CD

CD-MO：CD-Magneto Optical，磁光 CD 光盘

CD-R：CD-Recorder，一次性 CD 刻录光盘

CD-ROM：CD-Read Only Memory，只读存储 CD 光盘

CD-RW：CD-ReWritable，可重复刻录 CD 光盘

CF：Compact Flash，小巧的闪存

CIS：Contact Image Sensor，接触式图像传感器

CLV：Constant Linear Velocity，恒定线速度
CMOS：Complementary Metal-Oxide-Semiconductor，互补金属氧化物半导体
CMYK：C(Cyan，青色)、M(Magenta，洋红)、Y(Yellow，黄色)、K(Black，黑色)
COM：Communications，通信，是计算机上的串口
CPS：Character Per Second，每秒打印字符数
CPU：Central Processing Unit，中央处理器
CRC：Cyclic Redundancy Code，循环冗余码
CRT：Cathode Ray Tube，阴极射线管
D/A：Digital to Analog，数字/模拟(数/模)转换
DC：Digital Camera，数码相机
DC：Direct Current，直流
DL：Dual/Double Layer，双层
DLP：Digital Light Processor，数字光处理器
DMA：Direct Memory Access，直接内存访问
DMD：Digital Micormirror Device，数字微镜器件
DOS：Disk Operating System，磁盘操作系统
DPI：Dot Per Inch，每英寸打印点数
DSP：Digital Signal Processing，数字信号处理器
DV：Digital Video，数字视频，俗称数码摄像机
DVD：Digital Video Disc，数字化视频光盘
DVD+R：DVD+Recorder，一次性 DVD 刻录光盘
DVD+RW：DVD+ReWritable，可重复刻录 DVD 光盘
DVD-Audio：音频 DVD 光盘
DVD-R：DVD-Recorder，一次性 DVD 刻录光盘
DVD-RAM：DVD-Random Access Memory，随机存储 DVD 光盘
DVD-ROM：DVD-Read Only Memory，只读存储 DVD 光盘
DVD-RW：DVD-ReWritable，可重复刻录 DVD 光盘
DVD-Video：视频 DVD 光盘
ECP：Extended Capabilities Port，扩展性能口，是并行口的一种模式
EPP：Enhanced Parallel Port，增强并行口，是并行口的一种模式
EPROM：Erasable Programmable Read Only Memory，可擦可编程只读存储器
EQ：Equalizer，均衡器
eSATA：external Serial ATA，外部串行 ATA
FM：Frequency Modulation，调频
FPO：First Page Out，首页输出
FPS：Frames Per Second，每秒帧数(帧率)
GPS：Global Position System，全球定位系统
HDDVD：High Definition DVD，高清 DVD
IBM：International Business Machines，(美国)国际商用机器公司

IDE：Integrated Device Electronics，集成电路设备，是一种硬盘接口

IEEE：Institute of Electrical and Electronics Engineers，电气和电子工程师协会

ISO：International Standardization Organization，国际标准化组织

JPEG：Joint Photographic Experts Group，联合图像专家组，后缀名为 .JPG 或 .JPEG

LCD：Liquid Crystal Display，液晶显示

LD：Laser Disc，激光视盘

LED：Light Emitting Diode，发光二极管

LP：Long Play，长时间播放

LPT：Line Print Terminal，并行口(并口)

LTPS：Low Temperature Polycrystalline Silicon，低温多晶硅

Mac：Macintosh，麦金托什，是苹果公司生产的一种系列微机，Mac OS 是苹果公司的操作系统

MMC：Multi Memory Card，多存储卡

MO：Magneto Optical，磁光盘

MOS：Metal-Oxide-Semiconductor，金属氧化物半导体

MP3：MPEG Audio Layer 3，MP3 音频格式

MP4：MPEG-4，MPEG-4 视频格式

MPEG：Moving Pictures Expert Group，运动图像专家组

MPU：Micro Processing Unit，微处理器

MS：Memory Stick，记忆棒

OCR：Optical Character Recognition，光学字符识别

PATA：Parallel ATA，并行 ATA

PC：Personal Computer，个人计算机

P-CAV：Partial-CAV，局部恒定角速度

PCB：Printed Circuit Board，印刷电路板

PCL：Printer Control Language，打印机控制语言

PCM：Pulse Code Modulation，脉冲编码调制，在 Windows 中对应 WAV 音频格式

PDL：Page Description Language，页面描述语言

PIO：Programming Input Output，设计输入/输出，是一种早期硬盘的数据传输模式

PPM：Paper Per Minute，每分钟打印页数

PROM：Programmable Read Only Memory，可编程序只读存储器

RAM：Random Access Memory，随机存储器

RAW：RAW Image Format，原始图像格式，后缀名为 .RAW

RGB：R(Red，红)、G(Green，绿)、B(Blue，蓝)三原色

ROM：Read Only Memory，只读存储器

SATA：Serial ATA，串行 ATA

SCSI：Small Computer System Interface，小型计算机系统接口

SD：Secure Digital，安全的数字

SDHC：Secure Digital High Capacity，高容量 SD 卡

SDXC：Secure Digital eXtended　Capacity，扩展容量 SD 卡

SM：Smart Media，轻便的媒体

SP：Standard Play，标准播放

SPP：Standard Parallel Port，标准并行口，是并行口的一种模式

SVCD：Super VCD，超级 VCD

TFT：Thin Film Transistor，薄膜晶体管

TIFF：Tagged Image File Format，标签图像文件格式，后缀名为 .TIF

TWAIN：Toolkit Without An Interesting Name，无注名工具包协议，是应用程序与影像捕捉设备间的标准接口

UDMA：Ultra DMA，极限 DMA

USB：Universal Serial Bus，通用串行总线

VCD：Video CD，视频光盘

WMA：Windows Media Audio，Windows 媒体支持的音频格式

WPS：Word Process System，中文字处理系统

xD：xD Picture Card，xD 图片卡

XP：eXcellent Play，高质量播放

Z-CLV：Zoned-CLV，区域恒定线速度

附录3 模拟试题

模拟试题(一)

一、选择题(本大题共20小题，每小题1分，共20分)

1．鼠标是(　　)。

A．输出设备　　B．输入设备　　C．存储设备　　D．显示设备

2．在外设中，扫描仪属于(　　)。

A．输入设备　　B．输出设备　　C．外存储器　　D．内存储器

3．USB 2.0接口的突发数据传输速率为(　　)。

A. 12 MB/s　　B．480 MB/s　　C．12 Mb/s　　D．480 Mb/s

4．扫描仪中，CCD器件的作用是(　　)。

A．将模拟电信号转换为数字信号　　B．将数字信号转换为光信号

C．将光信号转换为数字信号　　D．将光信号转换为模拟电信号

5．扫描仪的光学分辨率是指(　　)。

A．X轴方向的分辨率　　B．Y轴方向的分辨率

C．最大分辨率　　D．CCD的实际分辨率

6．下列设备中，可以将图片输入到计算机内的设备是(　　)。

A．手写板　　B．键盘　　C．扫描仪　　D．鼠标

7．通常所说的24针打印机属于(　　)。

A．激光打印机　　B．针式打印机

C．喷墨打印机　　D．热敏打印机

8．扫描仪的色彩深度为24位，其中红、绿、蓝占用位数的分配是(　　)。

A．红、绿通道分别4位，蓝通道占用20位

B．红、绿通道分别10位，蓝通道占用4位

C．红、绿、蓝各个通道分别占用8位

D．红、绿、蓝各个通道均占用24位

9．下列投影机中，采用主动式投影的是(　　)。

A． CRT三枪投影机　　B．液晶板投影机

C．液晶光阀投影机　　D．DLP投影机

10．在数码相机中，防抖效果最好的是(　　)。

A．电子防抖　　B．镜头组光学防抖

C. 感光元件防抖　　D. 高感光度防抖

11．将激光打印机的硒鼓和碳粉盒设计成一体化结构的公司是(　　)。

A. 惠普公司　　B. 联想公司　　C. 爱普生公司　　D. 佳能公司

12．数码相机中，AF的功能是(　　)。

A. 自动感光　　B. 自动测光　　C. 自动变焦　　D. 自动对焦

13．激光打印机的使用寿命主要取决于(　　)。

A. 激光器　　B. 硒鼓　　C. 碳粉　　D. 光调制器

14．扫描仪的色彩深度为30 bit(位)，其灰度级是(　　)。

A. 256级　　B. 512级　　C. 1024级　　D. 2048级

15．D9盘片的容量是(　　)。

A. 4.7 GB　　B. 8.5 GB　　C. 9.4 GB　　D. 17 GB

16．下列设备中，不使用图像传感器的是(　　)。

A. 数码相机　　B. 数码摄像机　　C. 激光打印机　　D. 扫描仪

17．下列打印设备中，打印成本最低的是(　　)。

A. 激光打印机　　B. 喷墨打印机　　C. 针式打印机　　D. 热升华打印机

18．下列图像文件格式中，文件尺寸最大的是(　　)。

A. TIF　　B. BMP　　C. GIF　　D. JPG

19．针式打印机打印输出模糊，可能的原因是(　　)。

A. 打印纸太薄　　B. 打印字库未设定

C. 纸厚调节杆未正确设定　　D. 打印头有断针

20．MP3播放器中，主控芯片的作用是(　　)。

A. 数据传输、接口控制、文件解码　　B. 数据传输、音频放大、文件解码

C. 数据传输、数/模转换、文件解码　　D. 数据传输、电源供给、文件解码

二、填空题(本大题共20空，每小题0.5分，共10分)

1．常见的微机外围设备的接口有______、______、______、______、______、______。

2．扫描仪按接口可以分为______、______、______。

3．随机式喷墨技术可以分为______、______。

4．DVD刻录机可刻录的盘片有______、______、______、______、______。

5．MP3播放器按功能可以分成______、______。

6．根据厂商达成的默契，数码相机大致可分成______、______。

三、判断题(本大题共20小题，每小题1分，共20分。正确的打√，错误的打×)

1．USB 1.1的设备可以插在USB 2.0接口上使用。(　　)

2．使用eSATA接口，不需要额外供电。(　　)

3．针式打印机可以使用多层复写打印纸。(　　)

4．激光打印机不能使用连续纸打印。(　　)

5．扫描仪可以扫描实物。(　　)

6．OCR软件不能识别手写体。(　　)

7．Combo 可以刻录 DVD±R 盘片。(　　)

8．所有的 DVD 盘片都是由上、下两张片基组成的。(　　)

9．防刻坏技术主要是用于对光盘的纠错。(　　)

10．MP3 音频文件是一种无损压缩文件。(　　)

11．MP3 文件的码流越大，其音质效果越好。(　　)

12．普通无驱型 U 盘可以通过软件加密方式再制作成加密型 U 盘。(　　)

13．新移动硬盘必须先分区再格式化。(　　)

14．像素相同时，应该选择 CCD 尺寸大的数码照相机。(　　)

15．半按快门主要是用于进行 AF 和 AE 操作。(　　)

16．家用级数码摄像机的 CCD/CMOS 有三片机型和单片机型之分。(　　)

17．闪存卡数码摄像机比硬盘数码摄像机抗震。(　　)

18．DLP 投影机通过双色镜分离出三原色。(　　)

19．投影机与屏幕距离越远，投影的尺寸越大，亮度越高。(　　)

20. 在摄像头中，动态图像的视频分辨率设置得越高，其提供的最大帧数就越小。(　　)

四、术语翻译题——将英文缩写字母翻译成中文(本大题共 10 小题，每小题 1 分，共 10 分)

1．COM

2．DPI

3．CCD

4．DVD

5．LCD

6．DSP

7．DLP

8．SDHC

9．MPEG

10．EQ

五、简答题(本大题共 8 小题，每小题 5 分，共 40 分)

1．简述针式打印机打印字符或图形的打印过程。

2．简述扫描照片的步骤。

3．简述数码相机的优点。

4．简述白平衡的作用。

5．简述如何延长墨盒使用寿命。

6．简述台式机如何与投影机连接。

7．简述摄像机镜头的运用有哪几种方式。

8．简述激光打印机的 6 个工作步骤。

模拟试题(二)

一、选择题(本大题共 20 小题，每小题 1 分，共 20 分)

1．键盘是(　　)。

A．输出设备　　B．输入设备　　C．存储设备　　D．显示设备

2．在外设中，投影机属于(　　)。

A. 输入设备 B. 输出设备 C. 外存储器 D. 内存储器

3. USB 1.1 接口的突发数据传输速率为( )。

A. 12 MB/s B. 480 MB/s C. 12 Mb/s D. 480 Mb/s

4. 在数码摄像头中，CMOS器件的作用是( )。

A. 将模拟电信号转换为数字信号 B. 将数字信号转换为光信号

C. 将光信号转换为数字信号 D. 将光信号转换为模拟电信号

5. 数码相机中的有效像素是指( )。

A. X 轴方向的像素 B. Y 轴方向的像素

C. 全部像素 D. 实际参与成像的像素

6. 下列设备中，不能将文字输入到计算机内的设备是( )。

A. 手写板 B. 键盘 C. 扫描仪 D. 鼠标

7. 通常所说的 9 针打印机属于( )。

A. 激光打印机 B. 针式打印机 C. 喷墨打印机 D. 热敏打印机

8. 扫描仪的色彩深度为 24 位，能够产生的色彩数是( )。

A. 26 万 B. 1677 万 C. 10.7 亿 D. 687 亿

9. 下列投影机中，亮度最低的是( )。

A. CRT 三枪投影机 B. 液晶板投影机

C. 液晶光阀投影机 D. DLP 投影机

10. 在数码相机中，防抖效果最差的是( )。

A. 电子防抖 B. 镜头组光学防抖

C. 感光元件防抖 D. 高感光度防抖

11. 将喷墨打印机的墨盒和喷头设计成一体式结构的公司是( )。

A. 惠普公司 B. 联想公司 C. 爱普生公司 D. 佳能公司

12. 数码相机中，AE 的功能是( )。

A. 自动感光 B. 自动测光 C. 自动变焦 D. 自动对焦

13. 扫描彩色图像时，使用的色彩位数越多，则( )。

A. 扫描时间越长 B. 灰度层次越丰富

C. 分辨率越好 D. 颜色越逼真

14. 扫描仪的色彩深度为 36 bit(位)，其灰度级是( )。

A. 64 级 B. 256 级 C. 1024 级 D. 4096 级

15. D5 盘片的容量是( )。

A. 4.7 GB B. 8.5 GB C. 9.4 GB D. 17 GB

16. 光驱的倍速越大，则( )。

A. 数据传输越快 B. 纠错能力越强

C. 所能读取光盘的容量越大 D. 播放 DVD 效果越好

17. 下列延长墨盒使用寿命的方法中，使用成本最低的是( )。

A. 更换非原装墨盒 B. 为墨盒注墨

C. 假换墨盒 D. 使用连续供墨系统

18. 手写笔的发展趋势是( )。

A. 有线有源　B. 有线无源　C. 无线有源　D. 无线无源

19. 针式打印机打印的字符太浅，可能的原因是(　)。

A. 色带太旧　B. 打印字库未设定

C. 打印纸太薄　D. 打印头有断针

20. 52× 的光驱，其数据传输率为(　)。

A. 7200 KB/s　B. 7500 KB/s　C. 7800 KB/s　D. 8400 KB/s

二、填空题(本大题共 20 空，每小题 0.5 分，共 10 分)

1. 常见闪存卡有______、______、______、______、______、______。
2. 扫描仪按扫描图稿的介质可以分为______、______、______。
3. 喷墨打印机按喷墨技术可以分为______、______。
4. BD 刻录机可读取的盘片有______、______、______、______、______。
5. MP4 播放器按播放的视频分辨率可以分成______、______。
6. 摄像头按技术原理可以分成______、______。

三、判断题(本大题共 20 小题，每小题 1 分，共 20 分。正确的打√，错误的打×)

1. USB 2.0 的设备可以插在 USB 1.1 接口上使用。(　)
2. 大型 USB 设备必须要专门的电源供电。(　)
3. 照片级喷墨打印机只能使用照片纸打印。(　)
4. 激光打印机不能使用太薄的纸打印。(　)
5. 扫描仪在实际使用时，其设置的分辨率不能高于光学分辨率。(　)
6. OCR 软件可以识别表格。(　)
7. Combo 可以读取 DVD-ROM 盘片。(　)
8. HDDVD 是下一代高清 DVD 的标准。(　)
9. 超强纠错的光驱会使激光头的寿命大大缩短。(　)
10. MP3 音频文件是一种有损压缩文件。(　)
11. MP3 文件的码流越大，文件占用的空间越大。(　)
12. 普通无驱型 U 盘同样可以制作成启动型 U 盘。(　)
13. 新移动硬盘必须先格式化再分区。(　)
14. CCD 尺寸相同时，应该选择像素小的数码相机。(　)
15. 半按快门主要是用于白平衡和感光度的调整。(　)
16. 数码相机的 CCD/CMOS 有三片机型和单片机型之分。(　)
17. 硬盘数码摄像机比闪存卡数码摄像机省电。(　)
18. 三片 LCD 板投影机通过双色镜分离出三原色。(　)
19. 投影机与屏幕距离越近，投影的尺寸越小，亮度越高。(　)
20. 在摄像头中，动态图像的视频分辨率设置得越小，其提供的最大帧数就越大。(　)

四、术语翻译题——将英文缩写字母翻译成中文(本大题共 10 小题，每小题 1 分，共 10 分)

1. USB　2. PPM

3. CD-R　4. OCR

5．SDXC
6．LED
7．DMD
8．MPU
9．SP
10．FPS

五、简答题(本大题共8小题，每小题5分，共40分)

1．简述光学变焦和数码变焦的区别。
2．简述使用OCR软件进行印刷体文稿识别的步骤。
3．简述数码摄像机的优点。
4．简述MP3播放器的工作原理。
5．简述高感光度防抖的优缺点。
6．简述笔记本电脑如何与投影机连接。
7．简述投影机的投射方式。
8．简述移动硬盘的选购要注重哪些方面。

参 考 文 献

[1] 吕远忠，王软，王政林，等. 电脑外设故障处理完全手册. 北京：中国铁道出版社，2002.

[2] 刘宇峰，张龙，李晓. 电脑硬件选购 DIY 手册. 北京：海洋出版社，2002.

[3] 于湛麟，张伟，等. 硬件大师(装机操作篇). 北京：清华大学出版社，2003.

[4] 宋建龙，芮峰，刘文鑫. 电脑外设安装维护与实用技巧. 北京：人民邮电出版社，2004.

[5] [美]Stephen J.Bigelow. 打印机故障处理手册. 李晔，庞剑峰，等译. 北京：清华大学出版社，2001.

[6] 刘建，张春晓，吴磊. 打印机使用与维护. 北京：新时代出版社，2000.